电工技术基础与技能

主　编　张　力　曹江平
副主编　李国华　马利平　张　睿

天津大学出版社
TIANJIN UNIVERSITY PRESS

图书在版编目（CIP）数据

电工技术基础与技能 / 张力，曹江平主编 ； 李国华，马利平，张睿副主编. -- 天津 ： 天津大学出版社，2024. 7. -- ISBN 978-7-5618-7763-0

Ⅰ. TM

中国国家版本馆CIP数据核字第2024HM9323号

出版发行	天津大学出版社
地　　址	天津市卫津路92号天津大学内（邮编：300072）
电　　话	发行部：022-27403647
网　　址	www.tjupress.com.cn
印　　刷	廊坊市瑞德印刷有限公司
经　　销	全国各地新华书店
开　　本	787mm×1092mm　1/16
印　　张	16.75
字　　数	420千
版　　次	2024年7月第1版
印　　次	2024年7月第1次
定　　价	48.00元

前　　言

本书依据教育部颁布的《中等职业学校电工技术基础与技能教学大纲》(以下简称”教学大纲”),该大纲详细规定了课程性质、任务、教学目标以及教学内容和要求,确保了教学内容的系统性和实用性。同时,本书还参考了相关的国家职业技能标准和行业职业技能规范,以确保内容的全面性和与实际工作需求的对接。本书编写落实以立德树人为根本任务,坚持”面向市场、服务社会、促进创业”为根本原则,依据中职学校教学大纲,积极探索理论和实践相结合的教学模式,按照职业岗位的实际需求,力求学科体系的系统性和完整性,强调内容的应用性与实践性,在讲授课程内容的同时,培养学生的政治思想和职业素养,注重专业精神和工匠精神的渗透。

本书共九个项目及附录,项目一是电路基础知识,逐步认识电路;项目二和项目三为直流电路部分;项目四和项目五为电路的两个主要元器件;项目六和项目七为交流电路部分;项目八和项目九为选学内容;附录为近几年职教高考试题。本书具有以下特点。

一、紧扣大纲,降低难度

面对中职学校的生源现状,适当降低起点,注意由已知到未知的自然过渡,注意与九年制义务教育接轨。教材从职业岗位群对人才的需求出发,紧扣大纲,理论联系实际,达到课程教学目标的要求。

二、夯实基础,讲练结合

电工技术基础与技能是中职学校电类专业的一门专业基础课程,它是学习后续课程必备的基础知识,是人社部门对电类专业考工的必考内容。夯实基础就是为学生考工、上岗、职教高考、转岗打下良好的基础。为此,要加强对基本概念、定律、方法的讲解与运用。为加深理解与记忆,每个项目后配备巩固性练习,帮助学生理解电工知识,提高运用理论知识解决问题的能力。同时,还配备了强化训练和质量检测以及 2014 年至 2022 年甘肃省中职学校对口升学考试电工技术基础与技能的考试内容,帮助学生明确考试出题方向,进一步明确备考的针对性。

三、讲究实用,分层教学

考虑到目前学生水平参差不齐,需要实施分层教学,因材施教。教材的内容分别由理论、课后练习、实践操作、强化训练和质量检测组成,要求学习有余力的学生全部掌握,基础相对薄弱的学生掌握基本理论和练习。学校可根据实际需求及学生情况安排教学,学生可根据个人情况自主选学。教材内容尽量选择了联系生产和生活的实例,一方面激发学生的学习兴趣,另一方面讲解一些常见设备的技术与应用,了解专业前沿知识,增加实践机会,可解决实际问题,实用性强。

四、注重能力,提高素质

全面推进素质教育,培养适应新时代社会主义的新型技能人才,这是时代的需要。创新是素质教育的核心,本教材不仅仅局限于单纯地讲述前人积累的知识和经验,而是积极带领学生去探索、实践，培养学生分析、解决问题的能力，实践能力，创新能力。

五、大胆改革，勇于创新

教材内容要有新意，教法学法要有新路，评价方法要大胆革新。本教材删除了过多的理论推导、电路计算、陈旧的知识，精选了例题、练习、强化训练和质量检测。将强弱电知识有机地结合起来，适应了强弱电技术互相渗透、互相融合的发展趋势。将近年来电工专业新知识、新技术、新工艺中成熟的内容，编入教材之中，以扩大学生的视野，提高学生的求知欲望。

六、兼顾考工，接轨高职

编者认真研究了关于电类专业的考工要求，也认真研究了中职学校对口升学考试大纲，确保本教材能兼顾考工、接轨高职。根据教学大纲要求，完成本课程理论教学共需 140 学时。考虑到知识的衔接，便于教师讲解和学生自学，本书在内容编排上对教学大纲的内容顺序进行了调整、组合，但涵盖了教学大纲的各项要求。各部分内容学时分配参考表如下。

模块	内容	小计	学时分配				
			理论	实训	强化训练	质量检测	辅导与讨论课
基础模块	项目一 电路基础知识	12	7	2	2	1	9
	项目二 简单直流电路	16	7	4	3	2	
	项目三 复杂直流电路	18	11	2	3	2	
	项目四 电容器	12	6	2	2	2	
	项目五 电感器	16	10		4	2	
	项目六 正弦交流电路	18	10	4	2	2	
	项目七 三相正弦交流电路	22	6	12	2	2	
	合计	114	57	26	18	13	9
*选学模块	项目八 谐振电路	5	3	2			
	项目九 瞬态过程	3	3				
	附录	18	18				
	合计	26	24	2			
机动		4					
建议总学时		140					

本书由礼县职业中等专业学校张力、曹江平老师担任主编，李国华、马利平、张睿担任副主编。具体编写分工如下：张力编写项目一、项目二、项目三、项目四共 4 个项目的内容（计 16.6 万字）；曹江平编写项目五、项目六、项目七共 3 个项目的内容（计 15.8 万字）；李国华老师编写项目八、项目九及附录的内容（计 9.6 万字）。在本书编写过程中，得到学校领导及广大教师的大力支持，本校老师张睿、马利平、赵务成、赵玉翠、王颉、郭金钱、赵楠参与了答案修订、校对、整理等工作，同时参考了其他书籍和资料，在此一并表示衷心的感谢。

本书可作为中等职业学校机电技术应用等电类专业教材，也可作为职业高中（中专、技校）相关专业老师的教学参考资料，也可供自学者学习使用。

由于编者水平有限，书中难免存在错误及不妥之处，恳请广大院校师生提出宝贵意见和建议，以期再版改进。

编者

目　　录

项目一　电路基础知识

【学习目标】

本单元起承前启后的作用,把初中物理课程和电工基础课程联系起来,为本课程打好基础。

(1)电路的组成、电路的三种基本状态和电气设备额定值的意义。

(2)简单电路的分析方法,电阻定律和欧姆定律。

(3)电能和电功率的概念,焦耳定律以及电能、电功率的计算方法。

(4)电阻的主要参数,特别是色环电阻的识别。

【知识梳理】

- 认识电路
  - 基本概念
    - 电路、电压、电流、电位、电源
    - 电能、电功率
  - 基本定律
    - 欧姆定律
    - 焦耳定律
  - 电阻器
    - 电阻器的种类
    - 色环电阻

任务 1.1　认识电路

【内容提要】

1. 基本概念

1)电路

(1)电路:由电源、负载、中间环节等组成的闭合回路。

①电源:把其他形式的能量转换成电能的装置,如电池、发电机等。

②负载:把电能转换成其他形式的能量的装置,如灯泡、洗衣机等。

③中间环节:传送和分配电能(导线)、控制电路的通断(开关)、保护电路安全且正常运行(保险)等的器件、材料。

(2)电路的状态。

①通路(闭路):也称负载状态,如图 1.1(a)所示,指电路各部分连接成闭合回路,通以正常电流的状态。

②断路(开路):也称空载状态,如图 1.1(b)所示,指电路断开的状态,此时 $I=0$, $U_{端}$

($U_{开}$)=E，P=0。

③短路（捷路）：也称捷路状态，如图 1.1（c）所示，指外电路电阻为零的状态，此时 $I=E/r$，$U_{端}=0$，$P=I^2r$。

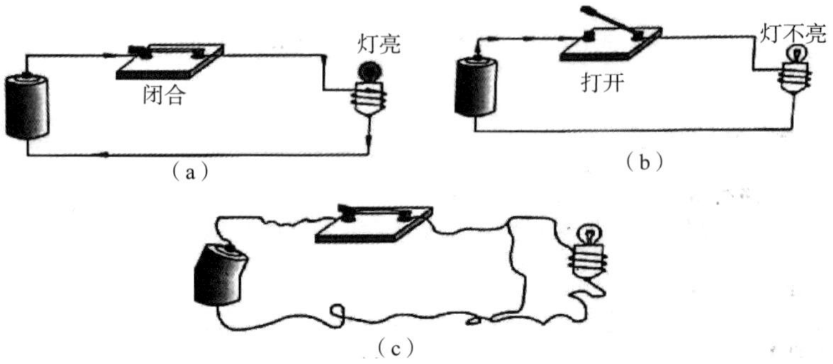

图 1.1

（a）通路 （b）断路 （c）短路

注意：电路通常有三种工作状态，即通路、断路和短路。通路是指正常工作状态下的闭合电路，此时电路中有电流；断路也称开路，此时电路中没有电流，即 $I=0$；短路时，由于接入电路中的电阻很小，流过电路的电流比正常状态时大很多倍，严重时会烧毁电源和短路电路内的电气设备，属于一种事故状态，因此在大多数电路中是不允许发生短路的（短路只是电路的一种状态，并非所有的短路都是有害的，其应用也很广泛）。为防止发生短路故障时损坏设备，在电路中要装设保护装置，常用的方法是安装熔断器或自动开关等短路保护装置。

（3）电路图。在设计、安装或修理各种设备和用电器的实际电路时，通常要用到电路图。采用规定的图形符号表示电路连接情况的图称为电路图，其图形符号要遵守相关国家标准的规定。电路图常用的电路元器件及图形符号见表 1.1。

表 1.1 电路图常用的电路元器件及图形符号

名称	实物图	图形符号	文字符号	名称	实物图	图形符号	文字符号
固定电阻		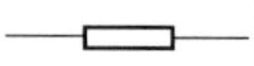	R	白炽灯		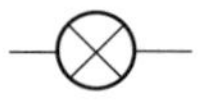	EL
可变电阻			R	开关			S
电位器		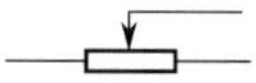	R_p	直流电源			E

2）电流

电流是由电荷的定向移动形成的，它既是一种物理现象，又是一个表示带电粒子定向运动强弱的物理量。

（1）电流的大小用电流强度来表示。电流强度定义为单位时间内通过导体横截面的电荷量，用符号 I 表示，即

$$I=\frac{q}{t}$$

在国际单位制中，电流的单位是安培（A），常用的单位还有毫安（mA）、微安（μA）等，换算关系为

$$1\ \text{A}=10^3\ \text{mA}=10^6\ \mu\text{A}$$

（2）电流的方向有实际方向和参考方向之分。习惯上规定正电荷定向移动的方向为电流的实际方向；但在电路分析计算的过程中，电流的实际方向有时难以确定，就任意假定一个电流方向，在电路图上用箭头表示，称为电流的参考方向，若计算结果为正值，说明电流的实际方向与参考方向一致，反之，说明电流的实际方向与参考方向相反。

3）电阻

电阻是表示导体对电荷的定向移动所起到的阻碍作用的物理量，用符号 R 表示，单位是 Ω。

4）电能

电能指在电场力作用下，电荷定向移动形成的电流所做的功。电流做功的过程就是将电能转换成其他形式的能量的过程，其计算公式为

$$W=Uq=UIt$$

式中　U——加在导体两端的电压，单位是伏特（V）；

I——导体中的电流，单位是安培（A）；

t——通电时间，单位是秒（s）；

W——电能，单位是焦耳（J）。

在国际单位制中，电能的单位是焦耳（J），常用的单位是千瓦时（kW · h），俗称度，换算关系为

$$1\ \text{kW}\cdot\text{h}=1\ 度=3.6\times10^6\ \text{J}$$

5）电功率

电功率指电流在单位时间内所做的功，即

$$P=\frac{W}{t}$$

式中　W——电流所做的功（即电能），单位是焦耳（J）；

t——做这些功所用的时间，单位是秒（s）；

P——电功率，单位是瓦特（W）。

电功率的公式还可以写成

$$P=UI=\frac{U^2}{R}=RI^2$$

2. 电流形成的条件及注意事项

1)电流形成的条件

(1)有能自由移动的电荷。

(2)导体两端必须保持一定的电压(电位差),且形成闭合回路。

2)注意事项

(1)在金属导体内部的导电粒子是自由电子,自由电子定向移动的方向与正电荷的移动方向是相反的,即与电流方向相反;电解液中的导电粒子是正负离子,正离子定向移动的方向与电流方向一致,负离子定向移动的方向与电流方向相反。由此可见,带正电荷的微粒定向移动的方向与电流方向一致,带负电荷的微粒定向移动的方向与电流方向相反。

(2)直流电流指方向不发生变化的电流,其可分为稳恒直流电流与脉动直流电流,如图1.2所示。

①稳恒直流电流:电流方向和强弱都不随时间而改变的电流,如图1.2(a)所示。

②脉动直流电流:电流方向不随时间改变,而强弱随时间改变的电流,如图1.2(b)所示。

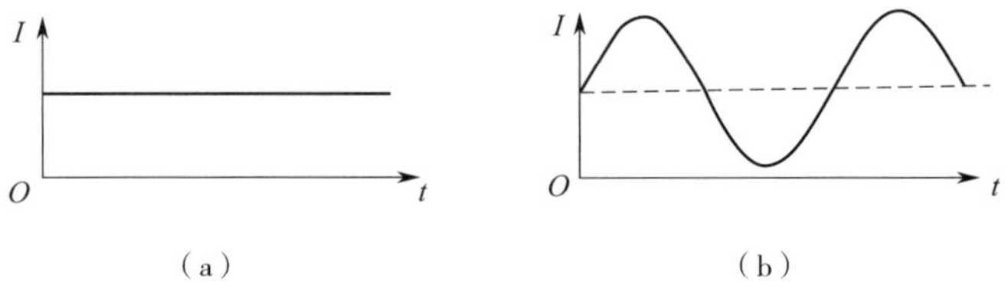

图1.2

(a)稳恒直流电流 (b)脉动直流电流

(3)常用的测量电流的仪表有电流表和万用表,且测量时仪表必须串接在被测电路中。测量直流电流一般用直流电流表,也可用万用表的直流挡代替电流表进行测量。使用电流表时要注意以下几点:

①电流表与被测电路串联;

②电流的极性,使被测电流从电流表的"+"接线柱进、"-"接线柱出;

③选择合适的量程,一般为被测电流的1.5~2倍,若事先无法确定被测电流的大小,量程的选择一般应从大到小调整,直到合适为止;

④防止短路。

3. 三个定律、一个特性

1)电阻定律

在温度不变时,各种材料制成的导体的电阻与其长度成正比,与其横截面面积成反比。均匀导体电阻的计算公式为

$$R=\rho\frac{L}{S}$$

式中 ρ——电阻率,其值由导体材料的性质决定,单位是欧姆·米($\Omega\cdot m$);

L——导体的长度,单位是米(m);

S——导体的横截面面积，单位是平方米（m^2）；

R——导体的电阻，单位是欧姆（Ω）。

在国际单位制中，电阻的常用单位还有千欧（kΩ）和兆欧（MΩ），换算关系为

$$1\ M\Omega=10^3\ k\Omega=10^6\ \Omega$$

2）部分电路欧姆定律

导体中的电流与其两端的电压成正比，与其电阻成反比，即

$$I=\frac{U}{R}$$

或

$$U=IR$$

式中：U、I、R 的单位分别为 V、A、Ω。

3）电阻的伏安特性

电阻的阻值不随电压、电流的变化而改变的电阻称为线性电阻，通常人们所说的电阻均指线性电阻，其阻值在一定的温度条件下为一个常数，此时电阻的电压与电流的关系符合欧姆定律。电阻的阻值随电压、电流的变化而改变的电阻称为非线性电阻，其电压与电流的关系不符合欧姆定律。线性电阻和非线性电阻的伏安特性曲线如图 1.3 所示。由此可见，线性电阻的伏安特性曲线是一条通过原点的直线，直线斜率的倒数即为电阻的阻值；非线性电阻的伏安特性曲线不是直线。

图 1.3

（a）线性电阻的伏安特性曲线　（b）非线性电阻的伏安特性曲线

在理解和运用以上定律时，要注意以下几点：

（1）R、U、I 必须属于同一段电路；

（2）不可把三个量间的因果关系与数量上的联系混为一谈；

（3）运用欧姆定律可计算电阻，即 $R=\frac{U}{I}$，但不能说电阻是由电压和电流的大小决定的，电阻的大小只与其本身有关；

（4）适用于金属或电解液导电。

4）焦耳定律

电流通过导体产生的热量与电流的平方、导体的电阻和通电时间成正比，即

$$Q=RI^2t$$

式中　Q——热量，单位是焦耳（J）。

4. 电能、电功率和电热能的关系

（1）电能、电功率和电热能的一般式分别是 $W=UIt$、$P=UI$ 和 $Q=RI^2t$，它们适用于任何

电路。

（2）只有在纯电阻电路中，电能完全转化为电路的热能，即

$$W=UIt=Q=RI^2t$$

（3）在纯电阻电路中，有

$$W=RI^2t=\frac{U^2}{R}t$$

5. 认识电阻

1）电阻的作用

电阻是一种消耗电能的元件，在电路中用于控制电压、电流的大小，或与电容和电感组成具有特殊功能的电路等。

2）认识电阻的注意事项

（1）在自然界中无处不存在，不仅金属导体有电阻，其他物体也有电阻。

（2）电阻与温度的关系。

①温度升高，会使物体中自由电子受到的阻碍增加，导致电阻增大；也会使物体中带电粒子的数目增多，更容易导电，导致电阻减小。因此，随着温度的升高，导体的电阻究竟是增大还是减小，要看哪一种因素的作用占主要地位。

②导体的温度系数（α）：温度每升高 1 ℃时，电阻值所变动的数值与原来电阻值的比值。设温度为 T_1 时，导体的电阻为 R_1；温度为 T_2 时，导体的电阻为 R_2，则

$$\alpha=\frac{R_2-R_1}{R_1(t_2-t_1)},R_2=R_1[1+\alpha(t_2-t_1)]$$

3）电阻的主要参数

电阻的参数很多，在实际应用中，一般常考虑标称阻值、允许误差和额定功率三个参数。标称阻值和允许误差一般都标注在电阻体的表面上，体积小的电阻则用文字符号法或色标法来表示。

（1）标称阻值：电阻表面所标的阻值。

（2）允许误差：电阻的实际阻值并不完全与标称阻值相等，而是存在误差，实际阻值与标称阻值之差，再除以标称阻值所得的百分数就是电阻的误差。电阻的允许误差一般分为三级，即 ±5%、±10%、±20%，或用Ⅰ、Ⅱ、Ⅲ表示。

4）色环电阻

色环电阻是用不同颜色的色环或点在电阻表面标出标称阻值和允许误差，色环的含义见表 1.2。

（1）色环电阻主要有四色环和五色环之分。

（2）准确记忆色环所代表的数字，记忆口诀："棕 1 红 2 橙是 3，4 黄 5 绿 6 是蓝，7 紫 8 灰 9 雪白，黑色是 0 须记牢"。

（3）注意读取顺序。

5）电阻的测量

（1）直接测量仪表：万用表、绝缘电阻表（兆欧表）。

（2）间接测量方法（试验测量法）：伏安法、惠斯通电桥法。

表 1.2　色环的含义

颜色	有效数字	倍率	误差	颜色	有效数字	倍率	误差
黑	0	10^0	—	紫	7	10^7	± 0.1%
棕	1	10^1	± 1%	灰	8	10^8	—
红	2	10^2	± 2%	白	9	10^9	—
橙	3	10^3	—	金	—	10^{-1}	± 5%
黄	4	10^4	—	银	—	10^{-2}	± 10%
绿	5	10^5	± 0.5%	无色	—		± 20%
蓝	6	10^6	± 0.2%				

【例题解析】

例 1.1　根据(　　)的不同,可把物质分为导体、绝缘体和半导体三大类。

A. 电阻　　B. 电阻率　　C. 温度　　D. 电阻温度系数

【解析】解答本题的同时,复习电阻定律和影响电阻的四个因素。电阻率小于 10^{-6} Ω•m 的材料称为导体,如金属等;电阻率大于 10^7 Ω•m 的材料称为绝缘体,如石英、塑料等;电阻率的大小介于导体和绝缘体之间的,称为半导体,如锗、硅等。

【答案】B

例 1.2　一根阻值为 1 Ω的电阻丝,将它均匀拉长为原来的 3 倍,拉长后电阻丝的阻值为(　　)。

A.1 Ω　　B.3 Ω　　C.6 Ω　　D.9 Ω

【答案】D

【解析】解答本题的关键是均匀拉长或对折导体的体积不变。

设电阻丝长度为 L,横截面面积为 S,则它的体积 $V=SL$,已知 $R=\rho\dfrac{L}{S}=1\ \Omega$,在均匀拉长过程中,$V$ 一定,$L'=3L$,则 $S'=\dfrac{S}{3}$,$R'=\rho\dfrac{L'}{S'}=\rho\dfrac{3L}{S/3}=9\rho\dfrac{L}{S}$,则 $R'/R=9, R'=9R=9\ \Omega$。

【答案】D

例 1.3　一根粗细均匀的导线,当其两端电压为 U 时,通过的电流为 I,若将此导线对折后,要使电流仍为 I,则导线两端所加的电压应为(　　)。

A. $\dfrac{U}{4}$　　B.U　　C.$4U$　　D.$2U$

【解析】本题考查欧姆定律的应用及影响电阻的因素。由题可知,导线原来电阻的大小 $R=U/I$,导线对折后电阻变为 $R'=R/4$,要使电流不变,导线两端所加的电压应变为原来的 1/4。

【答案】A

例 1.4　下列关于电阻的说法,正确的是(　　)。

A. 电阻与电压成正比,与电流成反比

B. 电阻率 ρ 越小,说明导电性能越好

C. 由电阻率ρ的大小可知，铜导线的电阻比铝导线的电阻小

D. 导线越细，电阻越小

【解析】电阻与电压和电流无关，取决于材料的电阻率ρ、长度L、横截面面积S和温度T，电阻与电阻率ρ成正比，与长度L成正比，与横截面面积S成反比。

【答案】B

【要点归纳】

“认识电路”部分是本书的起始章节，是与初中电学部分的衔接，起到承前启后的作用，比较简单，但也不能马虎，学好此部分内容，有助于学习后面的其他内容。要学好此部分内容，应注意以下几点。

（1）正确理解电流的方向：电流不仅有大小而且有方向，电流的方向是学习的难点，电流的实际方向是客观存在的方向，是从高电位流向低电位。但电路中电流的真实方向往往未知，在分析复杂电路或交流电路时这个问题尤为突出。为了解决这一问题，在进行电路分析前，要任意假定电流的方向，并在电路图中用箭头表示，作为电流的参考方向。当选定的参考方向与电流的实际方向一致时，电流为正值；反之，则为负值。

（2）能够灵活运用电阻定律：理解电阻定律的关键是对电阻率的理解。

①电阻率ρ不能简单理解为比例系数，它是反映材料导电性能的物理量，它取决于材料本身。电阻是导体本身固有的一种属性，任何物体都有电阻，不同导体的导电能力是不同的，绝缘体之所以能起到绝缘的作用，就是由于其电阻很大的缘故。

②电阻率有自己的单位：Ω•m（欧姆·米）。

③几乎每种材料的电阻率都与温度有关，这是导体的电阻随温度升高而增大的原因。

④运用电阻定律解题时，注意同一段导线在拉伸或对折的形变中，导线的横截面面积随长度变化而发生变化，但导线的总体积不变，这是隐含条件，也是解题的关键。

（3）正确运用部分电路欧姆定律、电能和电功率计算公式，以解决实际问题。

（4）多练习色环电阻的识读，达到一看便知阻值的效果。

任务1.2　实训：导线的剖削与连接

1. 实训目标

（1）学会铜芯导线的剖削与连接。

（2）学会导线绝缘层的恢复。

2. 实训器材

（1）电工刀1把。

（2）剥线钳1把。

（3）黄蜡带1卷。

（4）黑胶带1卷。

（5）钢丝钳1把。

（6）尖嘴钳1把。

3. 实训步骤

(1)用电工刀剖削导线护套层。

①按所需长度用电工刀刀尖对准芯线划开护套层,如图 1.4(a)所示。

②按所需长度在导线上横向划下,左手转动导线一周,如图 1.4(b)所示。

③剥去护套层,如图 1.4(c)所示。

(a)　(b)　(c)

图 1.4

(a)划开护套层　(b)横切导线　(c)剥去护套层

(2)用剥线钳剥削导线线头。

①将需剥离的导线钳入剥线钳,如图 1.5 所示。

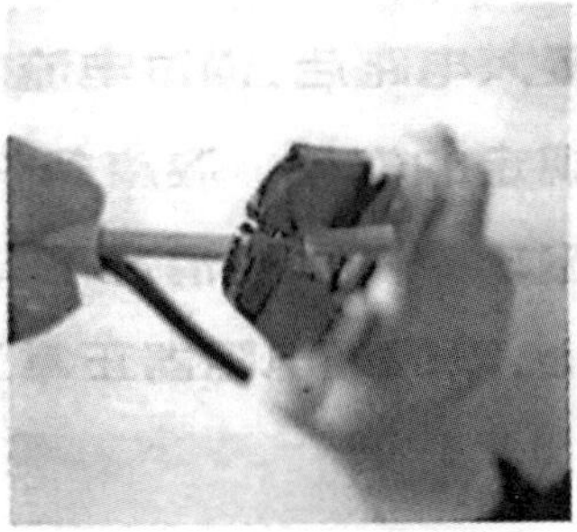

图 1.5

②握住剥线钳手柄做圆周运行,让钳口在导线的绝缘层上切一个圆周,并往外推动剥线钳,绝缘层就会随钳口推动方向脱离。

(3)单股铜芯导线的直线连接。

①把两根铜芯导线的芯线成 X 形相交,并互相绞绕 2~3 圈,如图 1.6(a)所示。

②将两根铜芯导线扳直,再各向两边绕 6 圈,多余的线头用钢丝钳剪掉,如图 1.6(b)所示。

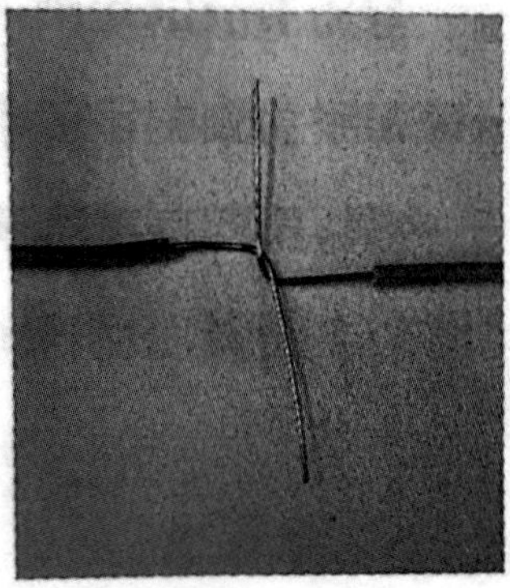

（a）

（b）

图 1.6

（a）X 形相交 （b）各向两边绕 6 圈

（4）单股铜芯导线的 T 形分支连接。

①将支路芯线的接头与干线芯线十字相交，使支线根部留出约 3 mm 后，向干线绕 1 圈，如图 1.7（a）所示。

②收紧支线线端，并在干线上绕 6~8 圈，用钢丝钳剪掉多余的支路芯线，如图 1.7（b）所示。

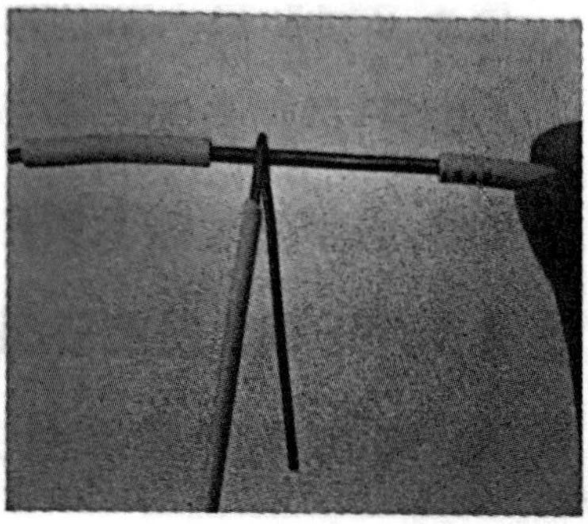

（a）

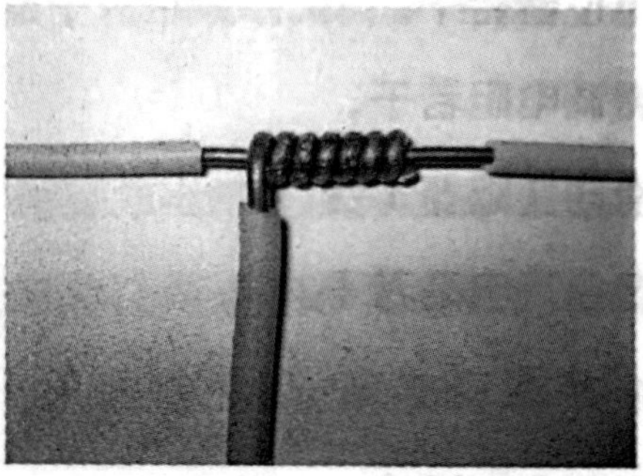

（b）

图 1.7

（a）十字相交 （b）绕 6~8 圈

（5）恢复导线绝缘层。

①从导线的左端绝缘层约 2 倍胶带宽处开始缠绕黄蜡带，缠绕时胶带保持与导线成 45°，并且缠绕时胶带要压住上圈胶带的 1/2，缠绕到导线右端绝缘层约 2 倍胶带宽处停止，如图 1.8 所示。

②在导线右端将黑胶带与黄蜡带粘贴连接好，然后从右往左斜向缠绕黑胶带，缠绕方法与黄蜡带相同，缠绕至导线左端黄蜡带的起始端结束。

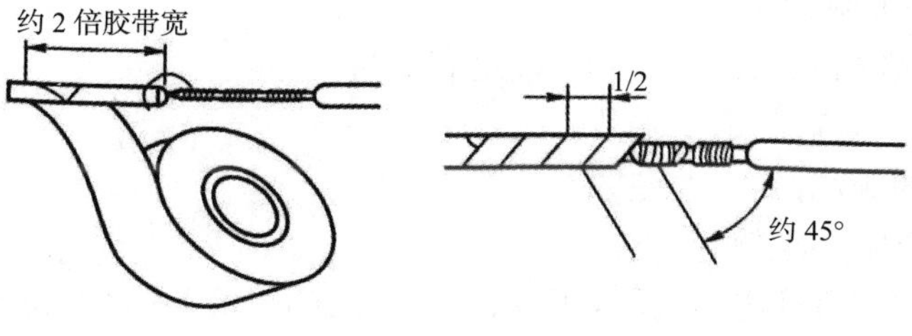

图 1.8

4. 实训小结

将本实训的评价与收获填入表 1.3 中。

表 1.3　实训的评价与收获

实训过程评价					
评价内容	参与程度	仪器仪表使用	安全文明操作	团队协作	任务完成
评价等级					
收获与体会					

任务 1.3　实训:认识电阻

1. 实训目标

(1)能识别各种电阻。

(2)学会识别色环电阻的阻值。

2. 实训器材

(1)电位器若干。

(2)微调电阻若干。

(3)滑动变阻器 1 台。

(4)四色环电阻若干。

3. 实训步骤

(1)识别各种电阻。

①识别各种电阻实物。

②读取各种电阻的参数,明确各参数的物理意义。

（2）识读四色环电阻的阻值。

①拿起电阻，识别第一、二环的颜色，确定有效值。

②识别第三环的颜色，确定倍乘数。

③识别第四环的颜色，确定误差数。

④确定四色环电阻的阻值。

⑤取多个不同的四色环电阻，反复识读，确定电阻的阻值，并填入表 1.4。

表 1.4　四色环电阻的阻值识读与确定

序号		1	2	3	4
第一环	颜色				
	有效值				
第二环	颜色				
	有效值				
第三环	颜色				
	有效值				
第四环	颜色				
	有效值				

4. 实训小结

将本实训的评价与收获填入表 1.5 中。

表 1.5　实训的评价与收获

实训过程评价					
评价内容	参与程度	仪器仪表使用	安全文明操作	团队协作	任务完成
评价等级					
收获与体会					

任务 1.4　技术与应用

1. 超导现象简介

1)超导现象

超导现象是 1911 年荷兰物理学家昂尼斯测量汞在低温下的导电情况时发现的，即当温度低于 4.2 K 时，汞的电阻突然下降为零。从此揭开了人类认识超导现象的第一页，昂尼斯也因此获得了 1913 年诺贝尔物理学奖。

2)超导技术的发展

表 1.6 列出了 20 世纪 80 年代以前世界各国陆续发现的一些超导材料。1987 年 2 月 24 日，中国科学院宣布，物理研究所赵忠贤、陈立泉等 13 位科学家获得了临界温度达 100 K 以上的超导体，材料成分为钇钡铜氧陶瓷，标志着我国的超导研究取得了重大突破。

表 1.6　20 世纪 80 年代前发现的部分超导材料

超导材料	发现时间	临界温度/K
Hg(汞)	1911 年	4.2
Nb(铌)	1930 年	9.2
V_3Si(钒三硅)	1954 年	17.1
Nb_3Sn(铌三锡)	1954 年	18.1
Nb_3Ga(铌三镓)	1971 年	20.3
Nb_3Ge(铌三锗)	1973 年	23.2

3)超导技术的应用

由于超导体的导电能力很强，用它制造发电机线圈，可以大大缩小发电机体积；一根很细的超导体所输送的电能，可满足整个城市使用；超导技术可应用在磁悬浮列车、电子、通信、传感器等领域。

2. 导线和绝缘材料

1)导线

导线大致可分为带绝缘保护层和不带绝缘保护层两类。带绝缘保护层的导线称为绝缘导线，不带绝缘保护层的导线称为裸线。

绝缘导线的种类有橡铜线、橡铝线、塑铜线、塑铝线、橡套线、塑套线等。照明电路中常用的导线外形如图 1.9 所示，主要品种如下。

(1)氯丁橡皮绝缘导线，横截面面积有 1 mm^2、1.5 mm^2、2.5 mm^2 等，主要用于户内外照明电路干线。

(2)塑铜线和塑铝线，横截面面积有 1 mm^2、1.5 mm^2、2.5 mm^2 等，主要用于户内照明电路干线。

(3)塑料平行线和塑料绞型线，横截面面积有 0.2 mm^2、0.5 mm^2、1 mm^2 等，主要用作连接可移动电器的电源线。

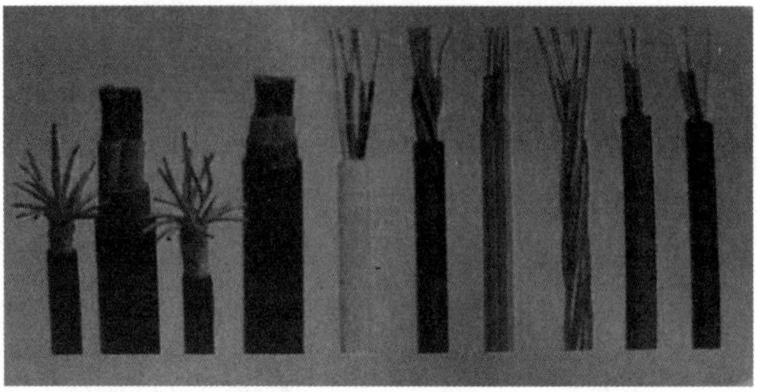

图 1.9

在 220 V 交流电压照明电路中使用的电器，每千瓦对应的额定电流约为 4.5 A。对一定型号导线的每一种标准截面，都规定了最大的允许持续电流，选用导线时可查阅电工手册。

2）绝缘材料

橡胶、塑料、绝缘纸、绝缘布是常用的电工绝缘材料。绝缘材料的主要作用是隔离带电的或不同电位的导体，避免短路、漏电等现象的发生。在某些场合下，绝缘材料往往还起到机械支撑、保护导体等作用。

绝缘材料在使用过程中，由于各种因素的长期作用，会发生化学变化和物理变化，使其电气性能和机械性能变差，这种变化称为老化。造成绝缘材料老化的因素很多，但主要是热的因素，温度过高会加速绝缘材料的老化。因此，对各种绝缘材料都规定了它们在使用过程中的极限温度，以延缓其老化过程，保证产品的使用寿命，如外层带绝缘层的导线应远离热源。当绝缘导线老化时，若用手折动，会使导线绝缘层出现裂纹，对于这样的导线不要勉强使用，必须立即更换，避免造成短路事故或危及人身安全。

在 500 V 电压以下处理导线的接头，可以用塑料带作内层绝缘，外层再包黑胶带，为提高绝缘性能，黑胶带要绕三层。

3. 电阻器

1）电阻器的作用和种类

电阻器是一种消耗电能的元件，在电路中用于控制电压、电流的大小，或与电容器和电感器组成具有特殊功能的电路等。

为了适应不同电路和不同工作条件的需要，电阻器的品种规格很多，按外形结构可分为固定式和可变式两大类，固定电阻器和可变电阻器的外形分别如图 1.10（a）和（b）所示。固定电阻器主要用于阻值不需要变动的电路；可变电阻器，即电位器，主要用于阻值需要经常变动的电路。另外，微调电位器或微调电阻器主要用于阻值有时需要变动但不必经常变动的电路。

图 1.10

(a)固定电阻器　(b)可变电阻器　(c)敏感型电阻器

电阻器按控制材料可分为膜式(碳膜、金属膜等)和金属线绕式两类。膜式电阻器的阻值范围较大,可从零点几欧到几十兆欧,但功率不大,一般为几瓦;金属线绕式电阻器正好与其相反,其阻值范围较小,但功率较大。

电阻器按特性还可进一步分为高精度、高稳定性、高阻、高压、高频及各种敏感型电阻器。常见的敏感型电阻器有热敏电阻器、光敏电阻器、压敏电阻器等,如图 1.10(c)所示。

2)电阻器的主要参数

电阻器的参数很多,在实际应用中一般常考虑标称阻值、允许误差和额定功率三个参数。

Ⅰ.标称阻值

电阻器的标称阻值是指电阻器表面所标的阻值,它是按国家规定的阻值系列标注的,因此必须按国家对电阻器的标称阻值范围选用电阻器。

Ⅱ.允许误差

电阻器的实际阻值并不完全与标称阻值相等,而是存在误差。实际阻值与标称阻值之差,再除以标称阻值所得的百分数就是电阻器的误差。普通电阻器的允许误差一般可分为三级,即 ±5%、±10%、±20%,或用Ⅰ、Ⅱ、Ⅲ表示。

电阻器的标称阻值和允许误差一般都直接标注在电阻体的表面,体积小的电阻器则用文字符号法或色标法表示。

电阻器的色环通常有四道,其中三道相距较近,作为阻值标注,另一道距前三道较远,作为误差标注,如图 1.11 所示。电阻的色环标注见表 1.7,误差的色环标注见表 1.8。

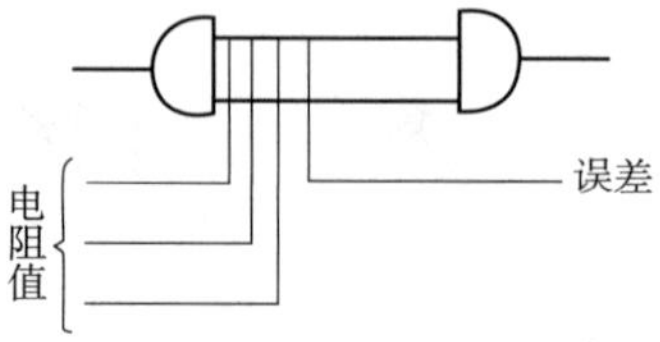

图 1.11

表 1.7　电阻的色环标注

颜色	棕	红	橙	黄	绿	蓝	紫	灰	白	黑
数码	1	2	3	4	5	6	7	8	9	0

表 1.8　误差的色环标注

颜色	金	银	无色
误差	± 5%	± 10%	± 20%

第一道、第二道各代表一位数字，第三道则代表零的个数。例如，某色环电阻第一道为棕色，第二道为红色，第三道为橙色，由表 1.7 可知，此电阻为 12 kΩ。

除上面介绍的四环电阻，精度更高的五环电阻也很常用。五环电阻的前三道代表数字，第四道代表零的个数，第五道代表误差。

Ⅲ. 额定功率

电阻器接入电路后，通过电流时要发热，如果电阻器的温度过高就会将其烧毁。通常在规定的气压、温度条件下，电阻器长期工作时所允许承受的最大电功率称为额定功率。一般情况下，所选用电阻器的额定功率应大于实际消耗功率的 2 倍，以保证电阻器正常工作。

任务 1.5　强化训练

1. 单选题

（1）若 3 min 内通过导体横截面的电荷量是 1.8 C，则导体中的电流是(　　)。

A.0.01 A　　B.0.05 A　　C.0.1 A　　D.0.5 A

（2）将一根导线均匀拉长为原长度的 3 倍，则阻值为原来的(　　)。

A.3 倍　　B.1/3　　C.9 倍　　D.1/9

（3）一条均匀电阻丝对折后，接到原来的电路中，在相同的时间里，电阻所产生的热量是原来的(　　)。

A.1/2　　B.4 倍　　C.2 倍　　D.1/4

（4）额定电压为 220 V 的灯泡接在 110 V 电源上，灯泡的功率是原来的(　　)。

A.2 倍　　B.4 倍　　C.1/2　　D.1/4

（5）阻值随外加电压或电流的大小而改变的电阻称为(　　)。

A. 固定电阻　　B. 可变电阻　　C. 线性电阻　　D. 非线性电阻

(6)220 V 的照明用输电线，每根导线电阻为 1 Ω，通过电流为 10 A，则 10 min 内可产生的热量为(　　)J。

A.1×10^4　B.6×10^4　C.6×10^3　D.1×10^3

(7)额定值为 100 Ω/1 W 的电阻，两端允许加的最大直流电压为(　　)V。

A.10　B.12　C.15　D.8

(8)电力系统中以“kW·h”作为(　　)的计量单位。

A. 电压　B. 电能　C. 电功率　D. 电位

(9)一个电阻，两端加 50 mV 电压时，电流为 10 mA；当两端加 10 V 电压时，电流为(　　)。

A.2 A　B.0.2 A　C.2 mA　D.0.02 mA

(10)某电烤箱电阻是 5 Ω，工作电压为 220 V，通电 15 min 能放出(　　)J 的能量。

A.8.612×10^7　B.8.612×10^6　C.8.712×10^7　D.8.712×10^6

2. 多选题

(1)下列关于电阻的说法，错误的是(　　)。

A. 导体能导电所以有电阻，塑料不能导电所以没有电阻

B. 所有的物体都有电阻

C. 超导体在特定环境下电阻值接近为 0

D. 超导体不受环境温度的影响

(2)由公式 $R=U/I$，可知(　　)。

A. 电阻是由电压、电流决定的　B. 电阻是由其本身的性质决定的

C.U 变大，I 变大　D.U 变大，R 不变

(3)把某段导体对折后，接入电路中继续使用，下列说法正确的是(　　)。

A. 电路中的总电流会增大　B. 电路中的总电流会变小

C. 导体的电阻会变小　D. 导体的电阻会变大

(4)下列关于电阻的说法，正确的是(　　)。

A. 只有金属才有电阻

B. 电阻箱可以测量电阻的阻值

C. 电阻的色标法有四色环表示法和五色环表示法

D. 恒温下不同材质电阻的电阻率不同

(5)下列有关超导现象的说法，正确的是(　　)。

A. 超导现象是荷兰物理学家昂尼斯最初发现的

B. 超导现象是在测量汞在低温下的导电情况时发现的

C. 我国的科学家赵忠贤、陈立泉等获得了临界温度达 100 K 以上的超导体

D. 在磁悬浮列车、电子、通信、传感器等领域使用了超导技术

(6)下列说法正确的是(　　)。

A. 在纯电阻电路中，电流通过电阻所做的功与它产生的热量是相等的

B. 如果电阻元件的伏安特性曲线是过原点的直线，那么这个电阻是线性电阻

C. 公式$P=UI=RI^2=\frac{U^2}{R}$在任何条件下都成立

D. 欧姆定律适用于任何电路和元件

3. 判断题

(1)负载电功率为正值表示负载吸收电能,此时电流与电压降的实际方向一致。( )

(2)人们常用“负载大小”来指负载电功率大小,在电压一定的情况下,负载大小是指通过负载的电流的大小。( )

(3)通过电阻的电流增大到原来的2倍时,它所消耗的电功率也增大到原来的2倍。( )

(4)一个灯泡接在220 V的直流电源上,此时灯泡的电阻为484 Ω,则通过灯泡的电流为0.4 A。( )

(5)没有电压就没有电流,没有电流就没有电压。( )

(6)把25 W/220 V的灯泡接在1 000 W/220 V的发电机上时,灯泡会烧坏。( )

(7)电阻两端电压为10 V时,电阻值为10 Ω;当电压升至20 V,电阻值将变为20 Ω。( )

(8)负载在额定功率下的工作状态称为满载。( )

(9)如图1.12所示的波形是一个直流电流的波形。( )

(10)电灯的灯丝烧断后重新搭上,再使用时发光要比正常时暗一些。( )

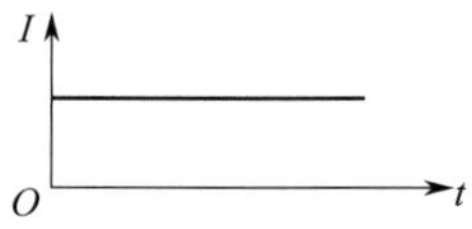

图1.12

4. 填空题

(1)电路通常有______、______和______三种状态。

(2)电流是______量,电流有方向,规定________________为电流的方向,在国际单位制中,电流的单位是______。

(3)若3 s内通过导体横截面的电荷量是1.8 C,则导体中的电流是______A。

(4)电路中要形成持续不断的电流必须具备______、______和______三个条件。

(5)在一定______下,均匀导体的电阻与导体的长度成______,与导体的横截面面积成______,与材料的性质______。它的表达式$R=$______,这就是电阻定律。其中的比例系数ρ称为导体的______,其单位是______。

(6)阻值为2 kΩ、额定功率为$\frac{1}{4}$ W的电阻器,使用时允许的最大电压为______V,最大电流为______mA。

5. 技能题

(1)如图1.13所示色环电阻,根据色环读出电阻的数值。

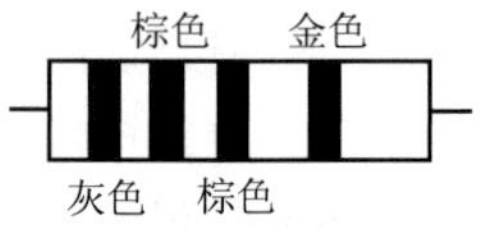

图1.13

（2）如果用万用表欧姆挡（R×1、R×10、R×100、R×1 k、R×10 k）测量该电阻，选择合适的量程。

6. 综合分析题

（1）一个阻值为 20 kΩ、额定功率为 $\frac{1}{2}$ W 的电阻器，试求它的额定电压 U 和电流 I。

（2）对一盏“220 V，60 W”的白炽灯，试求：

①灯丝的电阻；

②接到电压为 220 V 的电源上工作时的电流；

③每天使用 3 小时，电价为 0.51 元/度，则一个月（按 30 天计算）需交多少电费？

（3）某阻值为 200 Ω 的电阻器的额定功率为 2 W，试求该电阻器的额定电压和额定电流。

（4）在一个闭合电路中，若将负载电阻 R_L 由原来的 2 Ω 改成 6 Ω，回路中的电流减小到原电流的一半，试求电源的内阻。

（5）一个额定电压为 6 V 的继电器，其线圈的电阻 R_2=200 Ω，若电源电动势 E=24 V（内阻不计），试求应串接多大的降压电阻 R_1 才能使这个继电器正常工作。

（6）某照明电路的端口电压 U=220 V，在电路中并接 20 盏“220 V，60 W”的白炽灯，两条输电线的总电阻 R=2 Ω。当只开 10 盏灯，或 20 盏灯全开时，试求：

①整个电路所消耗的电功率；

②输电线上的压降和损失的功率。

任务 1.6　质量检测

1. 单选题（每小题 2 分，共 20 分）

（1）电荷量的单位是（　　）。

A. 伏特　　B. 库仑　　C. 安培　　D. 千克

（2）如果在 1 min 内导体中通过 120 C 的电量，那么导体中的电流为（　　）。

A.1 A　　B.2 A　　C.3 A　　D.4 A

（3）下列设备中一定是电源的是（　　）。

A. 洗衣机　　B. 冰箱　　C. 蓄电池　　D. 碱性电池

(4)电动势存在于电源的(　　)。

A. 内部　B. 外部

C. 从电源的负极指向正极　D. 方向不确定

(5)将一根导线均匀拉长为原来的 3 倍,则阻值为原来的(　　)。

A.3 倍　B.1/3　C.9 倍　D.1/9

(6)下列单位中,属于电能单位的是(　　)。

A.W　B.kW　C.kW·h　D.J/s

(7)由公式 $R=U/I$ 可知,导体的电阻(　　)。

A. 与导体两端的电压成反比　B. 与导体中通过的电流成正比

C. 与电压和电流的变化有关　D. 与电压和电流的变化无关

(8)下列用电器的额定电压都是 220 V,现将其接在 110 V 的电源上,可能因欠压而损坏的用电器是(　　)。

A. 电灯　B. 电炉丝　C. 电动机　D. 电热毯

(9)下列材料中,电阻率最小的是(　　)。

A. 铜　B. 铝　C. 铁　D. 硅

(10)欧姆定律具有普遍性,它适用于(　　)。

A. 线性电路　B. 非线性电路

C. 线性电路和非线性电路　D. 以上答案都不对

2. 多选题(每小题 3 分,共 18 分)

(1)下列关于电源电动势的说法,正确的是(　　)。

A. 电动势的大小表示电场力做功的本领大小

B. 电动势的大小表示电源内部非电场力做功的本领大小

C. 电动势是衡量电压做功能力的物理量

D. 电动势是衡量电源将其他形式能量转变成电能的本领大小的物理量

(2)下列说法正确的是(　　)。

A. 在纯电阻电路中,电流通过电阻所做的功与它产生的热量相等

B. 如果电阻元件的伏安特性曲线是过原点的直线,那么这个电阻是线性电阻

C. 公式 $P=UI=RI^2=\dfrac{U^2}{R}$ 在任何条件下都成立

D. 欧姆定律适用于任何电路和元件

(3)线性电路是(　　)的电路。

A. 由线性元件组成　B. 含半导体元件

C. 伏安特性曲线是一条过坐标原点的直线　D. 端口电流与端口电压成正比

(4)影响金属导体电阻值大小的因素有(　　)。

A. 导体的材料　B. 导体的几何尺寸

C. 环境温度　D. 导体两端的电压及流过电流的大小

(5)有两只白炽灯的额定电压均为 220 V,额定功率分别为 100 W 和 25 W,则(　　)。

A.25 W 白炽灯的灯丝电阻较大

B.100 W 白炽灯的灯丝电阻较大

C. 两只白炽灯灯丝长度相同时，25 W 白炽灯电阻丝比较细些

D. 两只白炽灯灯丝长度相同时，100 W 白炽灯电阻丝比较细些

（6）对于一台铭牌标示为“220 V，60 W”的直流电动机与一只铭牌标示为“220 V，60 W”的白炽灯，下列说法正确的是（　　）。

A. 正常工作时，在相同时间内，直流发动机和白炽灯消耗的电能一样

B. 正常工作时，在相同时间内，直流发动机和白炽灯把同样多的电能转换为热能

C. 正常工作时，在相同时间内，直流发动机转换为热能的电能比白炽灯要少

D. 正常工作时，在相同时间内，直流发动机和白炽灯消耗的电能不一样

3. 判断题（每小题 2 分，共 12 分）

（1）电流强度既有大小，又有方向，所以它是一个矢量。（　　）

（2）电压是表示电场力做功能力大小的物理量。（　　）

（3）电源电动势的大小只由电源自身情况决定，与外电路参数无关。（　　）

（4）由欧姆定律（$R=\frac{U}{I}$）可知，电阻的大小与电压和电流有关系。（　　）

（5）电路在短路和通路状态下，电路中都有电流，只不过短路时电流特别大。（　　）

（6）用电器铭牌上的参数是指正常工作时的电压、电流或功率值，低于这一值对用电器没有损害，高于这一值用电器可能会损坏。（　　）

4. 填空题（每空 2 分，共 20 分）

（1）0.18 mA=_______A=_______μA。

（2）规定_______定向移动的方向为电流方向。

（3）普通电阻器大多用四色环色标法来标注，四色环的前两条色环表示阻值_______，第 3 条色环表示_______，第 4 条色环表示阻值_______的范围。

（4）1 度=_______kW·h=_______J。

（5）一根长度为 10 m，横截面面积为 10 mm^2 的铜导线，它的电阻是_______Ω；若将它均匀拉长为原来的 2 倍，拉长后的阻值是_______Ω（$\rho_{Cu}=1.7\times10^{-8}\ \Omega\cdot m$）。

5. 综合分析题（共 30 分）

（1）在 6 min 时间内，通过导体横截面的电荷量为 3.6 C，试求电流是多少安培？（6 分）

（2）已知电源的电动势为 24 V，负载两端的电压为 14 V，电源的内阻为 1 Ω，试求电路中的电流、负载电阻及电源内阻上的电压。（6 分）

（3）一个电池和一个负载电阻组成一个最简单的闭合电路。当负载电阻的阻值增加到原来的 3 倍时，电流变为原来的一半，试求原来内、外电阻的阻值比。（6 分）

（4）将一个“220 V，40 W”的灯泡与一个“220 V，100 W”的灯泡串接在电压为 220 V 的电路中，试判断哪个灯泡亮些；若将它们并接在电压为 220 V 的电路中，试判断哪个灯泡亮些；并计算说明。（6 分）

（5）若一个“220 V，40 W”的电烙铁正常工作 1 小时，试求其产生多少焦耳的热量，以及合多少千卡。（6 分）

项目二　简单直流电路

【学习目标】

（1）电动势、端电压、电位的概念，电动势、电压和电位的异同点，使用全电路欧姆定律解决电路问题。

（2）串并联电路的性质和作用，串联分压、并联分流和功率分配的原理，电压表和电流表量程的选择方法和计算。

（3）混联电路的分析方法。

（4）万用表的构造及使用方法。

【知识梳理】

- 简单直流电路
  - 基本概念
    - 电动势
    - 端电压
  - 闭合电路的欧姆定律
  - 电阻的连接
    - 电阻的串联
    - 电阻的并联
    - 电阻的混联
  - 电阻的测量
    - 伏安法
    - 惠斯通电桥法
  - 万用表的用法
  - 测量仪表
    - 电流表
    - 电压表
    - 兆欧表
  - 电路中各点电位的计算

任务 2.1　认识简单直流电路

【内容提要】

1. 基本概念

1）电动势

电源的电动势等于没有接入电路时两极间的电压，用符号 E 表示，单位是伏特（V）。电动势是衡量电源力做功能力的物理量，只存在于电源内部，是电源力将单位正电荷从负极移到正极所做的功，记为$E=\dfrac{W}{q}$。

注意：

（1）电动势由电源本身决定，与外电路无关；

（2）电动势的方向为从负极通过电源内部到正极的方向。

2）电压

电压是衡量电场力做功的物理量。电场力将单位正电荷从 a 点移动到 b 点所做的功称为 a、b 两点的电压，记为$U_{ab}=\dfrac{W}{q}$。电压的实际方向为由高电位端指向低电位端。

3）电位

在电路中任选一个参考点，电路中某一点 a 到该参考点的电压称为该点的电位，用符号 V_a表示。参考点原则上可任意选定，通常选大地为参考点。规定参考点的电位为 0 V，用符号“⊥”表示。若某一点的电位比参考点的电位高，则该点的电位为正值；反之，则为负值。计算电路中各点的电位时，首先应选定参考点，一个电路只能选定一个参考点。

4）电压和电位的关系

（1）相同点：

①单位都是伏特；

②两者都有方向，但都是标量。

（2）不同点：

①电路中任意两点间都存在一个电压，电位专指电路中的某点相对于零电位点的电压或电势差；

②电压方向一般由高电位点指向低电位点；

③电位与参考点的选择有关（即电位的相对性），而电压与参考点的选择无关（即电压的绝对性），电路中的接地点电位不一定为零。

5）电动势和电压的区别

（1）物理意义不同：电动势表示非电场力（电源力）做功的本领；电压表示电场力做功的本领。

（2）方向不同：电动势的方向由低电位指向高电位；电压的方向由高电位指向低电位。

（3）存在部位不同：电动势仅存在于电源内部；而电压在电源内部、外部都存在。

2. 闭合电路的欧姆定律

如图 2.1 所示闭合电路内的电流与电源电动势成正比，与整个电路的电阻成反比，即

$$I=\frac{E}{R+R_0}$$

可变形为

$$E=IR+IR_0$$

其中，外电路上的电压降（端电压）为

$$U=IR=E-IR_0$$

内电路上的电压降为

$$U'=IR_0$$

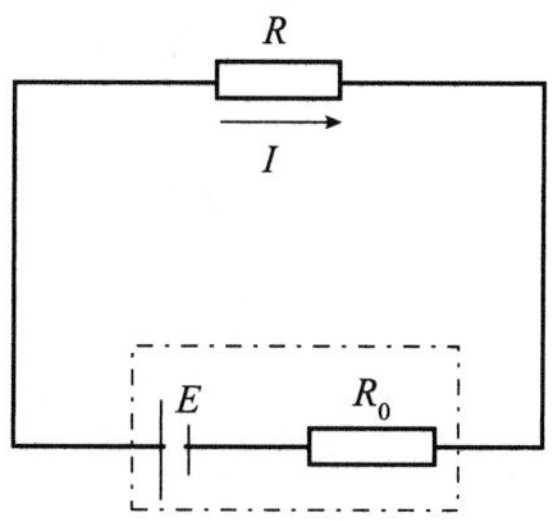

图 2.1

电动势等于内、外电路电压降之和，即

$$E = IR + IR_0 = U + U'$$

由上可知闭合电路的特点，见表 2.1。

表 2.1 闭合电路的特点

电路状态	参数	
	电流	端电压
通路	$I = \frac{E}{R + R_0}$	$U=E-IR_0$
开路（断路）	$I=0$	$U=E$
短路（捷路）	$I = \frac{E}{R_0}$	$U=0$

3. 端电压

（1）由公式 $E = IR + IR_0 = U + U'$，可得端电压为

$$U = E - U' = E - IR_0$$

由于

$$I = \frac{E}{R + R_0}$$

所以，当 R 增加时，$(R + R_0)$ 增加，电流 I 减小，U 增加；反之，当 R 减小时，U 减小。

（2）两种特例。

①外电路开路时，$R=\infty$，$I=0$，$U=E$。可见，开路时端电压等于电源电动势。

②外电路短路时，$R=0$，$U=0$，$I=E/R_0$。由于电源内阻很小，短路电流会很大，从而会烧坏电源，引起火灾，因此绝不允许将导线或电流表直接接到电源上，以防止发生短路。

4. 电源向负载输出的功率

若负载为纯电阻，电源向负载输出的功率为

$$P = UI = RI^2 = R\left(\frac{E}{R + R_0}\right)^2 = \frac{RE^2}{(R + R_0)^2}$$

利用 $(R + R_0)^2 = (R - R_0)^2 + 4RR_0$，上式可以写成

$$P = \frac{RE^2}{(R - R_0)^2 + 4RR_0} = \frac{E^2}{\frac{(R - R_0)^2}{R} + 4R_0}$$

当 $R=R_0$ 时，电源的输出功率最大，即

$$P_{max} = \frac{E^2}{4R} = \frac{E^2}{4R_0}$$

这时称负载与电源匹配。

电源输出功率 P 与负载电阻 R 的变化关系曲线如图 2.2 所示。

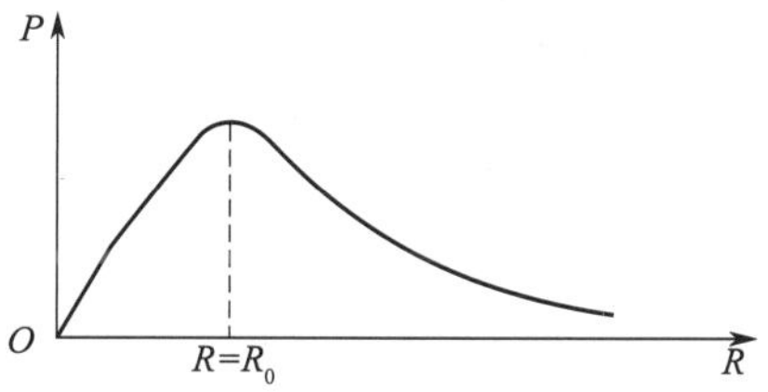

图 2.2

注意：当 $R=R_0$ 时，电源输出功率最大，但此时电源的效率仅为 50%。

5. 电阻的连接

1）电阻的串联

Ⅰ. 定义

电阻的串联指把两个或两个以上的电阻依次连接起来，使电流只有一条通路，如图 2.3 所示。

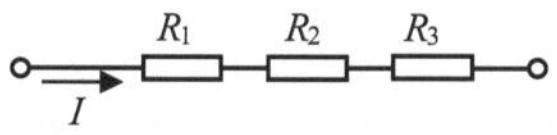

图 2.3

Ⅱ. 特点

（1）电路中的电流处处相等。

（2）电路总电压等于各部分电路两端的电压之和。

Ⅲ. 重要性质

Ⅰ）电流性质

串联电路只有一条通路，串联电路的电流处处相等，即

$$I_1=I_2=\cdots=I_n$$

Ⅱ）电压性质

（1）串联电路两端的总电压等于各部分电路两端的电压之和，即

$$U_{总}=U_1+U_2+\cdots+U_n$$

（2）串联电路中各电阻两端的电压与各电阻的阻值成正比，即

$$\frac{U_1}{R_1}=\frac{U_2}{R_2}=\cdots=\frac{U_n}{R_n}=I$$

推论 1：串联电路上各电阻之比等于各电阻上电压之比，即

$$U_1:U_2:\cdots:U_n=R_1:R_2:\cdots:R_n$$

推论 2：n 个相同电阻串联，每个电阻上的电压相等且等于总电压的 $\frac{1}{n}$。

推论 3：两个电阻 R_1 和 R_2 串联，总电压为 U，R_1 和 R_2 上的电压分别为 U_1 和 U_2，它们的关系满足

$$U_1=R_1I=\frac{R_1}{R_1+R_2}U, U_2=R_2I=\frac{R_2}{R_1+R_2}U$$

这就是只有两个电阻串联时的分压公式。

Ⅲ)电阻性质

串联电路的总电阻(也称等效电阻)等于各串联电阻之和,即

$$R_{总}=R_1+R_2+\cdots+R_n$$

推论:n 个相同的电阻(R)串联,总阻值 $R_{总}=nR$。

Ⅳ)功率分配

串联电路的总功率等于各电阻的功率之和,即

$$P_{总}=P_1+P_2+\cdots+P_n$$

推论 1:串联电路中各电阻消耗的功率与它的阻值成正比,即

$$P_1:P_2:\cdots:P_n=I_1^2R_1:I_2^2R_2:\cdots:I_n^2R_n=R_1:R_2:\cdots:R_n$$

推论 2:n 个相同的电阻串联,每个电阻消耗的功率(P)相等,总功率 $P_{总}=nP$。

Ⅴ)串联电路的总功

串联电路总的电功等于各电阻电功之和,即

$$W_{总}=W_1+W_2+\cdots+W_n$$

推论 1:串联电路中各电阻所做电功与它的阻值成正比,即

$$W_1:W_2:\cdots:W_n=I_1^2R_1:I_2^2R_2:\cdots:I_n^2R_n=R_1:R_2:\cdots:R_n$$

推论 2:n 个相同的电阻串联,每个电阻所做电功相等,总的电功 $W_{总}=nW$。

Ⅳ. 电压表

(1)常用的电压表是用微安表或毫安表串联一个电阻改装而成的,如图 2.4 所示。

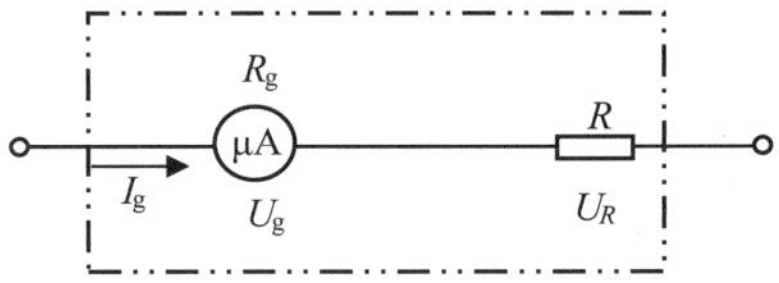

图 2.4

(2)毫安表或微安表的重要参数:

①I_g——满偏电流(几十微安到几毫安);

②R_g——表头内阻(几百欧到几千欧)。

(3)电流越大,毫安表或微安表指针的偏角就越大。由于 $U=IR$,因此毫安表或微安表两端的电压越大,指针偏角就越大。

(4)如果在刻度盘上直接标出电压值,就可用来测电压,但这时能测的电压值很小。为了能测较大的电压值,可串联一个电阻,分担部分电压,从而完成电压表的改装。

(5)测量时要与被测电路并联。

(6)能计算串联电阻 R 的大小。设电流表的满偏电流为 I_g,内阻为 R_g,要改装成量程为 U 的电压表,需串入的电阻 R 为

$$R=\frac{U_g}{I_g}=\frac{U-I_gR_g}{I_g}$$

2)电阻的并联

Ⅰ. 定义

电阻的并联指把若干个电阻一端连接在一起,另一端连接在一起,如图 2.5 所示。

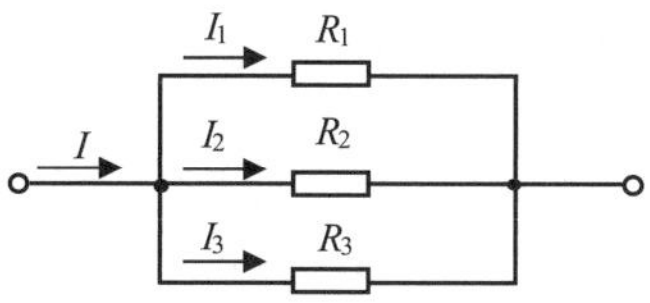

图 2.5

Ⅱ. 特点

(1)电路中各支路两端的电压相等。

(2)电路中总电流等于各支路的电流之和。

Ⅲ. 重要性质

Ⅰ)电压性质

并联电路中各电阻两端的电压相等,并且等于电路两端的总电压,即

$$U_{总}=U_1=U_2=\cdots=U_n$$

Ⅱ)电阻性质

并联电路的总电阻的倒数等于各电阻的倒数之和,即

$$\frac{1}{R}=\frac{1}{R_1}+\frac{1}{R_2}+\cdots+\frac{1}{R_n}$$

推论 1:当 n 个电阻为 R 的电阻并联时,总电阻(等效电阻)$R_{总}=\frac{R}{n}$。

推论 2:当 n 个电阻并联时,总电阻(等效电阻)小于并联电阻中的任何一个电阻的阻值。

Ⅲ)电流性质

并联电路的总电流等于通过各电阻的分电流之和,即

$$I_{总}=I_1+I_2+\cdots+I_n$$

推论 1:并联电路中通过各个电阻的电流与它的阻值成反比,即

$$I_1R_1=I_2R_2=\cdots=I_nR_n=U$$

推论 2:多个电阻并联,阻值越大的电阻,流过的电流越小。

推论 3:两个电阻 R_1 和 R_2 并联,总电流为 I,流过 R_1 和 R_2 的电流分别为 I_1 和 I_2,它们的关系满足

$$I_1=\frac{R_2}{R_1+R_2}I,I_2=\frac{R_1}{R_1+R_2}I$$

这就是只有两个电阻并联时的分流公式。

注意:分流公式只适用于两个电阻并联的电路,对于两个以上电阻并联的电路不再适用。

Ⅳ)功率分配

并联电路的总功率等于各并联电阻的功率之和,即

$$P_{总}=P_1+P_2+\cdots+P_n$$

推论:并联电路中各电阻消耗的功率与各电阻的阻值成反比,即

$$P_1R_1=P_2R_2=\cdots=P_nR_n$$

Ⅴ)并联电路的总功

并联电路总的电功等于各电阻的电功之和,即

$$W_{总}=W_1+W_2+\cdots+W_n$$

电阻串并联电路的特点对比见表 2.2。

表 2.2　电阻串并联电路的特点对比

参数	串联	并联
电流	$I_1=I_2=\cdots=I_n$	$I_{总}=I_1+I_2+\cdots+I_n$ 两个电阻并联时的分流公式为 $I_1=\frac{R_2}{R_1+R_2}I$, $I_2=\frac{R_1}{R_1+R_2}I$
电压	$U_{总}=U_1+U_2+\cdots+U_n$ 两个电阻串联时的分压方式为 $U_1=R_1I=\frac{R_1}{R_1+R_2}U$, $U_2=R_2I=\frac{R_2}{R_1+R_2}U$	$U_{总}=U_1=U_2=\cdots=U_n$
电阻	$R_{总}=R_1+R_2+\cdots+R_n$ 当 n 个阻值为 R 的电阻串联时 $R_{总}=nR$	$\frac{1}{R}=\frac{1}{R_1}+\frac{1}{R_2}+\cdots+\frac{1}{R_n}$ 当 n 个阻值为 R 的电阻并联时 $R_{总}=\frac{R}{n}$
电功率	$P_{总}=P_1+P_2+\cdots+P_n$ 功率分配与电阻成正比 $\frac{P_1}{P_2}=\frac{R_1}{R_2}$	$P_{总}=P_1+P_2+\cdots+P_n$ 功率分配与电阻成反比 $\frac{P_1}{P_2}=\frac{R_2}{R_1}$

Ⅳ.电流表

(1)常用的电流表是用微安表或毫安表并联一只电阻改装而成的,如图 2.6 所示。

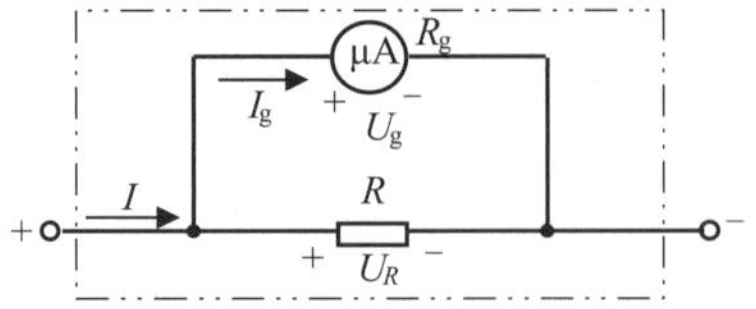

图 2.6

(2)毫安表或微安表的重要参数同前。

(3)按比例分流一部分电流,就可以利用微安表或毫安表测量比较大的电流。

(4)如果在刻度盘上直接标出相应的电流值,就可以达到扩大量程的目的。

(5)测量时要与被测电路串联。

(6)能计算并联电阻 R 的大小。设电流表的满偏电流为 I_g，内阻为 R_g，要改装成量程为 I 的电压表，需并入的电阻 R 为

$$R=\frac{I_g}{I-I_g}R_g$$

注意：扩大量程后的电流表内阻比扩大前要小。

3)电阻的混联

Ⅰ.定义

在实际电路中，既有电阻的串联又有电阻的并联，称为电阻的混联。

Ⅱ.混联电路的一般计算步骤

(1)对电路进行等效变换，也就是把不容易看清串并联关系的电路整理、简化成容易看清串并联关系的电路(在整理电路过程中绝不能把原来的连接关系搞错)。

(2)先计算各电阻串联和并联的等效电阻值，再计算电路的总等效电阻值。

(3)由电路的总等效电阻和电路的端电压计算电路的总电流。

(4)利用电阻串联的分压关系和电阻并联的分流关系，计算各部分的电压及电流。

Ⅲ.进行电路等效变换的两种方法

(1)利用电流的流向及电流的分合，画出等效电路图。

(2)利用电路中各等电位分析电路，画出等效电路图。

6. 万用表的使用

万用表又称多用表、三用表、复用表，万用表分为指针式万用表和数字万用表，如图 2.7 所示。万用表是一种多功能、多量程的测量仪表，一般可测量直流电流、直流电压、交流电压、电阻和音频电平等，有的还可测量交流电流、电容量、电感量及半导体的一些参数。万用表由表头、测量电路及转换开关等三个主要部分组成。下面分别介绍指针式万用表和数字万用表的使用方法，供需要了解此内容的读者参考。

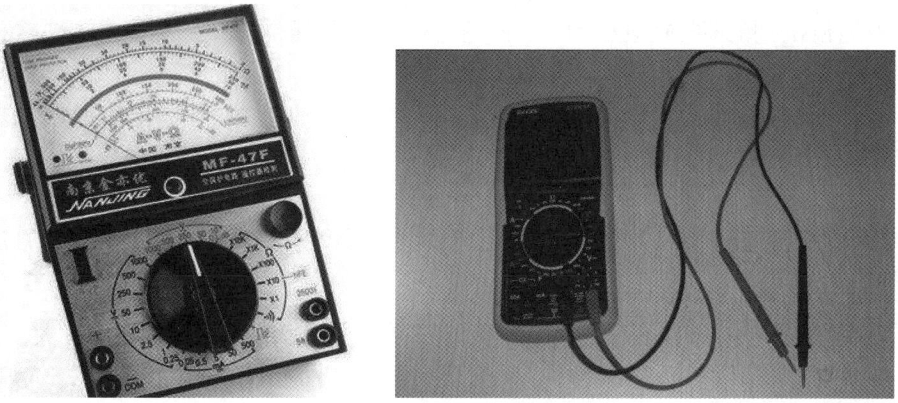

(a)　(b)

图 2.7

(a)指针式万用表　(b)数字万用表

1）指针式万用表的使用方法

下面以MF-47F型万用表为例，说明指针式万用表的使用方法，如图2.7（a）所示。在测量电阻、电压、电流以前，应先检查表指针是否在0刻度的位置上；如不在0刻度的位置上，可调整表中心机械调零螺丝，使指针指在0刻度位置上。指针调零后，再把两根表笔插在相应的插孔中。

Ⅰ. 电阻的测量

（1）选挡：根据要测量的电阻数值选择合适的挡位，如要测量一只30 kΩ的电阻阻值是否准确，就要选择 ×1 k挡，这样才能保证指针在测量时指在刻度线中间位置附近（刻度线中间的刻度清晰，测量误差较小）。如测量不知道阻值的电阻，则要从高挡位逐步降低挡位尝试，找出能使指针停在中间位置的挡位。

（2）欧姆调零：选好挡以后，要先进行欧姆调零，即把两根表笔短路，看指针是否指在右边零位上，如不在左边零位上，就应调整欧姆调零旋钮，使指针指在零位，若调整欧姆调零旋钮指针依然无法指在零位，说明电表内电池电压太低，应更换新电池，且每换一挡都要进行欧姆调零。

（3）表笔接法：测量电阻时，直接用万用表的两根表笔接触被测电阻的两根引出线即可（注意两只手切忌同时捏住表笔的两根铜头，否则等于把手的电阻并联在被测电阻两端，会大大影响测量准确性）。

（4）读数方法：根据被测电阻的大小，指针停留在表盘中的某一位置，观察指针在第1条刻度线（标有Ω的一条）上所指示的数值，然后乘上转换开关所在的挡位，即得到这个电阻的阻值。

Ⅱ. 直流电压的测量

（1）选挡：直流电压挡用“V-”表示，也有的万用表用“DC”表示，选择电压挡时，如已知被测电压为20 V左右，为了测量该电压的准确数值，可以选择比该电压值略高的50 V挡；如不知某被测电压的数值，则应先从500 V挡开始试测，如指针转动很小，说明被测电压较低，再依次选择较小的各挡，以使指针能够指示在较清晰的刻度上为准。

（2）表笔接法：测量直流电压时，红表笔要接被测电压的正极端，黑表笔要接被测电压的负极端。

（3）读数方法：根据指针停留的位置，读出刻度盘上的数字，再根据转换开关所在的挡位得出被测电压的数值。

Ⅲ. 交流电压的测量

（1）选挡：交流电压挡用“V~”表示，也有的万用表用“AC”表示，具体选挡方法与测量直流电压相同。

（2）表笔接法：测量交流电压时，表笔并联在被测电压两端，且不分正、负。

（3）读数方法：读数方法与测量直流电压相同。

Ⅳ. 直流电流的测量

（1）选挡：直流电流挡用“mA”表示，选挡方法与测量直流电压相同。

（2）表笔接法：测量直流电流时，表笔串联在电路中，并且红表笔应接在靠近电源正极一边，黑表笔接在靠近电源负极一边。一般在电路图中要测量电流的地方画一个“×”，即表示从这个地方把电路断开，并串入电流表。

（3）读数方法：读数方法与测量直流电压相同。

除以上用途外，MF-47F 型万用表还可以测量三极管的 h_{FE}，即集电极电流“I_c”与基极电流“I_b”之比，也就是 β。测量方法：首先将转换开关旋至“R×10”挡，将表笔短路，调节欧姆调零旋钮，使指针指在零位；再分开表笔，把转换开关旋至“hFE”挡，将被测三极管插入“PNP”或“NPN”（万用表上标注“N”或“P”）的插孔内，注意三极管的发射极、基极、集电极要分别插入相应的 e、b、c 插孔内，不能插错；最后读数看第 4 条刻度（绿色），并直接读出数值。

注意事项：

（1）万用表虽有双重保护装置，但使用时仍应遵守下列规程，避免发生意外。

①测量高压或大电流时，为避免烧坏开关，应在切断电源情况下变换量程。

②测未知电压或电流时，应先选择最高挡，待第一次读取数值后，逐渐转至适当挡位以得到较准确的读数，并避免烧坏电路。

③偶然发生因过载而烧断保险丝时，可打开表盒换上相同型号的保险丝（0.5 A/250 V）。

（2）测量高压时，要站在干燥绝缘板上，并一手操作，防止发生意外事故。

（3）万用表所用干电池应定期检查、更换，以保证测量精度；平时不用万用表应将挡位打到交流 250 V 挡；如长期不用应取出干电池，以防止电液溢出腐蚀而损坏其他零件。

2）数字万用表的使用方法

下面以某型号数字万用表为例，说明数字万用表的使用方法，如图 2.7（b）所示。

（1）“hFE”是用来测试三极管的放大倍数的，在 PNP（ebc）与 NPN（ebc）端插上表笔就可以得到三极管的放大倍数。

（2）AUTO POWER OFF 表示带有自动电功能。

（3）“F”挡位表示测试电容的挡位。

（4）有 4 个插孔，“COM”是公共端，即接地端，其他 3 个插孔用于测试电压、电流与电阻。

（5）测量电阻需选择欧姆挡，直接将表笔接在电阻两端测量即可，如果显示为 0，说明量程过大，应调小量程，误差范围为 5%~20%；如果显示为 1 且不变化，说明量程过小，应调大量程。欧姆挡也可以用来测试电路是否接通。

（6）红黑表笔短接出现 0，说明万用表正常。

（7）选择“R×20 k”的欧姆挡，将表笔分别接电容的正负极，会看到显示的数字在不断上升变化，当数字停止变化时，说明表内电池已给电容充好电，也可说明电容正常。

（8）交流电流挡很少用，测量电流时要串联到电路中。

（9）蜂鸣挡和二极管专用挡可以测量电路是不是通路，通路时发出蜂鸣声。

（10）红表笔接表内电池正极，黑表笔接表内电池负极。

（11）红表笔接二极管的正极，黑表笔接二极管的负极，数值较小，反过来数值较大，较小的数值就是二极管的导通压降。若两次数值都大，说明二极管短路；若两次数值都小，说明二极管断路。

注意事项：

（1）测试电阻一定要断电；

（2）测试直流电压，为防止表笔短路，量程应选大些；

（3）注意4个插孔的使用，选择正确的插孔；

（4）不知道被测量值时，尽量选用较高的量程，以免损坏万用表；

（5）蜂鸣挡不能用来测试电压，以免损坏，蜂鸣挡是用来测试电路是不是通路的，发生蜂鸣声表示通路，没有表示电路不通；

（6）尽量选用有过载保护功能的万用表，当测试数值过大时，万用表内保险管会熔断，从而防止万用表损坏，带有自动断电功能的万用表，可以延长使用时间；

（7）若打开万用表电源没有显示，需检查保险管蜂鸣挡是否短路，若是显示手工设置时间，则表示电源接触不良或损坏，重新焊接开关或者予以更换即可，如果是接触不良，可取下电池，向开关里面滴少许酒精反复擦洗即可；

（8）出现电池符号说明电池电量较低，需要更换电池；

（9）如果无法预先估计被测电压或电流的大小，则应选择最高量程挡测量一次，再视情况逐渐将量程减小到合适挡位，测量完毕后应将转换开关拨到最高电压挡，并关闭电源；

（10）满量程时，仪表仅在最高挡位显示数字"1"，其他挡位数字均消失，则应选择更高的量程；

（11）测量电压时，应将数字万用表与被测电路并联，测量电流时，应将数字万用表与被测电路串联，测交流电流时，不必考虑正、负极性；

（12）当误用交流电压挡测量直流电压，或者误用直流电压挡测量交流电压时，将显示"000"，或低挡位上的数字出现跳动；

（13）禁止在测量高电压（220 V以上）或大电流（0.5 A以上）时换量程，防止产生电弧，烧毁开关触点。

7. 电池的连接

1）电池的串联

把多个电池的正、负极依次相连，就构成串联电池组，第一个电池的正极就是电池组的正极，最后一个电池的负极就是电池组的负极。图2.8所示为三个电池串联组成的串联电池组。

图 2.8

若 n 个相同的电动势为 E、内阻为 r 的电池串联，则电动势$E_{串}=nE$，内阻$r_{串}=nr$，当负载电阻为 R 时，串联电池组输出的总电流为

$$I=\frac{E_{串}}{R+r_{串}}=\frac{nE}{R+nr}$$

注意：用电器的额定电流必须小于电池允许通过的最大电流，且电池的极性不能接反。

2)电池的并联

把多个电池的正极接在一起作为电池组的正极,再把负极接在一起作为电池组的负极,就构成并联电池组。当用电器的额定电流大于电池额定电流时,可采用并联电池组。图 2.9 所示为三个电池并联组成的并联电池组。

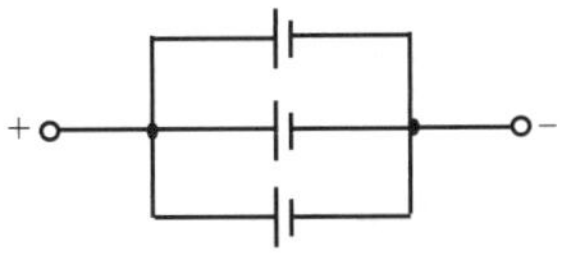

图 2.9

若 n 个相同的电动势为 E、内阻为 r 的电池并联,则电动势$E_{并}=E$,内阻$r_{并}=\frac{r}{n}$,当负载电阻为 R 时,并联电池组输出的总电流为

$$I=\frac{E_{并}}{R+r_{并}}=\frac{E}{R+\frac{r}{n}}$$

3)电池的混联

当用电器的额定电压高于单个电池的电动势,额定电流大于单个电池的额定电流时,可采用混联电池组供电,即先把几个电池串联起来满足用电器对额定电压的要求,再把几个这样的串联电池组并联起来满足用电器对额定电流的要求,如图 2.10 所示。

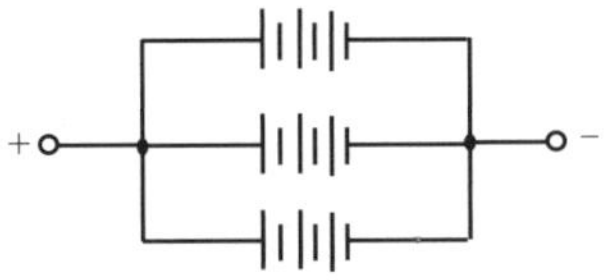

图 2.10

8. 电阻的测量

1)伏安法

利用$U=IR$(欧姆定律)测量电阻,有以下两种方法。

(1)电流表外接法,如图 2.11 所示。

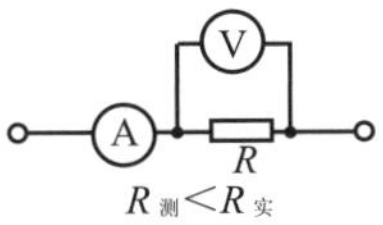

图 2.11

适用条件:待测电阻阻值比电压表内阻小得多($R \ll R_V$)。

(2)电流表内接法,如图 2.12 所示。

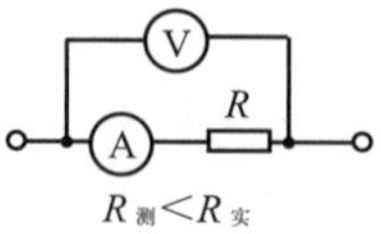

图 2.12

适用条件:待测电阻阻值比电流表内阻大得多($R >> R_A$)。

2)惠斯通电桥法

图 2.13 所示为测量电阻值的一种四臂电桥,被测电阻为其中一个臂,其余三个臂均是已知标准电阻,且其中至少有一个臂是可调电阻。

设 R_1、R_2、R_3、R_4 是电桥的四个臂,其中 R_4 为待测电阻,电桥平衡时,四个臂的阻值满足一个简单的关系,利用这一关系就可测量待测电阻的阻值,即

$$R_4 = \frac{R_2 R_3}{R_1}$$

测量结果的准确程度由以下因素决定:

(1)已知电阻的准确程度;

(2)电流计的灵敏度。

学校常用滑线式电桥测量电阻,如图 2.14 所示,其中 R_2 为待测电阻,其计算公式为 $R_2 = \frac{R_1 L_2}{L_1}$。

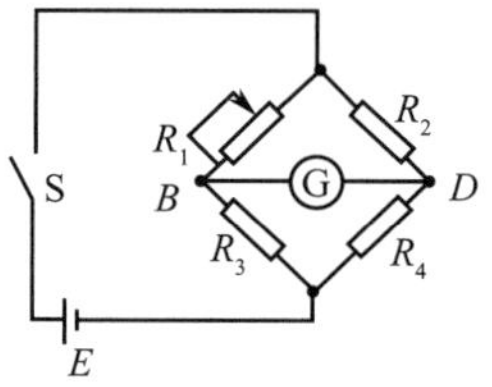

图 2.13

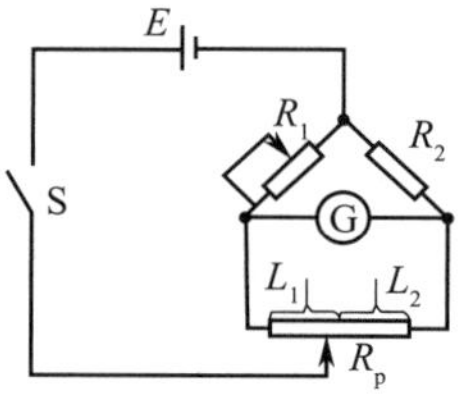

图 2.14

3)用兆欧表测绝缘电阻

(1)将兆欧表放在平稳的地方。

(2)开路试验:将兆欧表的两接线端接触,摇动手柄,正常时,兆欧表指针应指向"∞"。

(3)短路试验:将兆欧表的两接线端接触,摇动手柄,正常时,兆欧表指针应指向"0"。摇动手柄时不得让"L"和"E"短接时间过长,否则会损坏兆欧表。

(4)用单股导线将"L"端和"E"端分别接在被测电阻两端,摇动手柄,且摇动时转速均匀,一般规定为 120 r/min,允许有 ±20%的变化。

(5)兆欧表使用后,将"L"和"E"两导线短接,对兆欧表做放电处理,以免发生触电事故。

9. 电路中各点电位的计算

1)电位的概念

(1)零电位点:计算电位的起点,习惯上规定大地的电位为零或电路中的某一公共点为

零电位点。

（2）电位：电路中任一点与零电位点之间的电压就是该点的电位。

2）电位的计算方法

（1）确定零电位点。

（2）标出电路中的电流方向，确定电路中各元件两端电压的正、负极。

（3）从待求点通过一定的路径绕到零电位点，则该点的电位等于此路径上全部电压降的代数和。如果在绕行过程中从元件的正极到负极，此电压为正；反之，若从元件的负极到正极，则此电压为负。

结论：

（1）电位与所选择的绕行路径无关；

（2）选取不同的零电位点，各点电位将发生变化，但电路中任意两点间的电压保持不变。

【例题解析】

例 2.1　下列关于电流表与电压表的说法，正确的是（　　）。

A. 都是用电流表与电阻并联改装而成

B. 都是用电流表与电阻串联改装而成

C. 它们本身都有内阻，只是电流表的内阻一般很小，而电压表的内阻一般很大

D. 电流表的内阻肯定比用来改装的电流表的内阻大，而电压表的内阻肯定比用来改装的电流表的内阻小

【解析】电流表是由灵敏电流表并联一个较小的分流电阻改装而成，电压表是由灵敏电流表串联一个较大的分压电阻改装而成，所以电流表的内阻小于灵敏电流表的内阻，电压表的内阻大于灵敏电流表的内阻，电流表的内阻一般很小，电压表的内阻一般很大。

【答案】C

例 2.2　下列关于万用表欧姆挡的说法，正确的是（　　）。

A. 表盘刻度是非均匀的，从零刻度开始，刻度值越大处，刻度越密

B. 红表笔与表内电源的正极相连

C. 测电阻时，首先要将红黑表笔直接相连，调好零点后再测电阻

D. 改变万用表倍率后，测电阻前必须进行电阻调零

【解析】万用表欧姆挡的表盘刻度是非均匀的，刻度值越大处，刻度越密；红表笔是与表内电源的负极相连；测量电阻前、改变倍率后，必须进行电阻调零。

【答案】ACD

例 2.3　在串联电路中，若 $R_1=2R_2$，则通过电阻 R_1 的电流 I_1 与通过电阻 R_2 的电流 I_2 之比为（　　）。

A.1：2　　B.1：1　　C.2：1　　D.1：4

【解析】串联电路的特点：电路各处的电流相等。

【答案】B

例 2.4　有两条相同材料制成的导线，长度相等，横截面面积不等，若把它们并联后接入

电路中，下列说法错误的是(　　)。

A. 两条导线的电阻不相等　　B. 两条导线两端的电压相等

C. 通过两条导线的电流不相等　　D. 通过两条导线的电量相等

【解析】电阻定律及电阻并联的特点：材料相同、长度相等、横截面面积不等的两条导线，电阻的大小不相等。

【答案】D

例 2.5　判断：对于电源，电源力总是把正电荷从高电位移向低电位做功。(　　)

【解析】在电源内部，电源力把正电荷从低电位(负极板)移到高电位(正极板)做功。

【答案】×

例 2.6　有一个电源，其电动势 E=225 V，内电阻 r=2.5 Ω，其外电路由多个 U=220 V、P=40 W 白炽灯并联组成，如果希望白炽灯正常发光，试求最多能点亮几盏白炽灯。(连接导线的电阻不计)

【解析】用电器正常工作的前提就是要满足其额定功率和额定电压，在分析此类问题时必须抓住这个解题的关键，然后根据用电器串并联的特点具体解决。

【答案】白炽灯正常发光，必须保证白炽灯两端的电压为 220 V。

通过每盏白炽灯的电流为

$$I'=\frac{P}{U}=\frac{40}{220}=\frac{2}{11}\ \text{A}$$

每盏白炽灯的电阻为

$$R=\frac{U}{I'}=\frac{220}{2/11}=1\ 210\ \Omega$$

设能点亮 n 盏白炽灯，则外电阻为

$$R_{外}=\frac{1\ 210}{n}\ \Omega$$

总电流为

$$I=nI'=\frac{2}{11}n\ \text{A}$$

由闭合电路的欧姆定律可得

$$I=\frac{E}{R_{外}+r}$$

$$\frac{2}{11}n=\frac{225}{\frac{1210}{n}+2.5}$$

解得

n=11 盏

例 2.7　如图 2.15(a)所示电路中，U_{AB}=6 V，R_1=1 Ω，R_2=2 Ω，R_3=3。当 S_1、S_2 都闭合时，求$I_{总}$、$R_{总}$。若将 S_1、S_2 改为电流表 A_1、A_2，求 A_1、A_2 的示数。

【解析】当 S_1、S_2 闭合时，A' 与 A，B' 与 B 为等电位点，三个电阻都接在 $A(A')$、$B(B')$ 之间，所以三个电阻并联，其简化等效电路如图 2.15(b)所示。

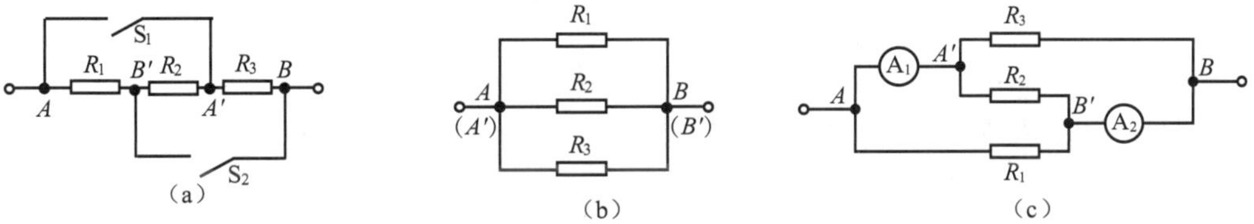

图 2.15

【**答案**】根据欧姆定律可得

$$I_1=\frac{U_1}{R_1}=\frac{6}{1}=6\ \text{A}\ ,\ I_2=\frac{U_2}{R_2}=\frac{6}{2}=3\ \text{A}\ ,\ I_3=\frac{U_3}{R_3}=\frac{6}{3}=2\ \text{A}$$

由电阻并联电路的特点，可以求出总电流为

$$I_{总}=I_1+I_2+I_3=6+3+2=11\ \text{A}$$

电路总电阻为

$$R_{总}=\frac{U}{I_{总}}=\frac{6}{11}\approx 0.55\ \Omega$$

若将 S_1、S_2 改为电流表 A_1、A_2，电流表内阻可忽略，A' 与 A，B' 与 B 仍为等电位点，电阻连接方式不变，即 R_1、R_2、R_3 还是并联，如图 2.15（c）所示。因此，电流表 A_1 测的是 R_2 与 R_3 上的电流和，电流表 A_2 测的是 R_1 与 R_2 上的电流和，即

电流表 A_1 的示数为

$$I=I_2+I_3=3+2=5\ \text{A}$$

电流表 A_2 的示数为

$$I'=I_1+I_2=9\ \text{A}$$

【要点归纳】

本部分着重学习简单直流电路的基本分析方法及计算，这些计算都是建立在许多重要概念的基础上，需要在理解基本概念的基础上进行电路的分析和计算。本部分以欧姆定律为核心，研究一些基本电路的性质以及电压表、电流表和万用表等基本仪表的原理和使用方法。

（1）准确把握本部分知识的重难点及考试热点。

①电动势、端电压、电位的概念（以选择题或者判断题的形式考查）。

②闭合电路的欧姆定律（以判断题或者综合应用题的形式考查）。

③电阻连接的特点、性质和作用（以单选题或计算题的形式考查）。

④电压表、电流表扩大量程的方法和计算（以单选题或者判断题的形式考查）。

⑤万用表的构造、基本原理和使用方法（以判断题、单选题或者多选题的形式考查）。

⑥电阻的两种测量方法以及产生测量误差原因的分析方法（以判断题、选择题的形式考查）。

⑦混联电路等效电阻的计算（以计算题的形式考查）。

⑧电路中各点电位以及任意两点间电压的计算方法（以判断题或者计算题的形式

考查）。

（2）重视本部分知识点的相互联系及生活实践。

①熟记串并联电路的性质和作用，联系电阻串并联阻值增大或减小的原因是由于增加了长度或增大了横截面面积。

②学会使用万用表，在实践中掌握万用表的相关问题，如欧姆挡的调零、刻度、读数等。

③适量做题，注重归纳和总结，达到事半功倍的效果。适量做题，才能熟练掌握基本概念、定律及公式的具体运用，但不能搞题海战术，应注重知识点的联系。

④运用相关知识解释生活中的现象，如晚上为什么灯光会变暗等。

（3）联系自我，讲究记忆方略。

每个人都有自己的记忆方法，在此试举两例。

（1）口诀记忆。

①连接电路怎么办：串联很简单，各个元件依次连；并联有点难，连干路，标节点；支路可要条条连，连好再检验。

②电表怎样连：A 表串其中，V 表并两端；线柱认真接，正（进）负（出）不能反；量程不能忘，大小仔细断。

③提醒你一点：无论串联或并联，电压表应最后连。

（2）比较记忆。

比较记忆是对相似、相对、相反的两类或两类以上的知识点同时进行比较记忆，找出知识的内在联系，弄清并依据彼此的共同点或差别进行记忆，如电阻串并联的特点、性质等。

任务 2.2 实训：练习使用万用表

1. 实训目标

（1）学习万用表的使用方法。

（2）学会用伏安法测量电阻。

2. 实训器材

（1）直流电源（0~50 V）。

（2）交流电源（0~220 V）。

（3）电阻箱 1 只。

（4）万用表 1 块。

（5）小功率电阻 5 只。

（6）导线若干。

3. 实训步骤

（1）利用万用表欧姆挡测量电阻。

①把万用表转换开关旋至欧姆挡，选择适当的量程。欧姆挡的量程有 R×1、R×10、R×100、R×1 k 等数挡，测量前根据被测电阻值选择适当的量程，一般以被测电阻接近电阻刻度的 2/3 位置为好。

②选定量程后，测量前将红、黑表笔短路，调节欧姆调零旋钮，使指针在电阻刻度的零

位上。

③将红、黑表笔分别与电阻两端相接，读出电阻的读数，并记录在表 2.3 中。

表 2.3　测量电阻数据

$R_{标称值}/\Omega$							
$R_{测量值}/\Omega$							

（2）利用万用表直流电压挡测量直流电压。

①把万用表转换开关旋至直流电压挡。

②根据直流电压的大小，选择适当的量程。

③将红、黑表笔与被测电压正、负极相接，读出电压的读数，并记录在表 2.4 中

表 2.4　测量直流电压数据

电压值/V	5	10	15	20	25	30	35	40	45	50
测量值/V										

（3）利用万用表交流电压挡测量交流电压。

①把万用表转换开关旋至交流电压挡。

②根据交流电压的大小，选择适当的量程。

③将红、黑表笔与被测电压相并联，读出电压的读数，并记录在表 2.5 中。

表 2.5　测量交流电压数据

电压值/V	50	60	70	100	120	150	170	200	220
测量值/V									

（4）用伏安法测量电阻，并作伏安特性曲线。

①按图 2.16 连接电路。

②把万用表转换开关旋至直流电流挡，并选择适当的量程。

③测量电流，将读数记录在表 2.6 中。

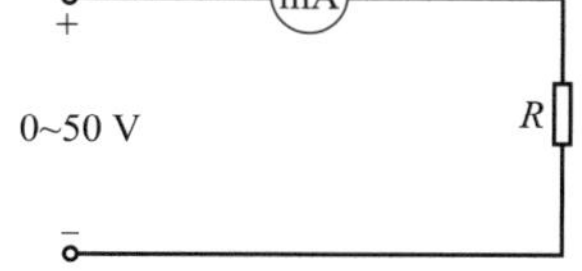

图 2.16

表 2.6　伏安法测量电阻数据

U/V	5	10	15	20	25	30	35	40	45	50
I/mA										
R/Ω										

④计算电阻，并作伏安特性曲线。

4. 实训小结

将本实训的评价与收获填入表 2.7 中。

表 2.7　实训的评价与收获

实训过程评价					
评价内容	参与程度	仪器仪表使用	安全文明操作	团队协作	任务完成
评价等级					
收获与体会					

任务 2.3　实训：用惠斯通电桥测电阻

1. 实训目标

（1）掌握惠斯通电桥的原理。

（2）学会用滑线式电桥精确测定电阻。

2. 实训器材

（1）滑线式电桥 1 只。

（2）灵敏电流计 1 只。

（3）电池组。

（4）电阻箱 1 只。

（5）滑动变阻器 2 只。

（6）待测电阻 1 只。

（7）开关 2 只。

（8）导线若干。

3. 实训步骤

（1）先用万用表测量 R_x 的阻值，然后在电阻箱上取 R_0 约等于 R_x。

（2）按图 2.18 连接电路。

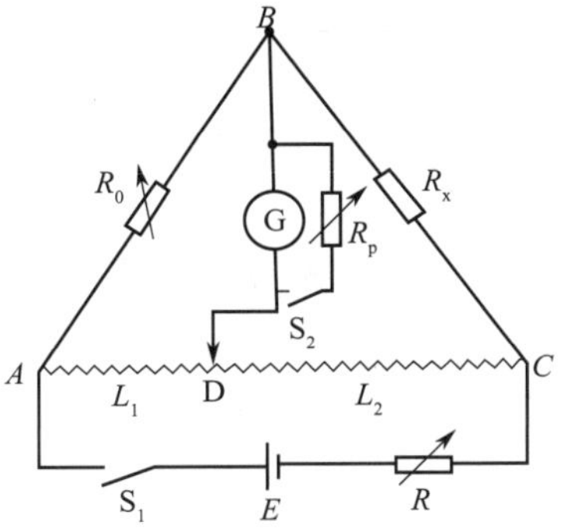

图 2.17

（3）将变阻器 R 调到阻值较大的位置，将变阻器 R_p 调到阻值较小的位置，触头 D 移到 AC 的中点附近。

（4）闭合开关 S_1、S_2，移动触头 D，使电桥平衡。

（5）逐步减小变阻器 R 的值，以增大 AC 段的电压（注意通过电阻线 AC 的电流不超过其允许值），每次都要移动触头 D，以使电桥平衡。

（6）逐步增大变阻器 R_p 的阻值，直至开关 S_2 断开，每次都要稍微移动触头 D，以使电桥平衡。

（7）断开开关 S_1，量出 L_1、L_2 的长度，并填入表 2.8 中。

（8）计算 R_x 的值。

（9）由于电阻丝的粗细不可能是绝对均匀的，在测得 R_x 的值后，把 R_x 和 R_0 对调，再重复测量一次，将数据填入表 2.8 中，并求得 R_x 的平均值。

表 2.8　惠斯通电桥测电阻数据

测量次数	R_0/Ω	L_1/mm	L_2/mm	R_x/Ω	R_x/Ω
1					
2					

4. 注意事项

（1）每次按下触头 D 的时间要尽量短，用力不要过大，更不要按下触头后又去移动它。

（2）在执行步骤（6）时，要注意只能微调触头 D 的位置，否则有可能烧坏电流计。

5. 实训小结

将本实训的评价与收获填入表 2.9 中

表 2.9 实训的评价与收获

实训过程评价					
评价内容	参与程度	仪器仪表使用	安全文明操作	团队协作	任务完成
评价等级					
收获与体会					

任务 2.4 实训:电压和电位的测定以及电路故障检测

1. 实训目标

(1)理解电位和电压的意义及相互关系。

(2)学习测量电路中各点电位的方法和测量元件两端电压的方法。

(3)学习电路故障的检测方法。

2. 实训器材

(1)万用表 2 只。

(2)20 Ω、30 Ω、50 Ω(均为 1 W)电阻各 1 只。

(3)5 V、15 V 直流电源。

(4)开关 1 只。

(5)导线若干。

3. 实训步骤

(1)按图 2.18 连接电路。

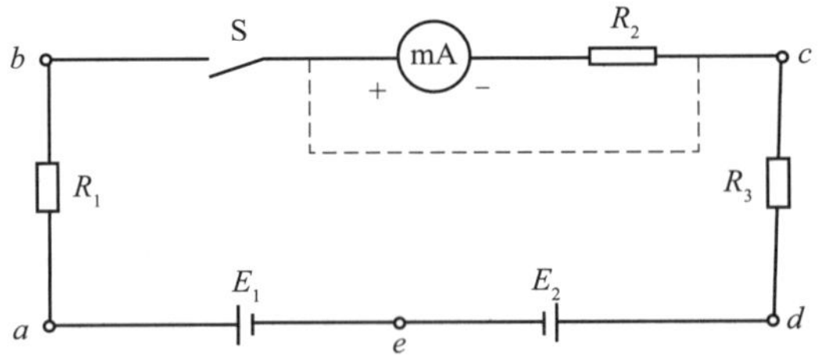

图 2.18

(2)测量电压。闭合开关 S,用万用表直流电压挡分别测量电压 U_{ac}、U_{ab}、U_{bc}、U_{cd}、U_{de},并连同万用表电流挡指示的读数记入表 2.10 中。

表 2.10　测量电压和电流数据

I/mA	U_{ac}/V	U_{ab}/V	U_{bc}/V	U_{cd}/V	U_{de}/V

（3）测量电位。

①把万用表转换开关旋至直流电压挡，将黑表笔接电路 e 点（V_e=0），红表笔依次测量 a、b、c、d 各点电位，并记入表 2.11 中。

表 2.11　电位测量数据

测量参考点	测量结果				
	V_a/V	V_b/V	V_c/V	V_d/V	V_e/V
a					
b					
c					
d					
e					

②将黑表笔分别接 a、b、c、d 点，重复步骤①，测量电路中各点的电位，并记入表 2.11 中。如遇指针反转则将表笔互换，这时黑表笔所接点的电位应为负值。

（4）检测电路故障。

①检测断路故障：断开开关 S（模仿断路故障），用万用表直流电压挡依次测量 a、b、c、d 各点的电位（以 e 点为参考点），并将数据填入表 2.12 中。

②检测短路故障：短路 R_2（按图 2.18 中虚线所示），用万用表直流电压挡依次测量 a、b、c、d 各点的电位（以 e 点为参考点），并将数据填入表 2.12 中。

表 2.12　检测电路故障测量数据

故障	V_a/V	V_b/V	V_c/V	V_d/V	I/mA
断路					
短路					

③将故障时的数据与正常时的数据比较，总结出故障电路参数的特点以及检测电路故障的方法。

4. 实训小结

将本实训的评价与收获填入表 2.13 中。

表 2.13　实训的评价与收获

实训过程评价					
评价内容	参与程度	仪器仪表使用	安全文明操作	团队协作	任务完成
评价等级					
收获与体会					

任务 2.5　技术与应用

1. 常用电池

人们在生产生活中经常应用电池，有些场合需要大电压或大电流，可以将电池串联或者并联使用。另外，电池种类很多，各有不同的特点和应用场合

电池可分为原电池和蓄电池两种，它们是可以将化学能、光能等转变为电能的器件。原电池是不可逆的，即其只能由化学能转变为电能（称为放电），又称为一次电池；而蓄电池是可逆的，即其既可由化学能转变为电能，又可由电能转变为化学能（称为充电），又称为二次电池。因此，蓄电池对电能有储存和释放功能。图 2.19 所示为一些常见电池的实物外形。

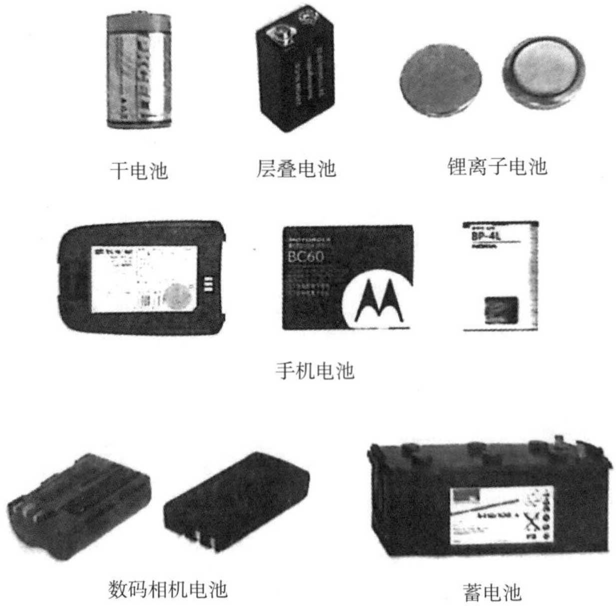

干电池　层叠电池　锂离子电池

手机电池

数码相机电池　蓄电池

图 2.19

1)蓄电池

常用蓄电池有铅蓄电池、镍镉电池、镍氢电池、锂离子电池等。

铅蓄电池的优点是技术较成熟,易生产,成本低,可制成各种规格的电池;缺点是比能量低(蓄电池单位质量所能输出的能量为比能量),难以快速充电,循环使用寿命不够长,制成小尺寸外形比较难。

镍镉电池的优点是比能量高于铅蓄电池,循环使用寿命比铅蓄电池长,快速充电性能好,密封式电池长期使用可免维护;缺点是成本高,有"记忆"效应。由于镉是有毒的,因此其废电池需回收。

镍氢电池的优点是电量储备比镍镉电池多30%,质量更轻,使用寿命也更长,并且对环境无污染,大大减小了"记忆"效应;缺点是价格更高,性能不如锂离子电池。

锂离子电池几乎没有"记忆"效应,且不含有毒物质,其容量是同等质量的镍氢电池的1.5~2倍,而且具有很低的自放电率。因此,尽管锂离子电池的价格相对昂贵,仍被广泛用于数码设备中。

2)干电池

干电池的种类较多,以锌锰干电池(即普通干电池)最为人们所熟悉,在实际应用中也最普遍。干电池的优点是成本低、技术成熟;缺点是无法循环充电、利用率低。

3)微型电池

微型电池是随着现代科学技术的发展,尤其是电子技术的迅猛发展,为满足实际需要而出现的一种小型化的电源装置。微型电池既可制成一次电池,也可制成二次电池,广泛应用于电子表、计算器、照相机等电子电器中。

微型电池可分为两大类:一类是微型碱性电池,有锌氧化银电池、汞电池、锌镍电池等,其中以锌氧化银电池应用最为普遍;另一类是微型锂离子电池,有锂锰电池、锂碘电池等,其中以锂电池最为常见。

4)光电池

光电池是一种能把光能转换成电能的半导体器件。太阳能电池是普遍使用的一种光电池,采用的材料以硅为主。通常将单晶体硅太阳能电池通过串联和并联组成大面积的硅太阳能电池组,可用作人造卫星、航标灯以及边远地区的电源。

为了解决没有太阳时负载的用电问题,一般将硅太阳能电池与蓄电池配合使用。有太阳光时,由硅太阳能电池向负载供电,同时蓄电池充电;无太阳光时,由蓄电池向负载供电。

2. 兆欧表

一般电阻的测量可以采用万用表,对于电阻值很大的绝缘电阻需要使用兆欧表测量。兆欧表主要由一台小容量、高输出电压的手摇发电机和一只磁电系比率表及测量线路组成,所以兆欧表也常被称为摇表,如图2.20所示。

图 2.20

兆欧表上有 3 个接线端，分别是 L 端（线路测试端）、E 端（接地端）和 G 端（防护屏蔽端），测量时一般只使用 L 和 E 两个接线端接被测对象。但在测量电缆对地的绝缘电阻或被测设备有较严重漏电时，就需使用 G 端，以消除漏电引起的误差。

兆欧表使用时需注意以下事项。

（1）测量前需要使被测设备与电源完全脱离，禁止在设备带电状态下测量；还要对被测设备充分放电，防止设备电容的储能在测量中放电，而对操作人员和兆欧表造成损害。

（2）兆欧表应平稳放置，使用时应远离大电流的导体和有磁场的场合，否则会影响测量结果。

（3）测量前检查兆欧表是否正常。将兆欧表 L、E 和 G 端开路，摇动手柄，指针应在"∞"刻度处；然后将 L、E 端短接，缓缓摇动手柄（摇动速度不可太快，以免产生大电流，而烧毁兆欧表的线圈），观察兆欧表指针是否指向"0"刻度处，若不能，则表明兆欧表有故障，不能使用。

（4）连接兆欧表与被测对象宜使用单股导线，不能选用双股并列导线或多股绞合导线，以免多股导线的线间绝缘电阻影响测量结果。

（5）实际测量时，手柄的摇动速度应尽量保持在 120 r/min，指针稳定 1 min 后进行读数。

（6）如果被测对象有大电容，测量完毕后先降低手柄摇动速度，并将 L 端与被测对象断开（不能碰触金属部分，防止电击）；然后停止摇动手柄，拆开其他引线，防止设备电容对兆欧表放电而损坏兆欧表；最后将兆欧表对地放电，保证安全。

任务 2.6 强化训练

1. 单选题

（1）当加在电阻器 R 上的电压为 U 时，其消耗的功率为 1 W，若电压增大一倍，则其消耗的功率为（　　）。

A.1 W　　B.2 W　　C.3 W　　D.4 W

（2）全电路欧姆定律的数学表达式是（　　）。

A. $I=\dfrac{R}{E+r_0}$　　B. $I=\dfrac{E}{R+r_0}$　　C. $I=\dfrac{E}{R}$　　D. $I=\dfrac{U}{R+r_0}$

(3)如图 2.21 所示电路，a、b 之间的等效电阻为(　　)。

A.2 Ω　　B.4 Ω　　C.6 Ω　　D.8 Ω

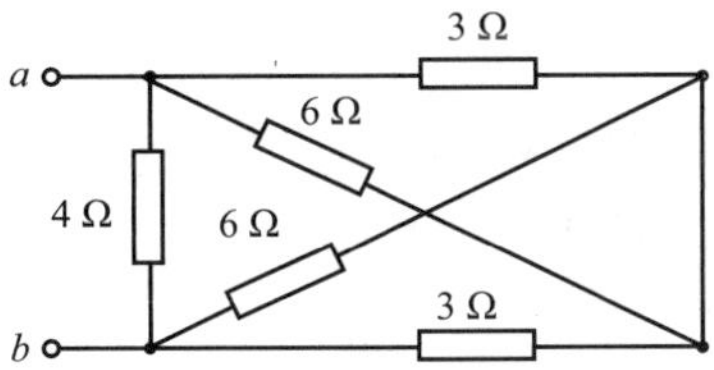

图 2.21

(4)如图 2.22 所示电路，a、b 之间的等效电阻为(　　)。

A.8 Ω　　B.12 Ω　　C.10 Ω　　D.7 Ω

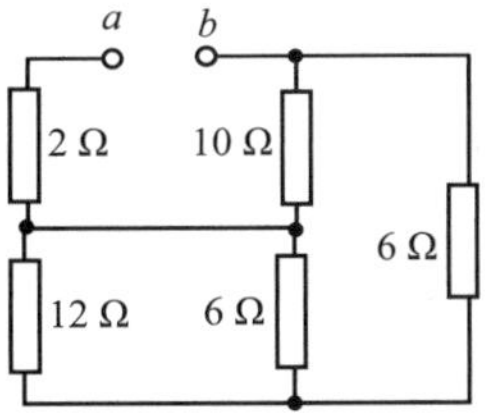

图 2.22

(5)某一长度的横截面面积为 1 mm^2 铜线的电阻为 3.4 Ω，则同一长度的横截面面积为 4 mm^2 铜线的电阻为(　　)。

A.6.8 Ω　　B.5.1 Ω　　C.1.7 Ω　　D.0.85 Ω

(6)如图 2.23 所示，R=9 Ω，则 R_{AB} 为(　　)。

A.12 Ω　　B.36 Ω　　C.25 Ω　　D.9 Ω

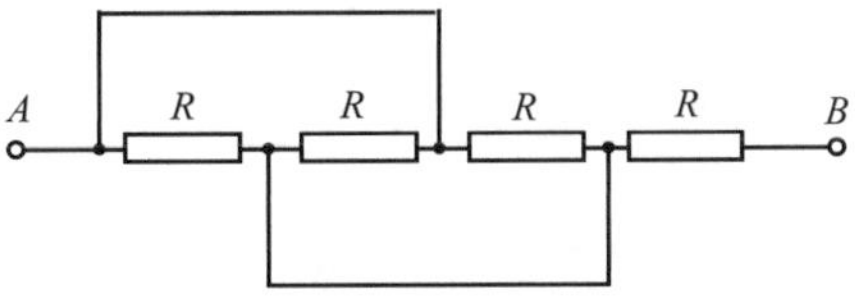

图 2.23

(7)两只额定电压相同的电阻串联在电路中，其中阻值较大的电阻发热(　　)。

A. 相同　　B. 较大　　C. 较小　　D. 以上答案都不对

(8)某电源分别接 8 Ω 和 2 Ω 电阻，单位时间内放出的热量相等(导线电阻不计)，则电源的内阻为(　　)。

A.1 Ω　　B.2 Ω　　C.4 Ω　　D.8 Ω

(9)将 2 Ω 和 3 Ω 的两个电阻串联后，接在电压为 10 V 的电源上，2 Ω 电阻所消耗的功率为(　　)。

A.4 W　　B.6 W　　C.8 W　　D.10 W

(10)当导体的材料及长度确定后，导体横截面面积越小，则导体的电阻值(　　)。

A. 不变　　B. 越大　　C. 越小　　D. 不能确定

(11)三个阻值相同的电阻 R,两个并联后与另一个串联,其总电阻为(　　)。

A.R　　B. $\frac{1}{3}R$　　C. $\frac{1}{2}R$　　D.1.5R

(12)两个完全相同的表头,分别改装成电流表和电压表。某人误将这两个改装完的电表串联起来接到电路中,则这两个改装表的指针可能出现的情况是(　　)。

A. 两个改装表的指针都不偏转

B. 两个改装表的指针偏角相等

C. 改装成电流表的指针有偏转,改装成电压表的指针几乎不偏转

D. 改装成电压表的指针有偏转,改装成电流表的指针几乎不偏转

(13)如图 2.24 所示电路,已知 $R_1 = 5\ \Omega$,$R_2 = 10\ \Omega$,可变电阻 R_p 的阻值可在 0~25 Ω 变化,A、B 两端点接 20 V 恒定电压,当滑片上下滑动时,C、D 两端点间所能得到的电压变化范围是(　　)。

A.0~15 V　　B.5~17.5 V　　C.0~12.5 V　　D.2.5~12.5 V

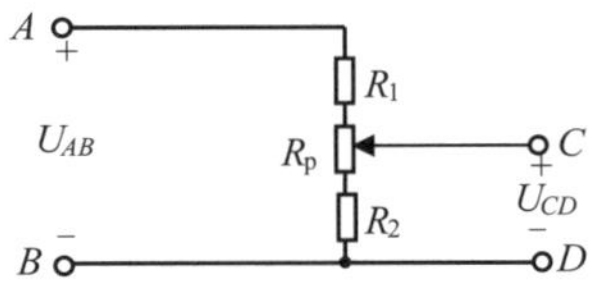

图 2.24

(14)如图 2.26 所示电路,a 点电位 V_a 为(　　)。

A. $RI+E$　　B. $RI-E$　　C. $-RI+E$　　D. $-RI-E$

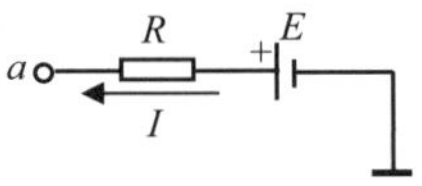

图 2.25

(15)如图 2.26 所示电路,若 $V_a = 6\ \text{V}$,$V_b = 2\ \text{V}$,R=4 Ω,则电流 I 为(　　)。

A.2 A　　B.1 A　　C.−2 A　　D.−1 A

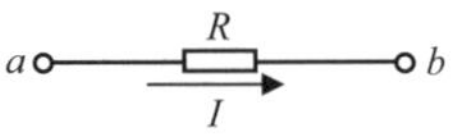

图 2.26

2. 多选题

(1)下列关于电动势的说法,正确的是(　　)。

A. 电动势在数值上是将单位正电荷从电源负极移到正极所做的功

B. 电动势在数值上是将单位正电荷从电源正极移到负极所做的功

C. 电动势的方向为电位升高的方向

D. 电动势的方向为电位降低的方向

(2)下列关于电阻串联电路的说法,正确的是(　　)。

A. 各电阻上的电压与电阻大小成正比　B. 各电阻上的电压与电阻大小成反比

C. 各电阻上的电压均相同　D. 各电阻上的功率与电阻大小成反比

(3)下列关于由毫安表改装而成的电压表的说法,正确的是(　　)。

A. 毫安表并联一个电阻就改成电压表　B. 测量时要与被测电路并联

C. 毫安表串联一个电阻就改成电压表　D. 测量时要与被测电路串联

(4)下列关于伏安法测电阻的说法,正确的是(　　)。

A. 伏安法是根据欧姆定律测量电阻的方法

B. 在进行测量时,当被测电阻为大阻值电阻时,宜采用电流表外接法

C. 在进行测量时,当被测电阻为小阻值电阻时,宜采用电流表外接法

D. 在进行测量时,不需要考虑电阻阻值的大小

(5)下列关于电桥平衡的说法,正确的是(　　)。

A. 检流计的指示值为零

B. 相邻桥臂电阻成比例,电桥才平衡

C. 对边桥臂电阻的乘积相等,电桥也平衡

D. 四个桥臂电阻值必须一样大小,电桥才平衡

(6)下列关于电位的计算实质上是电压的计算的说法,正确的是(　　)。

A. 电阻两端的电位是固定值　B. 电位和电压是不同的概念

C. 电位是一个不变的量　D. 电位是一个相对量

(7)使用万用表时,需要注意的问题有(　　)。

A. 认真阅读说明书,正确理解表盘上的各种符号和字母及各种标度尺的读法

B. 测量前,要观察指针是否处于零位

C. 测量前,要根据被测量的项目和大小,把转换开关旋至合适的量程

D. 在测量过程中,严禁拨动转换开关选择量程

3. 判断题

(1)电源的电动势的大小由电源本身的性质决定,与外电路无关。(　　)

(2)几个不等值的电阻串联,每个电阻中通过的电流不相等。(　　)

(3)电阻器并联后的总电阻一定小于其中任一只电阻的阻值。(　　)

(4)并联电路的电压与某支路的电阻值成正比,所以说并联电路中各支路的电流相等。(　　)

(5)我们所说的负载增加、减少是指负载电阻值的增加、减少。(　　)

(6)将一盏 220 V、60 W 的灯泡接在 110 V 电源上,其消耗的电功率是 15 W。(　　)

(7)只有负载电阻等于电源内阻时,负载电阻才能获得最大功率。(　　)

(8)万用表的电压挡、电流挡及欧姆挡的刻度都是均匀的。(　　)

(9)电桥法测电阻,精确度与电池的电动势无关,只与电阻的准确程度和电流计的灵敏度有关。(　　)

(10)改变电路图中的参考点,各点电位也随之改变。(　　)

4. 填空题

（1）电源就是把________转化为________的装置。电源电动势的方向规定为在电源内部由________极指向________极；而电压的方向规定由________极指向________极。

（2）在串联电路中，各处的________相等；电路两端的总电压等于各部分电路两端电压的________；电路总功率等于各部分电路功率的________；电路总功等于各部分电路电功的________。

（3）有一个电流表，内阻为 100 Ω，满偏电流为 3 mA，若要把它改装成量程为 6 V 的电压表，需________联一个阻值为________的分压电阻；若要把它改装成量程为 3 A 的电流表，需________联一个阻值为________的分流电阻。

（4）如图 2.27 所示电路，两开关均闭合时，两端加 220 V 电压，则 A 点的电位 V_A=________，B 点的电位 V_B=________。从安全角度考虑，________开关安装合理。

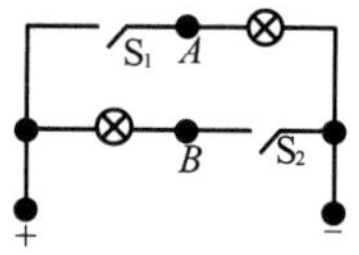

图 2.27

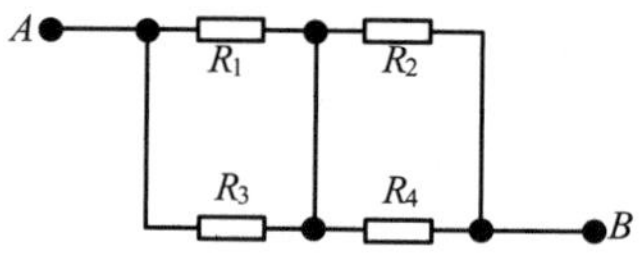

图 2.28

（5）如图 2.28 所示电路，R_1=R_2=R_3=R_4=R，则 A、B 两端总电阻为________。

5. 计算题

（1）如图 2.29 所示电路，已知 $U_{ce}=3$ V，$U_{cd}=2$ V，若分别以 e 和 c 作为参考点，试求 c、d、e 三点的电位及 U_{ed}。

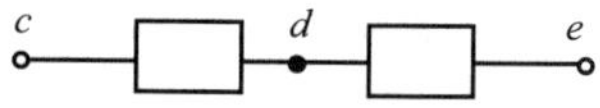

图 2.29

（2）如图 2.30 所示电路，已知电源的电动势为 6 V，内阻为 1 Ω，外电路有 3 个电阻，其中 R_1=12 Ω，R_2=R_3=4 Ω。试求：

①干路、支路中的电流；

②外电路各电阻上的电压降；

③各电阻消耗的功率。

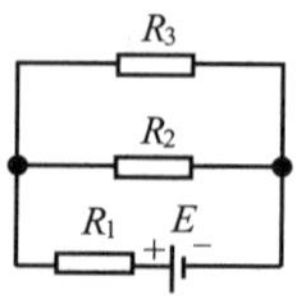

图 2.30

（3）如图 2.31 所示电路，已知$R_1=R_2=R_3=R_4=R$，试求开关 S 断开时 A、B 间的等效电阻R_{AB}与开关 S 闭合时 A、B 间的等效电阻 R'_{AB} 的比值。

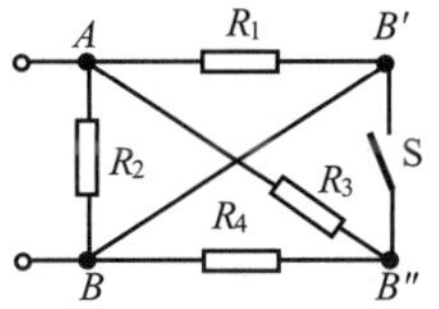

图 2.31

任务 2.7　质量检测

1. 单选题（每小题 2 分，共 20 分）

（1）当导体两端的电压为 50 V 时，通过的电流为 1 A；当电压增加到 100 V 时，导体中的电流为（　　）。

A.1 A　　B.2 A　　C.3 A　　D.0.5 A

（2）下列关于电压的说法，正确的是（　　）。

A. 电压的大小随参考点的选取而变化

B. 某一点的电压与参考点选取有关

C. 电压的大小在电路参数不变的情况下不会改变

D. 电路端电压的方向和电动势的方向相同

（3）下列关于串联电阻性质的说法，正确的是（　　）。

A. 串联电阻总电压大于其中任何一个电阻电压

B. 串联电阻总电压小于其中任何一个电阻电压

C. 串联电阻总电流大于其中任何一个电阻电流

D. 串联电阻总电流小于其中任何一个电阻电流

（4）下列关于全电路欧姆定律的说法，正确的是（　　）。

A. 在负载不变的情况下，更换不同电动势的电源，电动势越大，负载两端的电压越大

B. 在电源不变的情况下，更换不同阻值的负载，阻值越大，负载两端的电压越大

C. 在负载不变的情况下，更换不同电动势的电源，电动势越大，负载两端的电压越小

D. 在电源不变的情况下，更换不同阻值的负载，阻值越大，负载两端的电压越小

（5）下列关于电位的说法，正确的是（　　）。

A. 任意两点间的电位在电路参数不变的情况下不会改变

B. 某点的电位为负值，说明该点与接地点之间的电位差为负值

C. 某点的电位为 0，说明该点就是参考点

D. 某点的电位为 0，说明该点就是接地点或电源负极

（6）如图 2.33 所示电路，电流 I 等于（　　）。

A.−0.5 A　　B.2 A

C.3 A　　D.−3 A

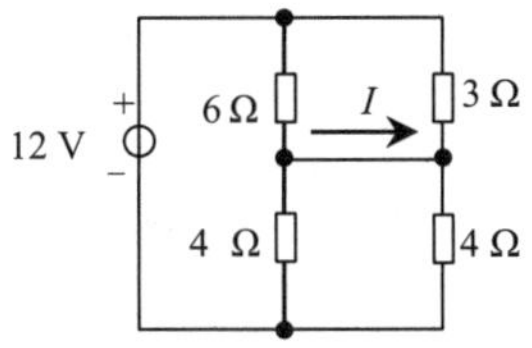

图 2.32

（7）有一盏弧光灯，额定值为 40 V、200 W，现将它接入 220 V 的照明电路中，应（　　）才能使它正常工作。

A. 并联一个阻值为 8 Ω 的电阻　　B. 并联一个阻值为 36 Ω 的电阻

C. 串联一个阻值为 36 Ω 的电阻　　D. 串联一个阻值为 8 Ω 的电阻

（8）指针式万用表的欧姆挡（　　）。

A. 红表笔接内部电源的正极，黑表笔接内部电源的负极

B. 红表笔接内部电源的负极，黑表笔接内部电源的正极

C. 红、黑表笔间没有电位差

D. 红、黑表笔短接时，指针指向刻度盘的最左端

（9）R_1 和 R_2 为两个串联电阻，且 $R_2=4R_1$，若 R_1 消耗的功率为 1 W，则 R_2 消耗的功率为（　　）。

A.4 W　　B.20 W　　C.0.25 W　　D.400 W

（10）有一电流表，其内阻 R=600 Ω，若要扩大它的量程为原来的 5 倍，应（　　）。

A. 用 120 Ω 的电阻与电流表串联　　B. 用 120 Ω 的电阻与电流表并联

C. 用 150 Ω 的电阻与电流表串联　　D. 用 150 Ω 的电阻与电流表并联

2. 多选题（每小题 3 分，共 18 分）

（1）小刚遇到这样的情况，用电动势为 1.5 V 的两节新电池给手电筒供电，开始时，手电筒正常发光，亮度足，使用一段时间后，手电筒逐渐变暗，最后完全处于不亮状态，取出电池，用万用表测两电池两端电压，其值约为 1.4 V。旧电池两端的电压还有 1.4 V，为什么手电筒就不亮了呢？以下能解释其原因的是（　　）。

A. 旧电池电动势下降，端电压减小，接入手电筒电路后，电路中有电流但是不足以使灯泡发光

B. 旧电池电动势下降，端电压减小，接入手电筒电路后，电路中没有电流，所以灯泡不发光

C. 旧电池电动势下降，电池内阻增大，接入手电筒电路后，电路中有电流但是不足以使灯泡发光

D. 旧电池电动势下降，电池内阻增大，相当于开路，所以接入手电筒电路后，电路中没有电流，灯泡不发光

（2）用伏安法测电阻时，下列说法正确的是（　　）。

A. 如果待测电阻的阻值比电压表的内阻小得多，采用外接法引起的误差会小一点

B. 如果待测电阻的阻值比电压表的内阻小得多，采用内接法引起的误差会小一点

C. 如果待测电阻的阻值比电流表的内阻大得多，采用外接法引起的误差会小一点

D. 如果待测电阻的阻值比电流表的内阻大得多，采用内接法引起的误差会小一点

（3）两个电阻 R_1=8 Ω，R_2=2 Ω 并联在电路中，欲使流过两个电阻的电流相等，可行的方法是（　　）。

A. 用一个阻值为 6 Ω 的电阻与 R_2 串联

B. 用一个阻值为 6 Ω 的电阻与 R_1 串联

C. 将两个阻值为 12 Ω 的电阻并联后与 R_2 串联

D. 将两个阻值为 12 Ω 的电阻并联后与 R_1 串联

(4)使用万用表时，需要注意的问题有(　　)。

A. 认真阅读说明书，正确理解表盘上的各种符号和字母及各条标度尺的读法

B. 测量前，要观察指针是否处于零位

C. 测量前，要根据被测量的项目和大小，把转换开关旋至合适的量程

D. 在测量过程中，严禁拨动转换开关选择量程

(5)用电压表测得电路端电压为 0，这说明(　　)。

A. 外电路短路　B. 外电路断路　C. 电源两端短路　D. 电源内电阻为 0

6. 关于电桥平衡，下列说法正确的是(　　)。

A. 检流计的指示值为零

B. 相邻桥臂电阻成比例，电桥才平衡

C. 对边桥臂电阻的乘积相等，电桥也平衡

D. 四个桥臂电阻值必须一样大小，电桥才平衡

3. 判断题(每小题 2 分，共 12 分)

(1)外电路断开时，电流为零，则端电压 U 也为零。(　　)

(2)马路上路灯总是同时亮、同时灭，因此这些灯都是串联接入电路的。(　　)

(3)几个电阻并联后的总电阻值一定小于其中任意一个电阻的阻值。(　　)

(4)使用万用表电流挡测量电流时，应将万用表并联在被测电路中，因为只有并联连接才能使流过电流表的电流与被测支路的电流相同。(　　)

(5)当某电阻两端的电压为 10 V 时，它的电阻为 10 Ω；而当它两端的电压升至 20 V 时，它的阻值也将升至 20 Ω。(　　)

(6)通常照明电路中灯开得越多，总的负载电阻就越大。(　　)

4. 填空题(每空 2 分，共 20 分)

(1)有一个电路，当外电路处于断路时，外电路电阻 R 为______，I 为______，端电压等于______。

(2)如图 2.33 所示电路(O 为参考点)，U_{AO}=2 V，U_{BO}=−7 V，则 V_A=______，V_B=______，V_O=______。

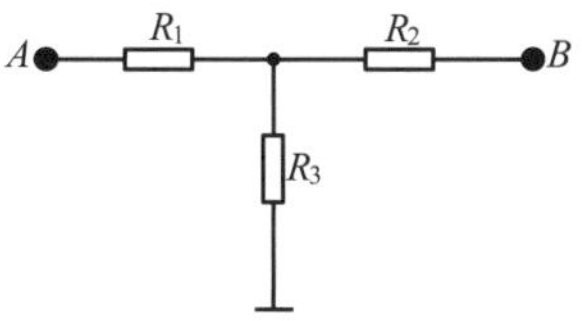

图 2.33

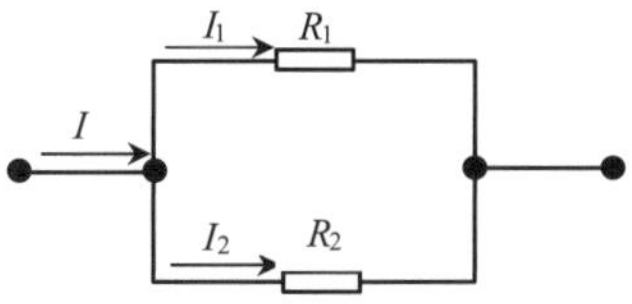

图 2.34

(3)一个内阻为 R_g、量程为 U_g 的电压表，若要把它的量程扩大为原来的 n 倍，应该______联一个阻值为______的电阻。

(4)如图 2.34 所示，若 R_1=6 Ω，R_2=3 Ω，则 $I_1 : I$=______，$I_2 : I$=______。

5. 综合分析题(共 30 分)

(1)有两个电阻 R_1 和 R_2 并联,当 R_1=200 Ω 时,流过 R_1 的电流 I_1=0.2 A,电路中的总电流 I=1 A。试求电阻 R_2、I_2 及 R_2 消耗的功率。(6 分)

(2)有一个电流表,其满偏电流 I_g=50 μA,内阻 R_g=3 kΩ,若将其改装成量程为 15 V 的电压表,应串联一个多大的电阻。(6 分)

(3)有位同学误用内阻为 0.4 Ω、量程为 1 A 的电流表,去测量电动势为 24 V、内阻为 2 Ω 的电源短路时的电流,这时电流表会通过多大的电流?将会产生什么结果?根据此结果,说明使用电流表进行测量时要注意些什么?(6 分)

(4)如图 2.35 所示电路,试求 A 点的电位。(6 分)

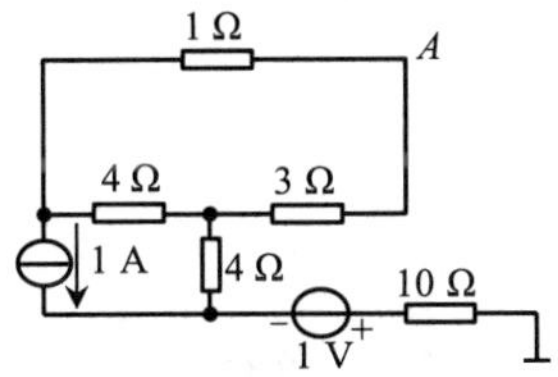

图 2.35

(5)如图 2.36 所示电路,已知 E=6 V,r=2 Ω,R_1=R_2=R_3=4 Ω。试求:

(1)开关 S 断开时,通过 R_1、R_2、R_3 的电流;

(2)开关 S 闭合时,R_1、R_2、R_3 两端的电压。(6 分)

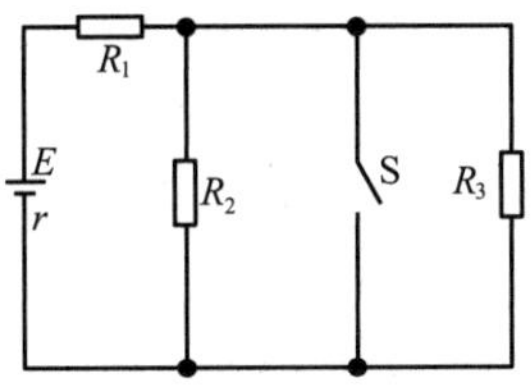

图 2.36

项目三　复杂直流电路

【学习目标】

（1）基尔霍夫电流定律和电压定律。

（2）用支路电流法、叠加定理、戴维宁定理和等效变换求解复杂直流电路的方法。

【知识梳理】

- 复杂直流电路
  - 基尔霍夫定律
    - 支路、节点、回路和网孔
    - 基尔霍夫电流定律（KCL）
    - 基尔霍夫电压定律（KVL）
  - 电路的分析方法
    - 支路电流法
    - 叠加定理
    - 戴维宁定理

任务 3.1　认识复杂直流电路

【内容提要】

1. 基尔霍夫定律

1）基本概念

支路：由一个或几个元件首尾相接构成的无分支电路。在图 3.1 所示电路中，有 *acb* 支路、*adb* 支路和 *aeb* 支路，其中 *acb*、*adb* 为有源支路，*aeb* 为无源支路。

节点：指 3 条或 3 条以上支路的连接点，如图 3.1 中的 *a*、*b* 两点。

回路：电路中任一闭合路径，如图 3.1 中的 *acbda* 回路、*adbea* 回路和 *acbea* 回路。

网孔：电路中的每一个网格，亦即在回路内部不含有支路的回路，如图 3-1 中的 *acbda* 回路、*adbea* 回路都是网孔。

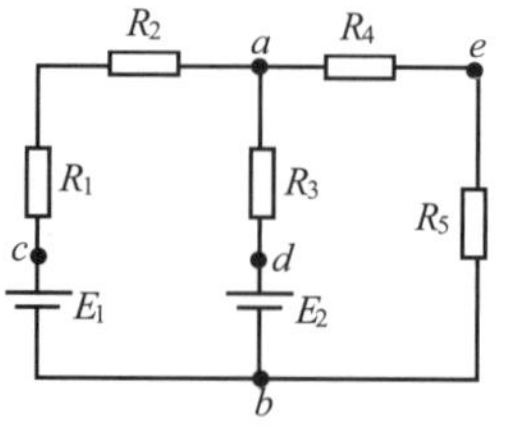

图 3.1

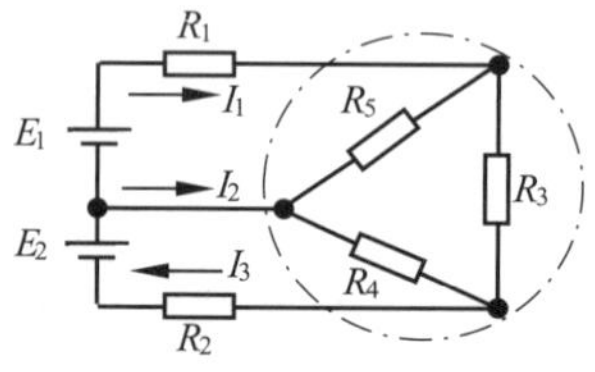

图 3.2

2）基尔霍夫电流定律

基尔霍夫电流定律（KCL）又称节点电流定律，即在任意瞬间流入任一节点的电流总和等于从这个节点流出的电流总和，用公式表示为$\sum I_{入}=\sum I_{出}$，如果规定流入节点的电流为正，流出节点的电流为负，则该公式可写成$\sum I=0$。

基尔霍夫电流定律不仅可应用于一个节点，也可推广应用于任意假想的封闭面，即流入该封闭面的电流之和等于流出该封闭面的电流之和，如图 3.2 所示有$I_1+I_2-I_3=0$。

基尔霍夫电流定律是电流连续性原理的体现，它给出了汇交在同一节点的各支路上的电流相互间的约束关系，与元件的性质无关。

基尔霍夫电流定律不仅适用于线性电路，也适用于非线性电路；不仅适用于直流电路，也适用于交流电路。

3）基尔霍夫电压定律

基尔霍夫电压定律（KVL）又称回路电压定律，即在任意瞬间沿电路中任一回路，各段电压的代数和恒为零，用公式表示为$\sum U=0$（电压参考方向与绕行方向一致时取正，反之取负），也可表示为另一种形式，即在任意一个闭合回路中，各段电阻上电压降的代数和等于各电源电动势的代数和，用公式表示为$\sum IR=\sum E$。

基尔霍夫电压定律可推广应用于电路中任意假定的回路。利用这一推广应用，可求出电路中任意两点间的电压。

基尔霍夫电压定律是能量守恒原理的体现，它给出了同一回路所有部分电压相互间的约束关系。

基尔霍夫电压定律的适用范围与基尔霍夫电流定律一样。

注意：

（1）运用公式$\sum U=0$时，电动势是作为电压来处理的，所以电压、电动势均集中在等式一边。各段电压的正负号的规定：如果在绕行过程中从元件的正极点到负极点，此项电压便是正的；反之，从元件的负极点到正极点，此项电压则是负的。

（2）运用公式$\sum IR=\sum E$时，电压与电动势的正、负号则恰好相反，也就是当绕行方向与电动势的方向（即由电源负极通过电源内部指向正极）一致时，该电动势为正；反之，则为负。

（3）不要把绕行方向和电流的参考方向混淆。

2. 电路的分析方法

1）支路电流法

以支路电流为未知量，应用基尔霍夫两定律列出联立方程，再求出各支路电流的方法称为支路电流法。

对于有 n 条支路、m 个节点的电路应用支路电流法解题的一般步骤如下：

（1）选定各支路电流为未知量（有 n 个未知量），并标出各电流的参考方向；

（2）按基尔霍夫电流定律，列出（$m-1$）个节点电流方程；

（3）指定回路的绕行方向，运用基尔霍夫电压定律，列出 $n-(m-1)$ 个回路电压方程；

（4）代入已知数，解联立方程式，求出各支路的电流；

（5）确定各支路电流的方向，当支路电流计算结果为正值时，说明支路电流方向与假设的参考方向相同，当计算结果为负值时，说明支路电流方向与假设的参考方向相反。

2）叠加定理

叠加定理，即在多个电源共同作用的线性电路中，任何支路的电流（或电压）等于各电源单独作用时在该支路产生的电流（或电压）的代数和。

应用叠加定理解题的一般步骤如下：

（1）分别作出由一个电源单独作用的分图，而其余电源只保留其内阻；

（2）分别计算出各分图中每一条支路电流的大小和方向；

（3）求出各电动势在各条支路中产生的电流的代数和，这些电流就是各电动势共同作用时在各支路中产生的电流。

应用叠加定理的注意事项如下：

（1）叠加定理只适用于线性电路，不适用于非线性电路；

（2）在线性电路中，叠加定理只能用来计算电路中的电压和电流，不能用于计算功率。

3）戴维宁定理

电路也称为电网或网络。如果网络具有两个引出端与外电路相连，不管其内部结构如何，这样的网络称为二端网络。二端网络可分为含源二端网络和无源二端网络两种。一个含源二端网络两端点之间开路时的电压称为该二端网络的开路电压，无源二端网络可等效为一个电阻 R，戴维宁定理就主要用于含源二端网络的等效化简。

对外电路来说，任何线性含源二端网络都可以用一个电压源来等效替代，该电压源的电动势等于二端网络的开路电压，其内阻等于含源二端网络内所有电源电动势为零，仅保留其内阻时，网络两端的等效电阻。

对于一个具有多条支路和多个节点的复杂电路，若只需求某一条支路的电压或电流，可将待求支路画出，把剩余部分视为一个含源二端网络，求出等效电压源的开路电压和等效电阻，最后根据等效后的单回路电路求出该支路的电压或电流。

应用戴维宁定理解题的一般步骤如下：

（1）把电路分为待求支路和含源二端网络两部分；

（2）把待求支路移开，求出含源二端网络的开路电压 U_{ab}；

（3）使含源二端网络内的所有电源电动势为零，仅保留其内阻，求出这时网络两端的等效电阻 R_{ab}；

（4）画出含源二端网络的等效电路，等效电路中电源的电动势 $E_0=U_{ab}$，电源的内阻 $R_0=R_{ab}$，然后在等效电路两端接入待求支路，这时应用欧姆定律即可求出待求支路的电流为

$$I=\frac{E_0}{R_0+R}$$

应用戴维宁定理的注意事项如下：

（1）替代含源二端网络的电源极性应与开路电压的极性一致；

（2）戴维宁定理只适用于线性二端网络，但在求解复杂电路时，待求支路可以存在非线性元件。

4）电源模型

Ⅰ. 电压源

（1）为电路提供一定电压的电源称为电压源，如图 3.3（a）所示；如果电源内阻为零，电源将提供一个恒定不变的电压，则称为理想电压源，简称恒压源，如图 3.3（b）所示。

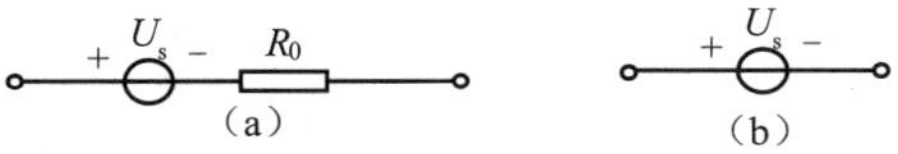

图 3.3

（2）恒压源的外特性为一条与横轴平行的直线，即 $U=U_s$。

（3）通过恒压源的电流可以是任意的，且取决于与它连接的外电路负载的大小，即 $I=\dfrac{U_s}{R_L}$。

（4）如果电压源的内阻 R_0 远小于负载电阻 R_L，也可看作恒压源。

（5）若理想电压源 $U_s=0$，则理想电压源为短路元件。

Ⅱ. 电流源

（1）为电路提供一定电流的电源称为电流源，如图 3.4（a）所示；若电源内阻为无穷大，电源将提供一个恒定不变的电流，则称为理想电流源，简称恒流源，如图 3.4（b）所示。

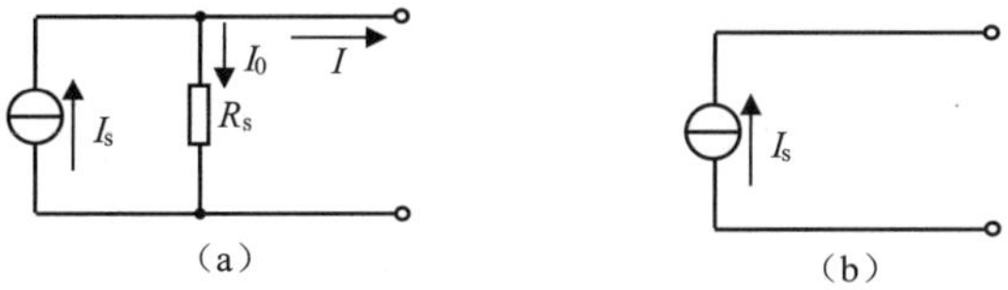

图 3.4

（2）恒流源的端电流是定值，与端电压无关，端电压是任意的。

（3）恒流源的端电压不是由电流源本身就能确定的，而是由与之相连接的外电路决定的。

Ⅲ. 电压源与电流源的等效变换

等效变换指对外电路等效，即它们与相同的负载连接，负载两端的电压、负载中的电流、负载消耗的功率都相同，如图 3.5 所示。两种电源的等效关系由下式决定：

$$I_s=\frac{E}{R_0} \text{或} E=R_0 I_s$$

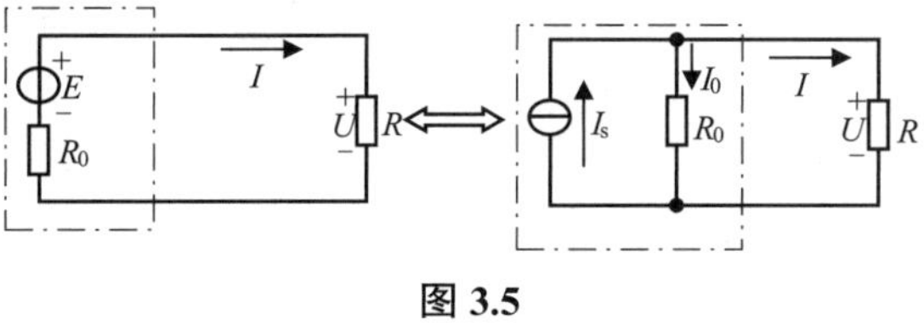

图 3.5

Ⅳ. 注意事项

（1）电压源和电流源等效变换时，E 与 I_s 的方向是一致的，即电压源的正极与电流源输出电流的一端相对应。

（2）电压源和电流源的等效变换只对外电路等效，对内电路不等效。

（3）恒压源和恒流源之间不能等效变换，也就是说理想电压源和理想电流源之间不能等效变换。

（4）电压源和电流源之间等效变换的条件：$I_s=\dfrac{U_s}{R_0}, U_s=I_sR_s, R_s=R_0$。注意：等效变换时，电流源的箭头方向应与电压源的"+"极方向一致。

（5）串联的电压源可以合并为一个电压源，并联的电流源可以合并为一个电流源。

（6）对外电路进行等效变换时，与恒压源并联的元件或电路视为断路，与恒流源串联的元件或电路视为短路。

（7）与恒压源并联的电流源或电阻均可去除，与恒流源串联的电压源或电阻均可去除。

【例题解析】

例 3.1 基尔霍夫电流定律是（ ）连续性原理的体现，其节点电流方程式对（ ）节点有效。

A. 电流　　B. 独立　　C. 电压　　D. 所有的

【解析】考查基尔霍夫电流定律的实质及具体运用，它的实质就是体现电流连续性的原理，节点电流方程是针对独立的节点而言。

【答案】A，B

例 3.2 基尔霍夫电压定律对（ ）有效，而"$\sum$S"的意思是（ ）。

A. 所有闭合回路　　B. 独立闭合回路　　C. 代数和　　D. 代数积

【解析】考查基尔霍夫电压定律的定义及具体运用，它适用于所有闭合回路，"$\sum$"的意思是代数和。

【答案】A，C

例 3.3 只对线性元件组成的电路才适用的定理或定律是（ ）。

A.KCL 定律　　B.KVL 定律　　C. 叠加定理　　D. 戴维宁定理

【解析】考查本部分定律及定理的适用范围。

【答案】C

例 3.4 判断：用支路电流法解出的电流为正值，则解题正确，否则解题错误。（ ）

【解析】考查运用支路电流法求得的支路电流正负值所表达的含义，计算结果的正或负反映支路电流方向与假设的参考方向相同或相反，并不能说计算的正确或错误。

【答案】×

例 3.5 如图 3.6 所示电路，若开关 S 置"1"，电压表的读数为 18 V；若开关 S 置"2"，电流 I_L 为 2 A。试：

（1）确定 U_s 的值；

（2）用戴维宁定理求 R_L 的功率。

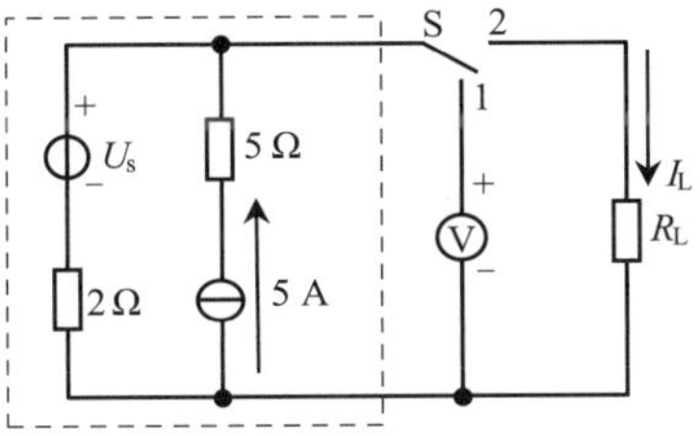

图 3.6

【解析】考查戴维宁定理的具体运用。

【答案】（1）建立如图 3.7（a）所示的有源线性二端网络。

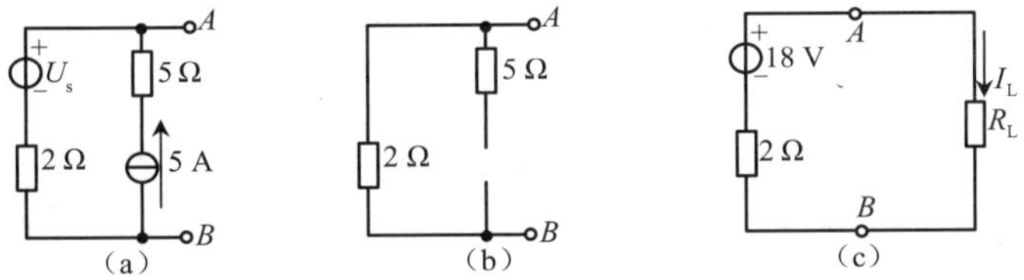

图 3.7

因为开关 S 置“1”时，电压表读数为二端网络开路电压，故 U_{AB}=18 V。所以，U_s+5 A×2 Ω=18 V，即 U_s=8 V。

除源电路如图 3.7（b）所示，求得二端网络等效电阻 R_{AB}=2 Ω。

（2）当开关 S 置“2”时，原电路可等效为如图 3.7（c）所示电路。因为 I_L=2 A，所以 U_{AB}=18 V−2 A×2 Ω=14 V，即 R_L 的功率 $P=U_{AB}\times I_L$=14 V×2 A=28 W。

例 3.6　如图 3.8 所示电路，已知 E_1=18 V，E_2=9 V，$R_1=R_2$=1 Ω，R_3=4 Ω，试运用本部分的四种电路分析方法求流过 R_3 的电流 I_3。

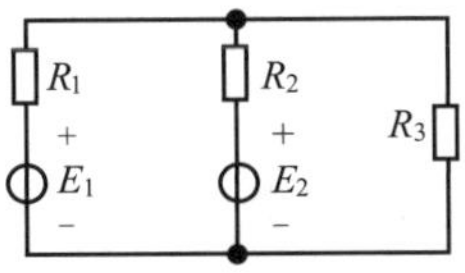

图 3.8

【解析】运用本部分的定律及定理分别解题，达到掌握所学知识、触类旁通的效果。

【答案】解法一（支路电流法）

（1）各支路电流参考方向及回路绕行方向如图 3.9 所示。

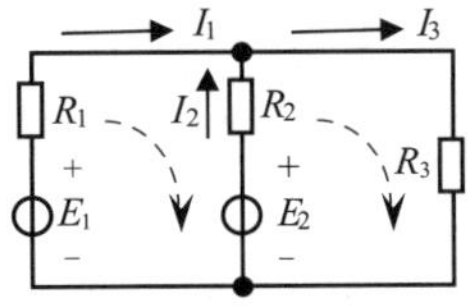

图 3.9

（2）根据基尔霍夫定律列方程组：

$$\begin{cases} I_1 + I_2 - I_3 = 0 \\ R_1 I_1 - R_2 I_2 + E_2 - E_1 = 0 \\ R_2 I_2 + R_3 I_3 - E_2 = 0 \end{cases}$$

（3）代入已知数据并整理，可得

$$\begin{cases} I_1 + I_2 - I_3 = 0 \\ I_1 - I_2 + 9 - 18 = 0 \\ I_2 + 4I_3 - 9 = 0 \end{cases}$$

（4）解联立方程组，可得

I_3=3 A（实际方向与图中参考方向相同）

解法二（叠加定理）

（1）标出各支路电流的参考方向，如图 3.10（a）所示。

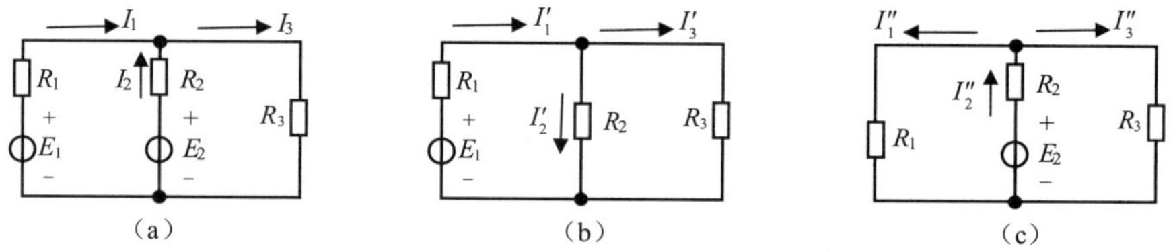

图 3.10

（2）设 E_1 单独作用，电路如图 3.10（b）所示，则有

$$I_3' = \frac{E_1}{R_1 + \dfrac{R_2 R_3}{R_2 + R_3}} \times \frac{R_2}{R_2 + R_3} = \frac{18}{1 + \dfrac{1 \times 4}{1+4}} \times \frac{1}{1+4} = 2\ \text{A}$$

（3）设 E_2 单独作用，电路如图 3.10（c）所示，则有

$$I_3'' = \frac{E_2}{R_2 + \dfrac{R_1 R_3}{R_1 + R_3}} \times \frac{R_1}{R_1 + R_3} = \frac{9}{1 + \dfrac{1 \times 4}{1+4}} \times \frac{1}{1+4} = 1\ \text{A}$$

（4）将流过电阻 R_3 的电流叠加起来（即求代数和），即

$I_3 = I_3' + I_3'' = (2+1)\text{A} = 3\ \text{A}$（实际方向与 I_3'、I_3'' 均相同）

解法三（戴维宁定理）

（1）断开待求支路，得到有源二端网络，如图 3.11（a）所示。

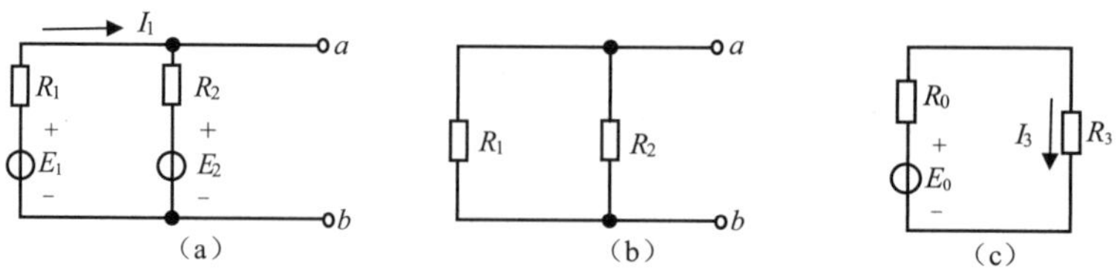

图 3.11

（2）计算开路电压 U_{ab}，即为所求等效电源的电动势 E_0（电流、电压参考方向如图 3.11（a）所示）：

$$E_0=U_{ab}=I_1R_2+E_2=\frac{E_1-E_2}{R_1+R_2}R_2+E_2=\frac{18-9}{1+1}\times1+9=\frac{27}{2}\text{ V}$$

（3）将有源二端网络中各电源置零，即将电动势用短路代替，得到无源二端网络，如图 3.11（b）所示。计算无源二端网络等效电阻 R_{ab}，即为所求等效电源的内阻 R_0：

$$R_0=R_{ab}=\frac{R_1\times R_2}{R_1+R_2}=\frac{1\times1}{1+1}=\frac{1}{2}\Omega$$

（4）画出含源二端网络的等效电路，并接上待求支路，如图 3.11（c）所示，则流过 R_3 的电流为

$$I_3=\frac{E_0}{R_0+R_3}=\frac{27/2}{1/2+4}=3\text{ A}$$（实际方向与图中参考方向相同）

解法四（电压源和电流源的等效变换）

（1）将图 3.12（a）中的含源支路作为电压源，依据公式等效变换成电流源，如图 3.12（b）所示。由等效变换公式可得

$$I_{s1}=\frac{E_1}{R_1}=\frac{18}{1}=18\text{ A},\ I_{s2}=\frac{E_2}{R_2}=\frac{9}{1}=9\text{ A}$$

解题时要特别注意 I_{s1} 与 E_1、I_{s2} 与 E_2 的极性必须一致。

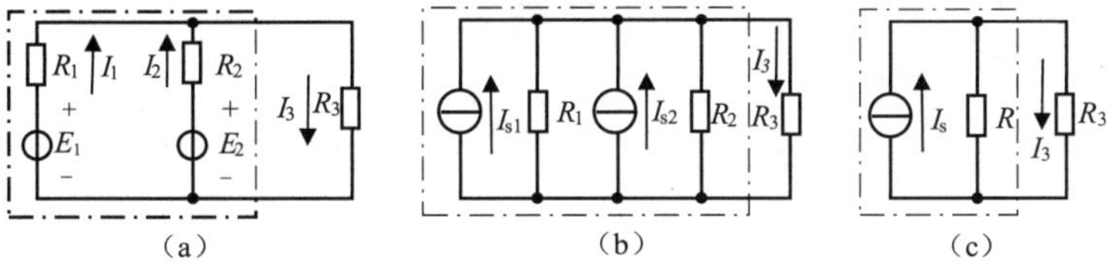

图 3.12

（2）将两个并联电流源合并成一个电流源，两个电阻 R_1、R_2 合并成一个电阻 R，如图 3.12（c）所示。

$$I_s=I_{s1}+I_{s2}=18+9=27\text{ A}$$

$$R=\frac{R_1\times R_2}{R_1+R_2}=\frac{1\times1}{1+1}=\frac{1}{2}\Omega$$

（3）根据等效概念，图 3.12（a）中流过 R_3 的电流与图 3.12（c）中流过 R_3 的电流相等，应用分流公式可求出 I_3，即

$$I_3=\frac{R}{R+R_3}I_s=\frac{1/2}{1/2+4}\times27=3\text{ A}$$（实际方向与图中参考方向相同）

【要点归纳】

本部分着重学习复杂直流电路的基本分析方法及计算。这些方法不仅适用于直流电路，也适用于交流电路，因此本部分是电工基础课程的重要内容之一，必须牢固掌握，并能熟

练应用。本部分共有一个定律和四种电路分析方法，其中基尔霍夫定律是分析电路的最基本定律，必须熟练掌握，并能灵活运用；四种电路分析方法应根据使用的场合及题目的需要灵活选用，各种分析方法从根本上是相通的，但过程却有繁简之分，对于一个问题究竟采用哪一种方法，应进行具体分析。近年来，在各级各类电子类专业考试中，本部分的内容必不可少，必须引起高度重视。

(1)熟练掌握一个定律、四个电路分析方法。本部分内容中需要重点掌握的基本概念包括：支路、节点、回路、网孔、网络、电流源、电压源、恒压源及恒流源等；基尔霍夫定律是分析电路最基本的定律，不仅要掌握它的知识内容，而且还要能具体运用及推广应用；四种电路分析方法也是分析各类复杂电路经常运用的基本方法，应熟练掌握。本部分考试热点及高频考点有：

①基本概念(常以选择题或者判断题的形式考查)；

②一个定律、四种电路分析方法(常以综合应用题的形式考查)。

(2)一题多解，提高解题能力。四种电路分析方法从根本上讲是相通的，一般来说，对于需要求解全部支路电流的问题，应采用支路电流法；对于只需要求解某一支路电流的问题，一般采用等效化简法，其中戴维宁定理是最常用的方法；直接用叠加定理计算的情况不多，电源的等效变换用起来有时也比较方便。学生学习或复习巩固时，采用一题多解会收到事半功倍的效果。

任务 3.2 实训：验证基尔霍夫定律

1. 实训目标

应用基尔霍夫定律检查试验数据的合理性，加深对电路定律的理解。

2. 实训器材

(1)基尔霍夫定律试验板 1 块。

(2)6 V、16 V 直流电源。

(3)直流电流表 3 块。

(4)万用表 1 块。

(5)导线若干。

3. 实训步骤

(1)如图 3.13 所示，在试验板上将电源 E_1、E_2 接入电路，并调节使 E_1=16 V，E_2=6 V。

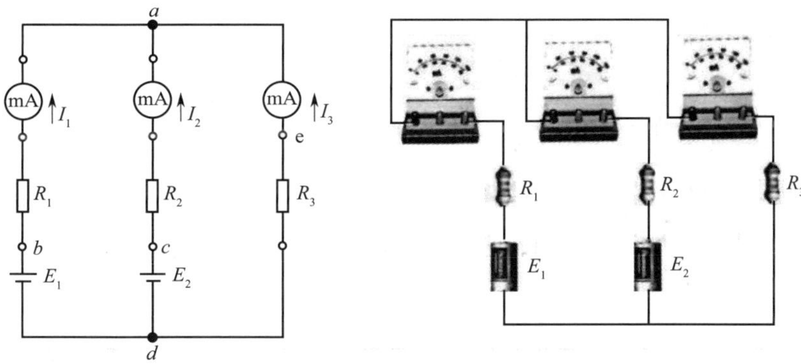

图 3.13

(a)电路图　(b)实物图

(2)将电流表接入电路中，测量 I_1、I_2、I_3 的数值(注意电流的方向)，并填入表 3.1 中。

表 3.1　基尔霍夫电流定律测量数据

I_1/mA	I_2/mA	I_3/mA	节点 a 上电流的代数和

(3)用导线代替电流表，再用万用表直流电压挡测量电压 U_{ab}、U_{bd}、U_{dc}、U_{ca}、U_{ad} 的数值，并填入表 3.2 中。

表 3.2　测量电压数据

U_{ab}/V	U_{bd}/V	U_{dc}/V	U_{ca}/V	U_{ad}/V	回路 $abdca$ 电压降之和	回路 $acdea$ 电压降之和

4. 注意事项

(1)E_1、E_2 在试验过程中要分别保持 16 V 和 6 V 不变。

(2)在测量过程中要特别注意电流的方向和电压的极性。如遇指针反转，要及时交换表笔的位置。

5. 实训小结

将本实训的评价与收获填入表 3.3 中。

表 3.3　实训的评价与收获

实训过程评价					
评价内容	参与程度	仪器仪表使用	安全文明操作	团队协作	任务完成
评价等级					

续表

收获与体会	

任务 3.3 强化训练

1. 单选题

(1)如图 3.14 所示电路,其节点数与网孔数分别为(   )。

A.4,3　　B.3,3　　C.3,4　　D.3,5

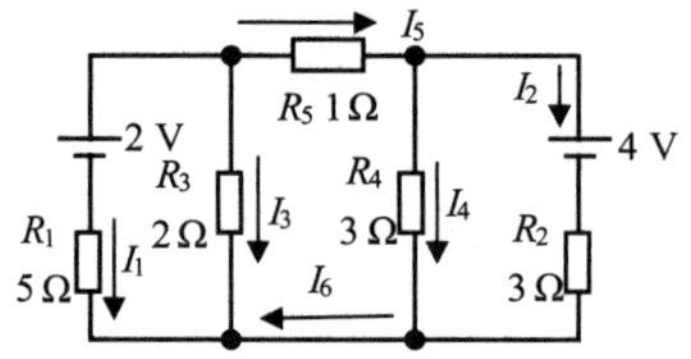

图 3.14

(2)对于上题,下面结论正确的是(   )。

A. $I_6 = 0$　　B. $I_6 = I_2 + I_4 + I_1 + I_3$

C. $I_6 = I_5$　　D. $I_5 = I_2 + I_3 + I_4$

(3)对欧姆定律、基尔霍夫定律,下列说法正确的是(   )。

A. 对线性、稳态电路,欧姆定律、基尔霍夫定律均成立

B. 对线性电路过渡过程,欧姆定律、基尔霍夫定律均成立

C. 对非线性电路,欧姆定律不成立,但基尔霍夫定律成立

D. 对非线性电路,基尔霍夫定律不成立,但欧姆定律成立

(4)叠加定理可以用来分析、计算线性电路中的(   )。

A. 电流和电压　　B. 电流和功率

C. 电压和功率　　D. 电流、电压和功率

(5)如图 3.15 所示电路,I_{s1}=3 A,I_{s2}=1 A,下列说法正确的是(   )。

A. 恒流源 I_{s2} 输出电功率为 5 W　　B. 恒流源 I_{s1} 消耗电功率为 30 W

C. 恒流源 I_{s1} 输出电功率为 30 W　　D. 恒流源 I_{s1} 消耗电功率为 5 W

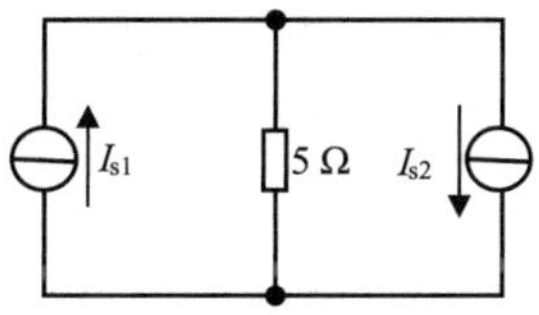

图 3.15

（6）如图 3.16 所示二端网络，电压 U 与电流 I 之间的关系为（　　）。

A.U=10−5I　　B.U=10+5I　　C.U=5I−10　　D.U=−5I−10

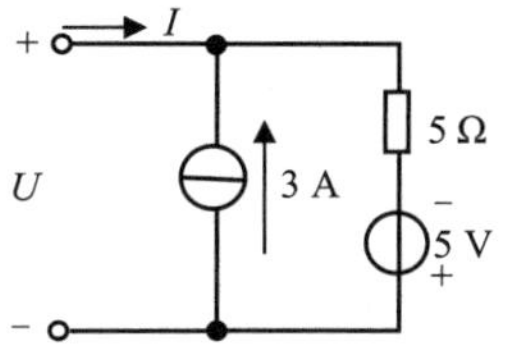

图 3.16

（7）有一含源二端网络，测得其开路电压为 100 V，短路电流为 10 A，当外接阻值为 10 Ω 的负载电阻时，流过负载电阻的电流为（　　）。

A.5 A　　B.10 A　　C.15 A　　D.20 A

（8）某一复杂直流电路中有 n 个节点，利用支路电流法求解电流时，可列出独立的节点电流方程个数是（　　）。

A.n　　B.m−n+1　　C.n+1　　D.n−1

（9）下列说法正确的是（　　）。

A. 电压源和电流源不能等效变换　　B. 电压源和电流源变换前后内部不等效

C. 电压源和电流源变换前后对外不等效　　D. 以上说法都不正确

（10）如图 3.17 所示电路，已知 U_s=2 V，I_s=2 A，则供出电功率的是（　　）。

A. 电流源　　B. 电压源

C. 电压源和电流源　　D. 电阻

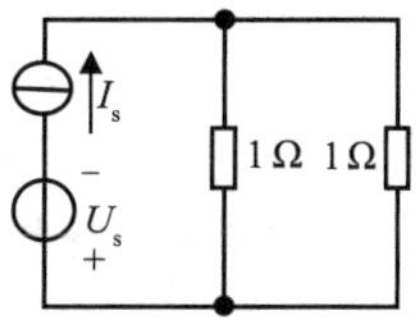

图 3.17

2. 多选题

（1）正确求解有源二端网络的开路电压的方法有（　　）。

A. 支路电流法　　B. 欧姆定律　　C. 叠加定理　　D. 回路电压法

（2）应用基尔霍夫电流定律时，需注意（　　）。

A.KCL 是按照电流的参考方向来列方程的

B.KCL 与各支路中元件的性质有关

C.KCL 也适用于包围部分电路的假想封闭面

D. 以上说法都正确

（3）理想电流源向外电路提供的（　　）是一常数。

A. 电阻　　B. 电压　　C. 电流　　D. 功率

（4）下列说法正确的是（　　）。

A. 基尔霍夫定律对于任一时刻的电压、电流来说都是成立的

B. 戴维宁定理只适用于直流电路，不适用于交流电路

C. 戴维宁定理可以应用于任何网络

D. 所谓戴维宁定理，就它的外部电路来说，总可以由一个等效电动势 E 和等效内阻 R 串联的简单电路来代替

（5）对于复杂电路，下列说法正确的是（　　）。

A. 任一回路都是网孔　　B. 网孔和回路是一回事

C. 叠加定理只适用于线性电路　　D. 恒压源和恒流源之间不能等效变换

3. 判断题

（1）任一网孔都是回路。（　　）

（2）基尔霍夫定律是指沿任意回路绕行一周，各段电压的代数和一定等于零。（　　）

（3）恒流源输出的电压是恒定的。（　　）

（4）叠加定理不适用于非线性电路。（　　）

（5）电压源和电流源等效变换时，对内外电路均等效。（　　）

（6）用支路电流法求解各支路电流时，若电路有 n 条支路，则需要列出 $n-1$ 个方程式来联立求解。（　　）

（7）在计算含源二端网络的等效电阻时，网络内电源的内阻可以不考虑。（　　）

4. 填空题

（1）基尔霍夫电流定律指出流过任一节点的________________为零，其数学表达式为________；基尔霍夫电压定律指出从电路上的任一点出发绕任意回路一周回到该点时________________为零，其数学表达式________。

（2）叠加定理只能用于________电路，且只能用于________、________等物理量的计算。

（3）为电路______________的电源称为电压源，理想电压源内阻为________；为电路______________的电源称为电流源，理想电流源内阻为________。

5. 简答与计算题

（1）简述基尔霍夫定律的内容。

（2）如图 3.18 所示电路，已知 E_1=40 V，E_2=21 V，R_1=12 Ω，R_2=3 Ω，R_3=6 Ω，试求各支路电流 I_1，I_2，I_3。

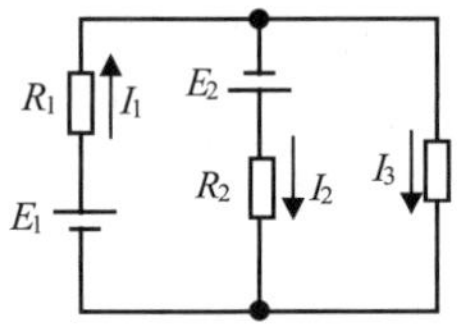

图 3.18

（3）如图 3.19 所示电路，试应用叠加原理，求电路中的电流 I_1、I_2、I_3 及 36 Ω 电阻消耗的电功率 P。

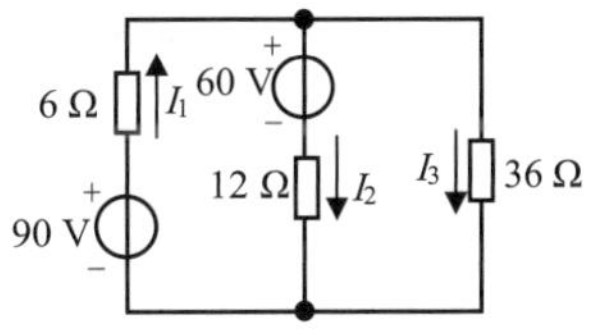

图 3.19

任务 3.4　质量检测

1. 单选题（每小题 2 分，共 20 分）

（1）对于有 n 个节点的复杂电路，用支路电流法解题时，需列出节点电流方程的个数为（　　）。

A.n　　B.$n+1$　　C.$n-1$　　D.$2n-1$

（2）如图 3.20 所示二端网络电路，电压 U 与电流 I 之间的关系为（　　）。

A.$U=10-2I$　　B. $U=10+2I$　　C.$U=2I-10$　　D.$U=-10-2I$

（3）如图 3.21 所示电路，支路电流 I_{AB} 与支路电压 U_{AB} 分别为（　　）。

A.0.5 V，1.5 V　　B.0，1 V　　C.0，−1.5 V　　D.1 A，0

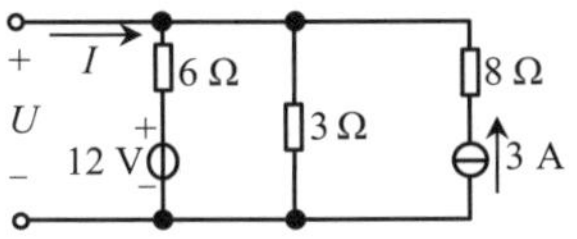

图 3.20

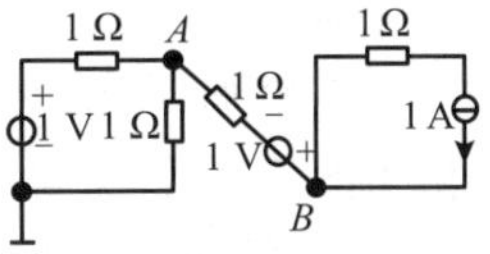

图 3.21

（4）如图 3.22 所示电路，已知 $I_1=3$ A，$I_2=2$ A，$I_3=-5$ A，则 $I_5=$（　　）A。

A.−8　　B.8

C.2　　D.−2

（5）如图 3.23 所示电路，该二端网络的戴维宁等效电路的 E_0 和 R_0 分别为（　　）。

A.10 V，5 Ω　　B.10 V，1 Ω

C.6 V，1 Ω　　D.6 V，0.5 Ω

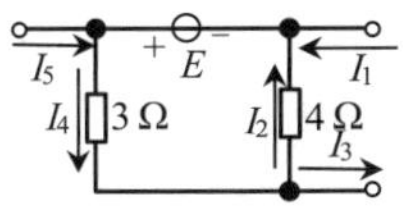

图 3.22

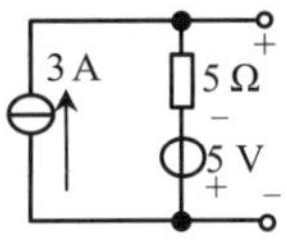

图 3.23

（6）如图 3.24 所示电路，下列关系正确的是（　　）。

A.$I_1-I_2+I_3=0$　　B.$I_1-I_2-I_3=0$

C.$I_1+I_2+I_3=0$　　D.$I_1+I_2-I_3=0$

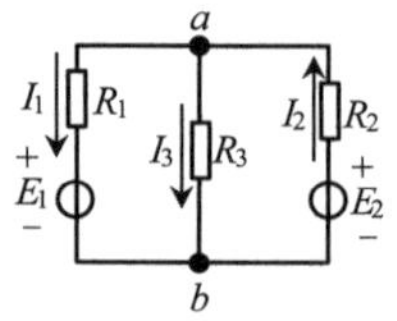

图 3.24

（7）如图 3.24 所示电路，求各支路电流时，下列列出的方程正确的是（　　）。

A. $I_1=\dfrac{U_{ab}-E_1}{R_1}$　B. $I_1=\dfrac{E_1+E_2}{R_1+R_2}$　C. $I_1=\dfrac{E_1+U_{ab}}{R_1+R_3}$　D. $I_1=\dfrac{U_{ab}-E_1}{R_1+R_3}$

（8）如图 3.25 所示有源二端网络 A，在 a、b 间接入电压表时，其读数为 100 V；在 a、b 间接入 10 Ω 电阻时，测得电流为 5 A，则 a、b 间的开路电压及等效电阻分别为（　　）。

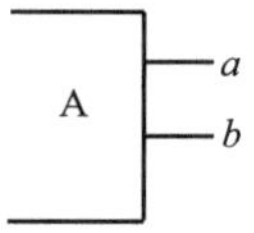

图 3.25

A.50 V，5 Ω　B.100 V，5 Ω

C.50 V，10 Ω　D.100 V，10 Ω

（9）如图 3.26 所示电路，A、B 两点间的电压 U_{AB} 为（　　）。

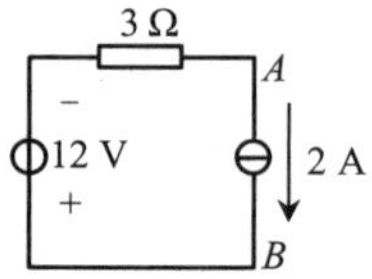

图 3.26

A.−18 V　B.18 V

C.−6 V　D.6 V

（10）用叠加定理计算电路中的电压或电流时，需注意（　　）。

A. 其他恒压源视为开路

B. 其他恒流源视为开路

C. 恒压源和恒流源都视为开路

D. 恒压源和恒流源都视为短路

2. 多选题（每小题 3 分，共 18 分）

（1）应用基尔霍夫电流定律时，需注意（　　）。

A.KCL 是按照电流的参考方向来列方程的

B.KCL 不仅可以应用在任何一闭合电路上，还可以推广到任一不闭合的电路上

C.KCL 与各支路中元件的性质有关

D.KCL 与各支路中元件的性质无关

（2）下列说法正确的是（　　）。

A. 基尔霍夫定律对于任一时刻的电压、电流来说都是成立的

B. 戴维宁定理只适用于直流电路，不适用于交流电路

C. 戴维宁定理可以应用于任何电路

D. 所谓戴维宁定理，就其外部电路来说，总可以由一个等效电动势 E 和等效内阻 R 串联的简单电路来代替

（3）某节点 B 为三条支路的连接点，其电流分别为 I_1=2 A，I_2=4 A，则 I_3 可能是（　　）。

A.−2 A　B.−4 A　C.−6 A　D.6 A

（4）对于有 b 条支路、n 个节点的电路，应用支路电流法解题时，（　　）。

A. 按基尔霍夫电流定律，可以列出（n−1）个节点电流方程

B. 按基尔霍夫电流定律，可以列出 n 个节点电流方程

C. 按基尔霍夫电压定律，可以列出（$b-1$）个独立回路电压方程

D. 按基尔霍夫电压定律，可以列出 $b-(n-1)$ 个独立回路电压方程

（5）对于复杂直流电路，下列说法正确的是（　　）。

A. 任一回路都是网孔　　B. 任一网孔都是回路

C.KCL 定律称为节点电流定律　　D.KVL 定律称为回路电压定律

（6）下列关于叠加定理的说法，正确的是（　　）。

A. 叠加定理只适用于线性电路的分析

B. 叠加定理既适用于线性电路也适用于非线性电路的分析

C. 在叠加定理使用中，单独电源工作时，其他电源停止工作

D. 叠加定理只适用于含有电压源的电路，不适用于含有电流源的电路

3. 判断题（每小题 2 分，共 12 分）

（1）基尔霍夫定律适用于线性电路。（　　）

（2）电路中任意的封闭路径都是回路。（　　）

（3）有源二端网络可等效为一个理想电流源和一个负载的串联。（　　）

（4）某有源二端网络的开路电压为 60 V，短路电流为 2 A，则负载可以从该有源二端网络获得的最大功率为 30 W。（　　）

（5）应用戴维宁定理时，等效电动势 E_0 只对外电路等效。（　　）

（6）对外电路来说，一个有源二端网络可以用一个电压源等效替代。（　　）

4. 填空题（每空 2 分，共 20 分）

（1）三个及三个以上支路的连接点称为________；由几个支路组成的闭合路径称为________。

（2）已知灯泡 A“12 V，6 W”、灯泡 B“12 V，12 W”，将灯泡 A、B 串联后接在 18 V 电路中，灯泡 B 两端电压为________V，灯泡 A 实际功率为________W。

（3）一个有源二端网络可以用一个________________和________________代替

（4）应用基尔霍夫定律计算出某支路电流是正值，表明该支路电流的________方向与________方向相同。

（5）应用叠加定理时，当某电源单独作用时，其余电压源相当于________，其余电流源相当于________。

5. 综合分析题（共 30 分）

（1）如图 3.27 所示电路，已知电流表读数为 0.2 A，E_1=12 V，内阻不计，电阻 $R_1=R_3=10\ \Omega$，$R_2=R_4=5\ \Omega$，试用基尔霍夫电压定律求 E_2。（10 分）

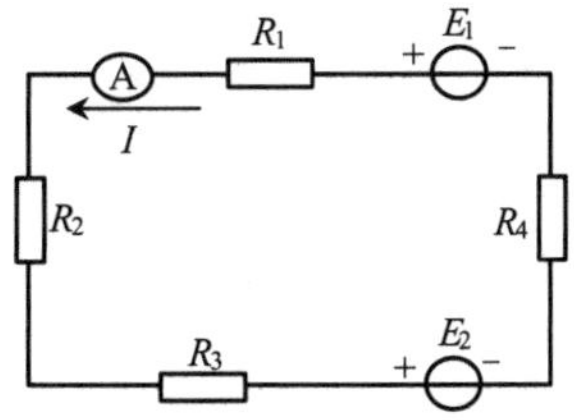

图 3.27

(2)如图 3.28 所示电路,已知电源电动势 E_1=10 V, E_2=4 V,电源内阻不计,电阻 R_1=R_2=R_6=2 Ω,R_3=1 Ω,R_4=10 Ω,R_5=8 Ω,试用戴维宁定理求通过电阻 R_3 的电流。(10 分)

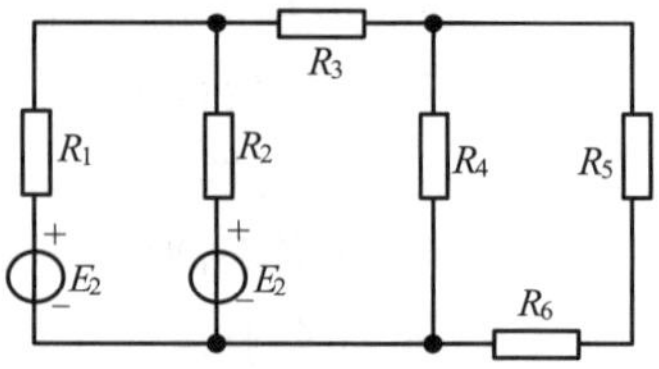

图 3.28

(3)如图 3.29 所示电路,已知电源电动势 E_1=8 V, E_2=12 V,电源内阻不计,电阻 R_1=4 Ω,R_2=1 Ω,R_3=3 Ω,试用叠加定理求通过各电阻的电流。(10 分)

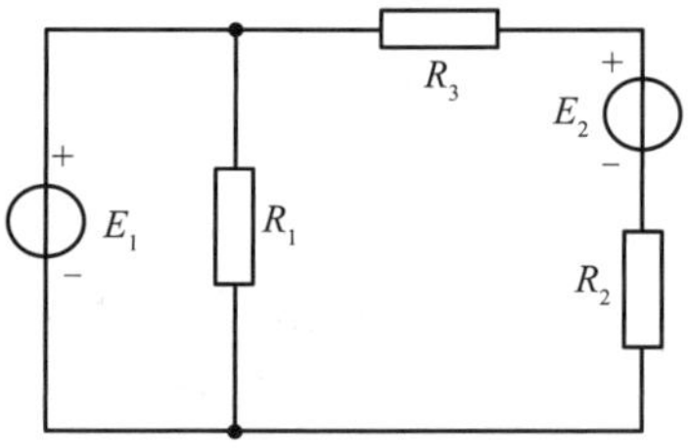

图 3.29

项目四　电容器

【学习目标】

（1）电容器的组成结构及其分类。
（2）电容的概念，平行板电容器的电容计算。
（3）电容器质量好坏的粗测方法。
（4）电容器耐压能力的含义及串并联组合后安全耐压能力的计算。
（5）电容器串并联的特点及相关计算。
（6）电容器的充放电物理过程及电容器中电场能的计算。
（7）电容元件的特性。

【知识梳理】

- 电容器
  - 电容器基本知识
    - 电容器、电容、电介质、电容器的检测方法
    - 平行板电容器
  - 电容器的连接
    - 电容器的串联
    - 电容器的并联
  - 电容器的充放电
  - 电场能量

任务 4.1　认识电容器

【内容提要】

1. 电容器基本知识

任何两个彼此绝缘而又互相靠近的导体都可以组成电容器。电容器所带电荷量与两极板间电压的比值称为电容器的电容 C，即 $C=\dfrac{q}{U}$。电容的单位为法（F），常用的单位有 μF（微法）和 pF（皮法），换算关系为

$$1\ \mathrm{F}=10^{6}\ \mu\mathrm{F}=10^{12}\ \mathrm{pF}$$

平行板电容器的电容与介电常数成正比，与正对面积成正比，与极板的距离成反比，即

$$C=\varepsilon\frac{S}{d}$$

式中　ε——介电常数，单位是法拉/米（F / m），电介质的介电常数 ε 由介质的性质决定。

真空中的介电常数 $\varepsilon_0=8.86\times10^{-12}$ F / m，相对介电常数 $\varepsilon_r=\varepsilon/\varepsilon_0$ 或 $\varepsilon=\varepsilon_r\varepsilon_0$。

电容是电容器的固有属性，决定电容大小的因素有介质种类、极板面积和极板距离，电

容器是否带电或带电多少都不会使电容改变，电容器是储能元件。

电容器按电容量是否可变，可分为固定电容器、可变电容器和微调电容器三类。固定电容器又可分为纸质电容器、云母电容器、油质电容器、陶瓷电容器、涤纶电容器、铝电解电容器等。

超级电容器是介于传统电容器和充电电池之间的一种新型储能装置。根据不同的储能原理，超级电容器可分为双电层电容器和法拉第准电容器两大类，且具有材料薄、表面积大、容量大、充电速度快、使用寿命长、放电能力强、功率密度高等优点，在新能源汽车等领域具有广阔的应用前景。

2. 电容器的选用与连接

电容器的选用主要是考虑其主要参数，即额定工作电压和标称值。电容器在电路中实际要承受的电压不能超过它的耐压值，不同电路应根据用途选用不同种类和规格的电容器。

电容器串并联电路的特点，见表 4.1。

表 4.1 电容器串并联电路的特点

物理量	串联	并联
电荷量	$Q_1=Q_2=Q_3=\cdots=Q_n$	$Q=Q_1+Q_2+\cdots+Q_n$
电压	$U=U_1+U_2+\cdots+U_n$ 电压分配与电容成反比 $\frac{U_1}{U_2}=\frac{C_2}{C_1}$	$U=U_1=U_2=\cdots=U_n$
电容	$\frac{1}{C}=\frac{1}{C_1}+\frac{1}{C_2}+\cdots+\frac{1}{C_n}$ 当 n 个电容为 C_0 的电容串联时 $C=C_0/n$	$C=C_1+C_2+\cdots+C_n$ 当 n 个电容为 C_0 的电容并联时 $C=nC_0$

3. 电容器的电场能

使电容器带电的过程称为充电，使电容器失电的过程称为放电。电容器充放电过程中电流和电容器两端电压的变化情况，见表 4.2。

表 4.2 电容器充放电过程中电流和电容器两端电压的变化情况

比较项目	充电过程	放电过程
电路中的电流 i	i 从最大→0，充电结束	i 从 0→最大，放电结束
电容器两端的电压 u_C	u_C 从 0→最大 E，充电结束	u_C 从最大 E→0，放电结束

储存在电容器中的电场能计算公式为

$$W_C=\frac{1}{2}qU_C=\frac{1}{2}CU_C^2$$

上式说明，电容器中储存的电场能量与电容器的电容成正比，与电容器两极之间的电压平方成正比。

4. 电容器的识别与检测

（1）识别极性电容的正负极：

①根据电容器的标志识别；

②根据电容器引脚长短识别，长引脚为正极，短引脚为负极；

③用万用表识别，将万用表拨到“R×1 k”挡或“R×10 k”挡，测量电容器两引脚之间的阻值，正反各测一次，测量时阻值会出现一大一小，以阻值大的那次为准，其中黑表笔接的为正极，红表笔接的为负极。

（2）电容器的检测：

①选用万用表欧姆挡“R×100”或“R × 1 k”；

②将万用表分别与电容器两端接触，指针发生偏转并很快回到接近起始位置，说明电容器的质量很好，漏电很小；

③若指针偏转后回不到起始位置，而停在标度盘的某处，说明电容器的漏电很大，这时指针所指出的电阻数值即表示该电容器的漏电阻值；

④若指针偏转到零位置之后不再动，则说明电容器内部已经短路；

⑤若指针根本不偏转，则说明电容器内部可能断路，或电容量很小。

【例题解析】

例 4.1　有两个电容器，其中一个电容大，另一个电容小，若加在它们两端的电压相等，则两个电容器所带的电荷量（　　）。

A. 容量小得多　　B. 容量大得多　　C. 一样多　　D. 不确定

【解析】考查电容的定义式，即电容器所带的电荷量与其两极板间的电压的比值（$C=q/U$），可推出 $q=CU$，若所加电压一样，则电容大所带的电荷量多。

【答案】B

例 4.2　下列关于电容器和电容的说法，正确的是（　　）。

A. 根据 $C=q/U$ 可知，电容器的电容与其所带电荷量成正比，与两极板间的电压成反比

B. 对于确定的电容器，其所带的电荷量与两极板间的电压（小于击穿电压且不为零）成正比

C. 无论电容器的电压如何变化（小于击穿电压且不为零），它所带的电荷量与电压比值恒定不变

D. 电容器的电容是表示电容器容纳电荷本领的物理量，其大小与加在两极板上的电压无关

【解析】考查电容器的定义式及平行板电容器的影响因素。由电容器的定义式（$C=q/U$）可知，对于确定的电容器，其所带的电荷量与两极板间的电压（小于击穿电压且不为零）成正比，所带的电荷量与电压比值恒定不变；影响电容大小的因素有介电常数、正对面积和极板间的距离，而与加在两极板间的电压无关。

【答案】BCD

例 4.3　关于电容器的充放电，下列说法正确的是（　　）。

A. 充放电过程中外电路有瞬间电流

B. 充放电过程中外电路有恒定电流

C. 充电过程中电源提供的电能全部转化为内能

D. 放电过程中电容器中的电场能逐渐减小

【解析】电容器充放电过程中外电路有瞬间电流，而不是恒定不变的电流，电容器是储能元件，充电过程中电源提供的电能转换为电场能量，放电过程中电容器的电场能量逐渐减小。

【答案】AD

例 4.4 判断：电容器储存的电量与电压的平方成正比。（　　）

【解析】考查电容器所带的电荷量与电容器储存的电场能量的区别，前者与两极板间的电压（小于击穿电压且不为零）成正比，而后者与电压的平方成正比。

【答案】×

例 4.5 计算题：有两个电容器，其中 C_1 为 10 μF/450 V、C_2 为 50 μF/300 V。若将它们串联后接到 600 V 的直流电源上使用，试求等效电容和每只电容器上分配的电压，并判断这样使用是否安全。

【解析】考查电容器串联特点及电容器的选用。

【答案】应先根据电容器串联的性质求出两个电容器串联后的等效电容，再根据串联分压的公式求出每个电容器上分配的电压，最后将分配的电压值与其额定电压进行比较，若超出额定值就不安全，反之则可安全使用。

依据题意画出电路图，如图 4.1 所示。

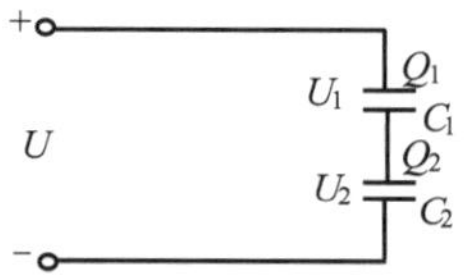

图 4.1

（1）两个电容器串联后的等效电容为

$$C=\frac{C_1C_2}{C_1+C_2}=\frac{10\times 50}{10+50}=8.33\ \mu\text{F}$$

（2）电容器 C_1 上分配的电压为

$$U_1=\frac{C_2}{C_1+C_2}U=\frac{50}{10+50}\times 600=500\ \text{V}$$

电容器 C_2 上分配的电压为

$$U_1=U-U_1=600-500=100\ \text{V}$$

（3）由于电容器 C_1 分配的电压 500 V 大于其耐压值 450 V，所以 C_1 将会被击穿坏。当 C_1 被击穿后，600 V 电压全部由 C_2 承受，这也超出了 C_2 的耐压值 300 V，因而 C_2 也会很快被击穿损坏。因此，不能这样使用，非常不安全。

【要点归纳】

电容器是电子电路的基本元件,学习电容器与电容的基础知识和电容器元件的基本特性,可为学习后面的交流电路和后续课程打下必要的基础。本部分是对口招生考试的必考章节,必须引起高度重视。

(1)掌握基本概念。

①掌握电容的概念,认识电容的定义式。

②掌握电容常用单位之间的换算关系。

(2)了解电容器的分类。

①了解电容器的外形、结构、符号及常见电容器的分类。

②学会常用电容器的选用方法,能根据要求,正确选择连接方式。

(3)掌握影响电容器的因素等相关知识。

①影响平行板电容器的因素有电介质的介电常数、正对面积、两极板间的距离。

②平行板电容器的计算公式为 $C=\varepsilon\dfrac{S}{d}$,介电常数 ε 的单位是 F/m,相对介电常数无单位。

③电容器的额定值包括标称容量和允许误差。

(4)掌握电容器的充放电特性及电容器中的电场能量。

①理解电容器充放电电路的工作过程。

②理解电容的储能特性以及在电路中能量的转换规律。

③学会通过仪器仪表观察电容器充放电过程中电压和电流的变化规律。

(5)理解并掌握电容器的特性、有关性质及具体应用。

①理解并掌握电容器的储能特性及电路中能量的转换规律和在工程技术上的应用。

②理解并掌握电容器串并联的性质及等效电容和安全电压的计算。

③学会用万用表的欧姆挡判断电容器质量的好坏。

任务 4.2　实训:认识和检测电容器

1. 实训目标

(1)能识别常用的电容器。

(2)学会用万用表检测电容。

2. 实训器材

(1)各种类型的电容器若干。

(2)万用表 1 块。

3. 实训步骤

(1)观察、认识各种电容器,将相关参数数据填入表 4.3 中。

表 4.3 电容器的参数数据

序号	容量	额定工作电压	允许偏差	型号	种类
1					
2					
3					
4					

（2）识别极性电容器的正负极。

①根据电容器上的标志识别，如图 4.2 所示。

②根据电容器引脚长短识别，长引脚为正极，短引脚为负极，如图 4.3 所示。

图 4.2

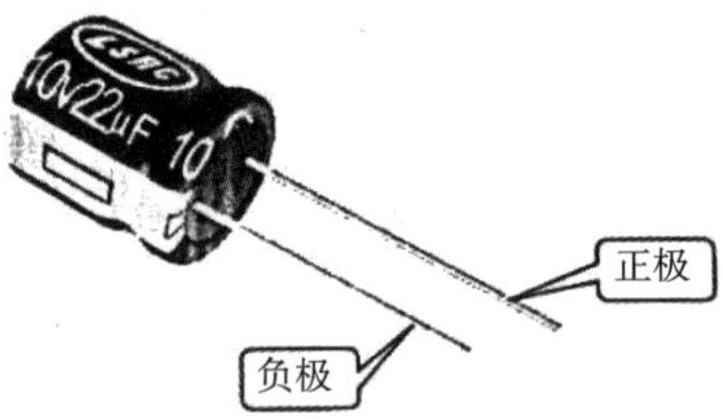

图 4.3

③用万用表识别，将万用表拨到“R × 1 k”挡或“R × 10 k”挡，测量电容器两引脚之间的阻值，正反各测一次，测量时阻值会出现一大一小，以阻值大的那次测量为准，黑表笔接的为正极，红表笔接的为负极。

（3）检测较大容量电容器的质量。

①将万用表拨到欧姆挡（“R × 100”挡或“R × 1 k”挡）。

②将万用表的红表笔接电容器的负极，黑表笔接电容器的正极，如图 4.4 所示。

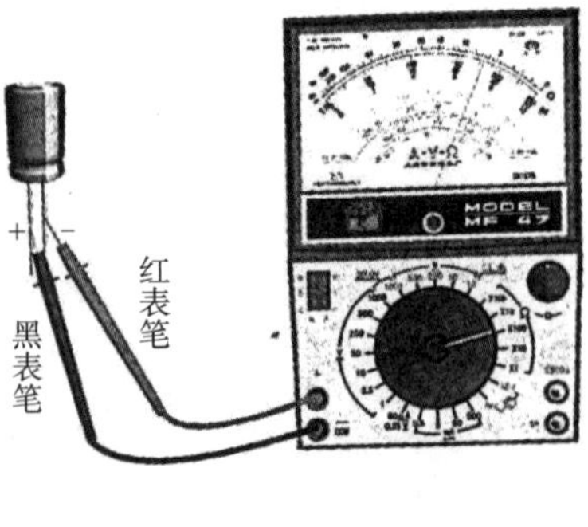

图 4.4

③如果万用表的指针有一定的偏转，并很快回到接近起始位置，表示电容器的质量很好，漏电很小。

④如果万用表的指针回不到起始位置，而停在标度盘的某处，表示电容器的漏电很大，

这时指针所指出的电阻数值表示该电容器的漏电阻值。

⑤如果万用表的指针偏转到零欧姆位置之后不再动，则说明电容器内部已经短路。

⑥如果万用表的指针根本不偏转，则说明电容器内部可能断路，或电容量很小，充放电电流很小，不足以使指针偏转。

检测几只电容器，并将结果填入表 4.4 中。

表 4.4 电容器检测结果

序号	检测情况	检测结果
1		
2		
3		
4		

想一想：检测电容器质量的原理是什么？

4. 实训小结

将本实训的评价与收获填入表 4.5 中。

表 4.5 实训的评价与收获

实训过程评价					
评价内容	参与程度	仪器仪表使用	安全文明操作	团队协作	任务完成
评价等级					
收获与体会					

任务 4.3 技术与应用

1. 常用电容器的种类

（1）固定电容器：电容量是固定不变的，按所用介质的不同，可分为纸质电容器、云母电容器、油质电容器、陶瓷电容器、有机薄膜电容器（以聚苯乙烯薄膜或涤纶为介质）、金属化纸介电容器（也称为金属膜电容器）和电解电容器等。

（2）可变电容器：电容量可在一定范围内随意变动，由两组相对的金属片组成，一组金属片是固定不动的，称为定片；另一组金属片和转轴连接，能随意转动，称为动片。转动动片可改变两组金属片相对面积的大小，从而就可以改变电容器的电容量，如半导体收音机中的薄膜介质可变电容器。

（3）半可变电容器（也称为微调电容器）：由两片或两组小型金属弹簧片中间夹有介质组成，用螺钉调节金属片之间的距离，可在很小范围内改变其电容量。

必须注意，极性电容器有正、负极之分，其极性是固定的，使用时不能把极性接错，否则会造成损坏。

电容器的图形符号见表 4.6。

表 4.6 电容器的图形符号

名称	图形符号	名称	图形符号
电容器		可变电容器	
极性电容器		微调电容器	

2. 电容器的额定值

电容器的成品上都标明有电容值、允许误差和额定工作电压等，这些数值称为电容器的额定值。

1）电容器的标称容量和允许误差

电容器上所标明的电容值称为标称容量。电容器的标称容量和实际容量之间是有差额的，这一差额称为电容器的误差。实际电容器的误差需限定在所允许的误差范围内，此误差称为允许误差。

电容器电容值的允许误差，按其精密度可分为 ±1%（00 级）、±2%（0 级）、±5%（Ⅰ级）、±10%（Ⅱ级）和 ±20%（Ⅲ级）等五级（不包括极性电容器）。电容器的误差有的用百分数表示，有的用误差等级表示。一般极性电容器的允许误差范围较大，如铝极性电容器的允许误差范围为-20%~+100%。

2）电容器的额定工作电压

如果一只电容器两极板间所加的电压高到某一数值，介质就会被击穿，这时的电压称为电容器的击穿电压。电容器的外壳上一般都标有其额定工作电压（又称耐压值），使用时加在电容器上的电压不应超过其额定工作电压。

电容器上所标明的额定工作电压，通常指的是直流工作电压（用 DC 或符号“-”表示）。如果该电容器用在交流电路中，应使交流电压的最大值不超过其额定工作电压，否则电容器会被击穿。

电容器的用途是极其广泛的，但由于应用不同，因此对电容器的要求也就不同。尽管如此，选择电容器的总的原则是一样的，即电容量和耐压值要满足要求，性能要稳定，要根据需要尽量采用漏电小、损耗小、价格低和体积小的电容器。

任务 4.4　强化训练

1. 单选题

(1)下列关于电容的说法,正确的是(　　)。

A. 由 $C=q/U$ 可知,电容器的电容与其带电量、两极板间的电压有关

B. 电容器带电量多,说明它容纳电荷的本领大

C. 由 $q=CU$ 可知,当 U 增大时,q 可以无限增大

D. 两个相互靠近、彼此绝缘的人,虽然不带电,但他们之间有电容

(2)下列关于电容器并联电路特点的说法,正确的是(　　)。

A. 并联电路的等效电容量等于各个电容器的容量之和

B. 每个电容两端的电流相等

C. 并联电路的总电量等于最大电容量的电量

D. 电容器上的电压与电容量成正比

(3)对给定的电容器充电时,下列关于电量 q、电压 U 和电容 C 之间相互关系的图像,错误的是(　　)。

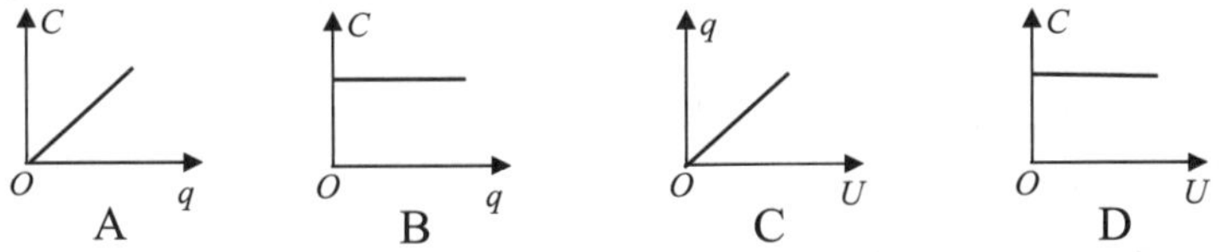

(4)将电容器 C_1 和 C_2 串联后接在直流电路中,若 $C_1=3C_2$,则 C_1 两端电压是 C_2 两端电压的(　　)。

A.3 倍　　B.9 倍　　C.1/9　　D.1/3

(5)对于 C_1 和 C_2 两个电容,两极板间的电势差之比为 2∶3,带电量之比为 3∶2,则 C_1∶C_2 等于(　　)。

A.2∶3　　B.3∶2　　C.4∶9　　D.9∶4

(6)某电容器上标有"30 μF,600 V"的字样,其中 600 V 是指(　　)。

A. 额定电压　　B. 最小电压　　C. 平均电压　　D. 瞬时电压

(7)将一个平行板电容器接上电源后再切断电源,然后使两极板间的距离增大一些,则关于电容器两极板间的电压 U 和两极板间的场强 E 的变化,下列说法正确的是(　　)。

A.U 增大,E 增大　　B.U 增大,E 不变　　C.U 不变,E 减小　　D.U 减小,E 减小

(8)某电路中需要接入一个 10 μF、耐压 800 V 的电容器,现有 16 μF、耐压 450 V 的电容器数只,为达到要求需将(　　)。

A.2 只 16 μF 电容器串联　　B.2 只 16 μF 电容器并联

C.4 只 16 μF 电容器两两并联,再串联　　D. 无法满足要求

(9)将电容器 C_1 和 C_2 串联后接到直流电路中,若 $C_1=3C_2$,则 C_1 两端的电压是 C_2 两端电压的(　　)。

A.3 倍　　B.9 倍　　C.1/9　　D.1/3

（10）如图 4.5 所示，电容器两端的电压为（　　）。

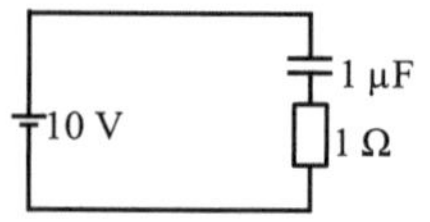

图 4.5

A.9 V　　B.0 V

C.10 V　　D.10 V

2. 多选题

（1）关于电容的单位，下列说法正确的是（　　）。

A. 电容的国际单位是 F　　B. $1\,\mathrm{F}=1\dfrac{\mathrm{C}}{\mathrm{V}}$

C.pF 是电容的单位　　D.μF 是电容的单位

（2）对于一个电容器，下列说法正确的是（　　）。

A. 电容器两极板间电压越大，电容越大

B. 电容器两极板间电压减小到原来的一半，其电容就增加到原来的 2 倍

C. 电容器所带电量增加 1 倍，两极板间电压也增加 1 倍

D. 平行板电容器电容大小与两极板正对面积、两极板间距离及两极板间电介质的相对介电常数有关

（3）如图 4.6 所示，平行板电容器两极板与电源两极相连，G 为电流表，若将电容器的两极板靠近，则在这一过程中（　　）。

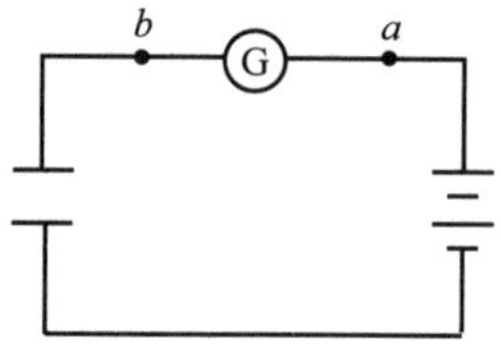

图 4.6

A.G 中有电流，方向是 $a\to b$

B.G 中有电流，方向是 $b\to a$

C. 电容器两极板的带电量都增大

D. 电容器两极板间的场强增大

（4）对某电容充电时，下列关于电容器的电容 C、带电量 q 和电压 U 之间相互关系的图像，正确的是（　　）。

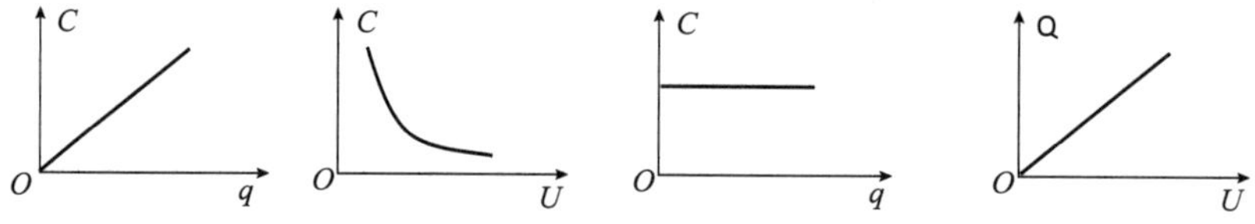

A　　B　　C　　D

（5）C_1 和 C_2 两个电容并联，若 $C_1=2C_2$，下列关于 C_1、C_2 所带电荷量 q_1、q_2 的关系和 U_1、U_2 的关系，正确的是（　　）。

A.$q_1=2q_2$　　B.$q_1=q_2$　　C.$U_1=U_2$　　D.$U_1=2U_2$

3. 判断题

（1）电容器的电容量要随着它所带电荷量的多少而发生变化。（　　）

（2）几个电容器串联后接到直流电源上，那么各个电容器所带的电荷量均相等。（　　）

（3）可以用万用表欧姆挡的任何一个倍率来检测较大容量电容器的质量。（　　）

（4）在检测较大容量电容器的质量时，用万用表的表笔分别与电容器的两端接触，发现

指针根本不偏转，说明电容器内部已短路。（　　）

（5）电容器具有隔直通交的作用。（　　）

4. 填空题

（1）电容的单位是_____，比它小的单位是_____和_____，它们之间的换算关系为______________。

（2）电容器串联，相当于增大了______，所以总电容______每个电容器的电容。

（3）电容器是______元件，它所储存的电场能量与______和______成正比，电容器两端的______不能突变。

（4）用万用表判别较大容量电容器的质量时，应将万用表拨到欧姆挡的____________挡或____________挡。若万用表指针向右偏转后又较快地回到接近起始位置，说明电容器____________；若指针偏转到零处不再返回，说明电容器内部已____________；若指针不偏转，说明电容器内部已____________。

（5）如图 4.7 所示电路，I_C=______，U_C=______，电容器储存的能量 W_C=______。

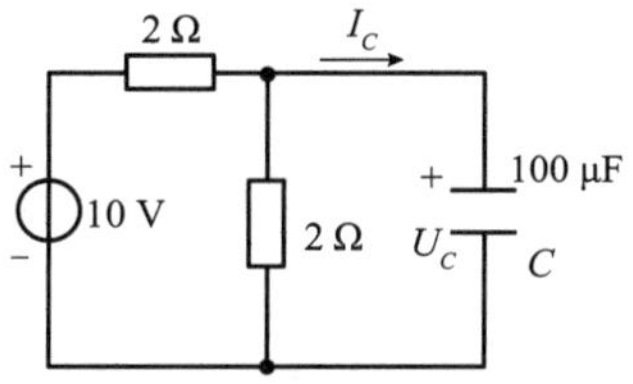

图 4.7

5. 计算题

（1）某一电容器带电 10^{-5} C，两极板间的电压为 200 V，如果其他条件不变，只将电荷量增加 10^{-6} C，则两极板间的电压变为多少；在这个过程中，电容器的电容有没有变化，变为多少。

（2）有一真空电容器，其电容为 8.2 μF，将两极板间的距离增大 1 倍后，其间充满云母介质，试求电容器的电容。（云母的相对介电常数 ε_r=7）

（3）如图 4.8 所示电路，已知 $C_1=C_2=C_3=0.2\ \mu F$，$C_4=C_5=0.1\ \mu F$，试求等效电容。

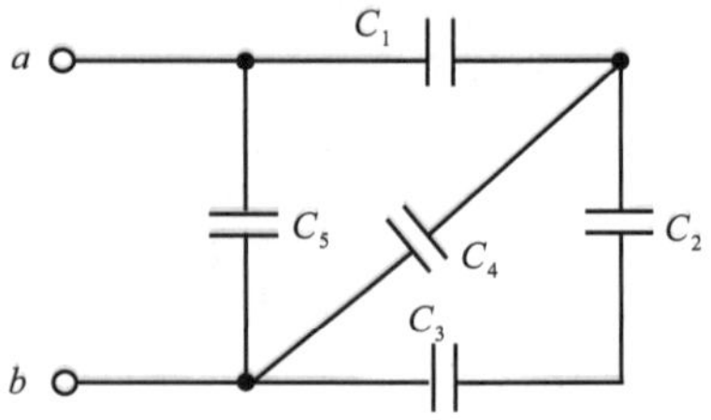

图 4.8

（4）如图 4.9 所示电路，已知电源电动势 $E=4\ V$，内阻不计，外电路电阻 $R_1=3\ \Omega$，$R_2=1\ \Omega$，电容 $C_1=2\ \mu F$，$C_2=1\ \mu F$。试求：

①R_1 两端的电压；

②电容 C_1、C_2 所带的电荷量；

③电容 C_1、C_2 两端的电压。

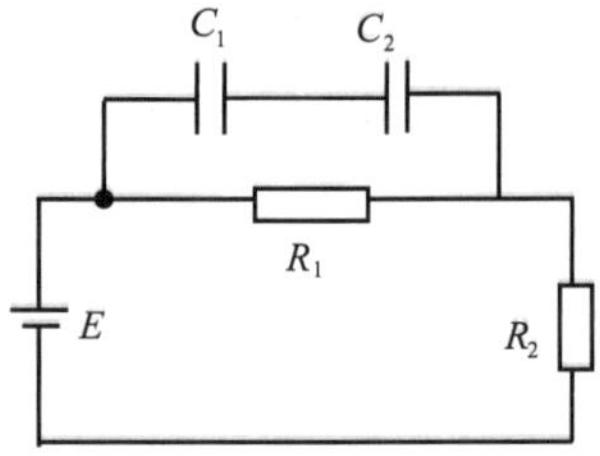

图 4.9

任务 4.5　质量检测

1. 单选题（每小题 2 分，共 20 分）

（1）下列关于电容器及其电容的说法，正确的是（　　）。

A. 任何两个彼此绝缘而又相互靠近的导体即可组成电容器，与两个导体是否带电无关

B. 电容器所带的电荷量是指每个极板所带电荷量的代数和

C. 电容器的电容与电容器所带电荷量成反比

D. 一个电容器的电荷量增加 1.0×10^{-6} C 时，两极板间的电压升高 10 V，电容器的电容无法确定

（2）某电容器的电容为 100 μF，如果它不带电，其电容是（　　）。

A.0　　B.100 μF　　C. 小于 100 μF　　D. 大于 100 μF

（3）根据电容的定义式 $C=\dfrac{q}{U}$，可知（　　）。

A. 电容器所带的电量 q 越大，其电容 C 就越大，C 与 q 成正比

B. 电容器不带电时，其电容为零

C. 电容器两极板间的电压 U 越高，其电容 C 就越小，C 与 U 成反比

D. 电容器的电容大小与电容器的带电情况无关

（4）两块平行金属板带等量异种电荷，要使两极板间的电压加倍，可采用的方法是

(　　)。

A. 两极板的电荷量加倍,而距离变为原来的 4 倍

B. 两极板的电荷量加倍,而距离变为原来的 2 倍

C. 两极板的电荷量减半,而距离变为原来的 4 倍

D. 两极板的电荷量减半,而距离变为原来的 2 倍

(5)某一电容器标注为“300 V,5 μF”,下列说法正确的是(　　)。

A. 该电容器可在 300 V 以下电压正常工作

B. 该电容器只能在 300 V 电压时正常工作

C. 电压为 150 V 时,电容是 2.5 μF

D. 使用时只需考虑工作电压,不必考虑电容器的引出线与电源的哪个极相连

(6)如图 4.10 所示电路,已知 C_1=2 μF, C_2=3 μF, C_3=5 μF,额定电压 U_1=50 V, U_2=50 V, U_3=100 V,则 a、b 间的等效电容和耐压分别为(　　)。

A.10 μF,100 V　　B.10 μF,62.5 V　　C.1.6 μF,100 V　　D.1.6 μF,62.5 V

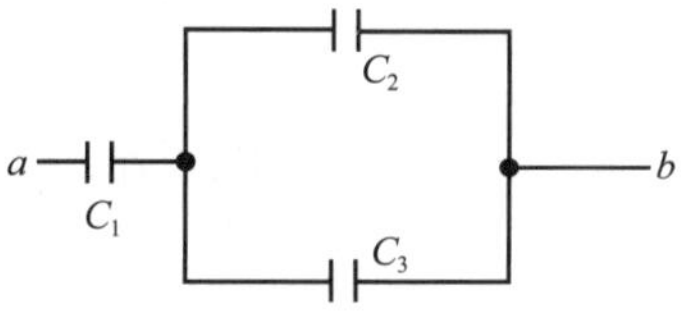

图 4.10

(7)如图 4.11 所示电路,电容器两端的电压为(　　)。

A.9 V　　B.0 V

C.1 V　　D.10 V

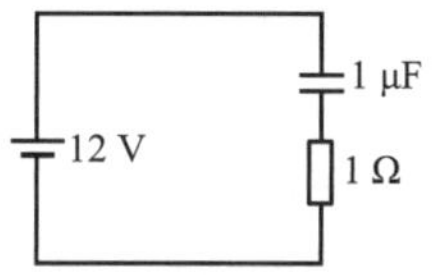

图 4.11

(8)如图 4.12 所示电路,已知电源的电动势 E_1=30 V, E_2=10 V,内阻都不计,电阻 R_1=26 Ω, R_2=4 Ω, R_3=8 Ω, R_4=2 Ω,电容 C=4 μF,下列结论正确的是(　　)。

A. 电容器带电,所带的电荷量为 8×10^{-6} C

B. 电容器两极板间无电位差,也不带电

C. 电容器 N 极板的电位比 M 极板高

D. 电容器两极板的电位均为零

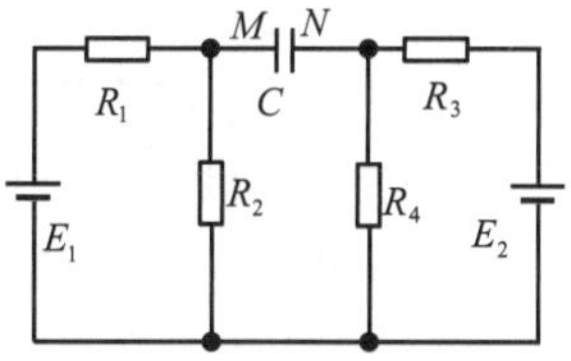

图 4.12

(9)某电容器的电容为 20 μF,正常工作电压为 300 V,击穿电压为 500 V,则下列说法正确的是(　　)。

A. 为使其两极板间的电压为 1 V,所需要的电荷量是 3×10^{-5} C

B. 给电容器 1 C 的电荷量,两极板间的电压为 3×10^{-5} V

C. 该电容器能容纳的电荷量最多为 1.0×10^{-2} C

D. 该电容器两极板间能承受的最大电压为 300 V

(10)下列关于电容器及其电容的说法,正确的是(　　)。

A. 任何两个彼此绝缘而又相互靠近的导体即可组成电容器,与两个导体是否带电有关

B. 电容器所带的电荷量是指每个极板所带电荷量的代数和

C. 电容器的电容与电容器所带电荷量成反比

D. 一个电容器的电荷量增加 1.0×10^{-6} C 时，两极板间的电压升高 10 V，则电容器的电容为 1.0×10^{-7} F

2. 多选题（每小题 3 分，共 18 分）

（1）电容器的电容决定于（　　）等三个因素。

A. 电压　　B. 极板的正对面积

C. 极间距离　　D. 电介质材料

（2）对于一个电容器，下列说法正确的是（　　）。

A. 电容器两极板间电压越大，电容越大

B. 电容器两极板间电压减小到原来的一半，其电容就增加到原来的 2 倍

C. 电容器所带电量增加 1 倍，两极板间的电压也增加 1 倍

D. 平行板电容器的电容大小与两极板正对面积、两极板间距离及两极板间电介质的相对介电常数有关

（3）下列关于电解电容性能检测的说法，正确的是（　　）。

A. 万用表选用欧姆挡

B. 用红、黑表笔检测漏电阻一大一小，说明性能正常

C. 用红、黑表笔检测漏电阻两个都很大，说明性能正常

D. 用红、黑表笔检测漏电阻两个都很小，说明性能正常

（4）C_1 和 C_2 两个电容并联，若 $C_1=2C_2$，下列关于 C_1、C_2 所带电荷量 q_1、q_2 的关系和 U_1、U_2 的关系正确的是（　　）。

A. $q_1=2q_2$　　B. $q_1=q_2$　　C. $U_1=U_2$　　D. $U_1=2U_2$

（5）参数为“5 μF，160 V”的电容器 C_1 与参数为“10 μF，250 V”的电容器 C_2（　　）。

A. 串联后接到 300 V 的电源上，C_1 击穿，C_2 未击穿

B. 串联后接到 300 V 的电源上，C_1 先击穿，C_2 后击穿

C. 并联后接到 300 V 的电源上，C_1、C_2 均击穿

D. 并联后接到 300 V 的电源上，C_1、C_2 均未击穿

（6）下列关于电解电容（20 V，47 μF）的说法，正确的是（　　）。

A. 额定电压为 20 V　　B. 标称容值为 47 μF　　C. 长管脚是正极　　D. 长管脚是负极

3. 判断题（每小题 2 分，共 12 分）

（1）平行板电容器的电容量与外加电压和电量有关。（　　）

（2）当 n 个电容量均为 C_0 的电容器并联时，其等效电容 C 为 $\frac{C_0}{n}$。（　　）

（3）平行板电容器的电容量只与极板的正对面积、极板间的介质和极板间的距离有关，而与其他因素均无关。（　　）

（4）电容器本身只进行能量的交换，并不消耗能量，所以说电容器是一个储能元件。（　　）

（5）在检测较大容量电容器的质量时，用万用表的表笔分别与电容器的两端接触，发现指针根本不偏转，说明电容器内部已短路。（　　）

（6）若两只电容器的电容不相等，而它们两端的电压一样，则电容大的电容器带的电荷量多，电容小的电容器带的电荷量少。（　　）

4. 填空题（每空 2 分，共 20 分）

（1）电容是电容器的固有属性，它只与电容器的________、________以及________有关，而与电容器________、________等外部条件无关。

（2）如图 4.13 所示电路，已知 $C_1=C_4=C$，$C_2=C_3=2C$，当开关 S 断开时，A、B 两端的等效电容是________；当开关 S 闭合时，A、B 两端的等效电容是________。

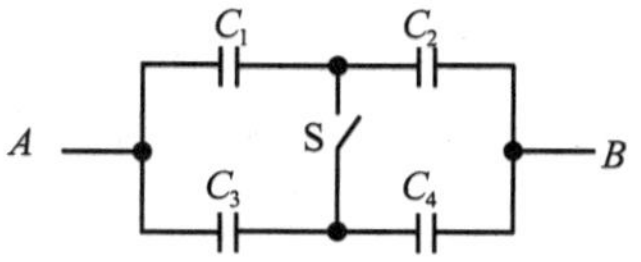

图 4.13

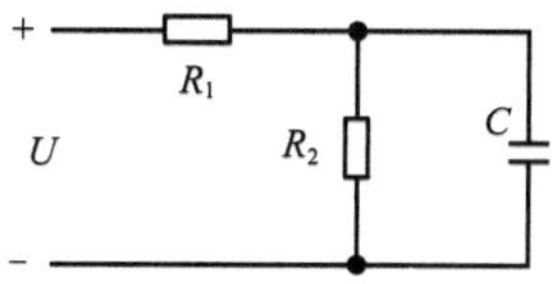

图 4.14

（3）如图 4.14 所示电路，已知 U=10 V，R_1=40 Ω，R_2=60 Ω，C=0.5 μF，电容器所带的电量为________，电阻 R_1 及电容 C 两端的电压分别为________、________。

5. 综合分析题（共 30 分）

（1）简述用指针式万用表对电解电容极性的判断方法。（6 分）

（2）一个平行板电容器的电容为 200 pF，充电后两极板间的电压为 100 V，则电容器的带电量是多少；断开电源后，将两极板距离减半，则两极板间的电压为多少。（6 分）

（3）若有两个质量良好的电容器 C_1、C_2，其中 C_1 的电容为 10 μF，耐压为 450 V；C_2 的电容为 50 μF，耐压为 300 V。（6 分）

①如果把它们串联后接到 600 V 的直流电源上，使用是否安全；

②如果使用不安全，则串联使用时应加的最大安全工作电压为多少。

（4）两个金属化纸介电容器串联后接到 360 V 的电压上，其中 C_1=0.25 μF，耐压为 200 V；C_2=0.5 μF，耐压为 300 V。（6 分）

①判断电路能否正常工作；

②确定此电路两端所能加的最大工作电压是多少。

（5）电容为 3 000 pF 的电容器所带电荷量为 1.8×10^{-6} C，先撤去电源，再把它跟电容为 1 500 pF 的电容器并联，求每个电容器所带的电荷量。（6 分）

项目五　电感器

【学习目标】

（1）直线电流、环形电流以及螺线管电流的磁场。
（2）磁场及磁感线的相关概念。
（3）用右手螺旋法则（安培定则）判断直线电流、环形电流以及螺线管电流的磁场方向。
（4）电磁感应、左手定则、楞次定律、电磁感应定律。
（5）自感现象、互感现象、电感元件、电场能。
（6）同名端及同名端的测定，涡流和磁屏蔽。

【知识梳理】

- 电感器
  - 磁场与磁路
    - 磁场的基本概念
    - 磁场的主要物理量
    - 磁场对导体的作用力
    - 铁磁性物质的磁化
    - 磁路的基本概念
  - 电感器
    - 电磁感应定律
    - 自感现象
    - 常见电感器
    - 电感线圈中的磁场能量
  - 互感
    - 互感现象
    - 互感线圈的同名端
    - 涡流和磁屏蔽

任务 5.1　认识电感器

【内容提要】

1. 磁场的概念

1）磁体

物体具有的吸引铁、钴、镍等物质的性质称为磁性；具有磁性的物体称为磁体；磁体上磁性最强的部位称为磁极。任何磁体都有两个永远不可分割的磁极，分别称为北极（N 极）和南极（S 极），且同名磁极相互排斥，异名磁极相互吸引。

2）磁场

磁体周围存在的一个磁力相互作用的空间称为磁场，磁场是一种特殊物质，具有力和能的性质。

3）*磁感线*

磁场具有方向性，为了形象地描绘磁场，人为地在磁场中画出一组曲线，使曲线上每一点的切线方向都与该点的磁场方向相同，这组曲线称为磁感线（或称磁力线）。

磁感线具有以下特点：

（1）曲线上任意一点的切线方向（与曲线上箭头所指方向相关联）都表示曲线上该点的磁场方向（即置于该点的小磁针的北极所指的方向）；

（2）磁感线是闭合曲线，在磁体外部，磁感线的方向是由N极出来绕回到S极，在磁体内部，磁感线的方向由S极指向N极；

（3）匀强磁场的磁感线是一组分布均匀的平行线；

（4）磁感线在纸平面内可用带箭头的曲线或直线表示，也可用"×"表示垂直进入纸面，用"·"表示垂直纸面向外；

（5）磁感线是人为引入的假想曲线，实际上并不存在。

4）*电流的磁效应*

电流的周围存在磁场，这就是电流的磁效应。电流和磁场的方向可用右手螺旋法则（或称安培定则）判别。

（1）直线电流的磁场：通电直导线的磁场是一些以导线上各点为圆心的同心圆，这些同心圆都在与导线垂直的平面上。直线电流的磁场的判断方法是用右手握住导线，使伸直的拇指所指的方向与电流的方向一致，则弯曲的四指所指的方向就是磁感线的环绕方向。

（2）环形电流的磁场：使右手弯曲的四指和环形电流的方向一致，则伸直的拇指所指的方向就是环形导线中心轴线上磁感线的方向。

（3）螺线管电流的磁场：用右手握住螺线管，使弯曲的四指所指方向与电流的方向一致，则拇指指向通电螺线管的N极。

2. 磁场的主要物理量

1）*磁感应强度（又称磁通密度）*

磁感应强度是表示磁场强弱和方向的主要物理量，其是矢量，用符号B表示，定义式为

$$B=\frac{F}{IL}$$

在国际单位制中，磁感应强度的单位是特斯拉（T）。

如果磁场中各点的磁感应强度B相等，方向也相同，则该磁场称为匀强磁场。匀强磁场的磁感线是相互平行、等距且方向一致的。

2）*磁通*

磁感应强度B与垂直于B的平面面积S的乘积称为磁通量，简称为磁通，用符号Φ表示，定义式为

$$\Phi=BS$$

在国际单位制中，磁通的单位是韦伯（Wb）。

3）*磁导率*

表示物质导磁能力强弱的物理量称为磁导率，用符号μ表示。不同的物质有不同的磁

导率，它的单位为亨/米（H/m），由试验测定，真空中的磁导率是一个常数，用 μ_0 表示，即

$$\mu_0=4\pi\times10^{-7}\ \text{H/m}$$

由于真空中的磁导率是一个常数，所以将其他媒介质的磁导率与其对比是很方便的。任一媒介质的磁导率与真空磁导率的比值称为相对磁导率，用 μ_r 表示，即

$$\mu_r=\frac{\mu}{\mu_0}$$

或

$$\mu=\mu_0\mu_r$$

相对磁导率是没有单位的。

磁场的主要物理量见表 5.1。

表 5.1　磁场的主要物理量

名称	符号	定义式	意义	单位
磁通	Φ	$\Phi=BS$	磁场中垂直通过某一横截面面积的磁感线数	Wb
磁感应强度	B	$B=\Phi/S$	表示磁场中某点磁场的强弱，其是磁场的基本物理量	T
磁导率	μ	μ_0 真空磁导率 μ_r 相对磁导率 $\mu_r=\mu/\mu_0$	表示物质对磁场的影响程度，即表明物质的导磁能力，非铁磁性物质的磁导率是一个常数，而铁磁性物质的磁导率不是常数	H/m
磁场强度	H	$H=B/\mu$	与激发磁场的电流直接有关，而在均匀的介质中与介质无关	A/m

3. 磁场对导线的作用力

磁场对通电导线的作用力称为电磁力，又称安培力。电磁力的大小为

$$F=BIL\sin\theta$$

式中　θ——电流方向与磁场方向之间的夹角。

电磁力的方向用左手定则判定，即伸出左手，使拇指与其他手指垂直，并且都与手掌在同一平面内，使磁感线垂直穿过手心，并使四指指向电流方向，则拇指所指的方向就是电磁力的方向。

通电线圈放在匀强磁场中将受到力矩作用，常用的电流表就是根据这一原理制成的。

4. 铁磁性物质的磁化

磁化指本来不具磁性的物质，由于受磁场的作用而具有磁性的现象。铁磁性物质磁化后具有高导磁性、磁饱和性和磁滞性，非铁磁性物质不能被磁化。

产生磁化的内因是在外磁场的作用下，磁畴（磁性小区域）沿磁场方向做取向排列，形成附加磁场，从而使磁场显著增强。去掉外磁场后，有些铁磁性物质中磁畴的一部分或大部分仍保持取向一致，对外仍显磁性，从而成为永久磁铁。

铁磁性物质磁化主要应用于电子和电气设备中。铁磁性物质磁化涉及的相关概念如下。

（1）磁化曲线（B-H 曲线）：铁磁性物质的 B 随 H 而变化的曲线。

（2）磁滞回线：铁磁性物质在反复交变磁化过程中，B 的变化总是落后于 H 的变化的关

系曲线,这种现象称为磁滞现象。

(3)剩磁:当 H 减至零时,B 不等于零,而保留一定的值,用 B_r 表示。

(4)矫顽磁力:为克服剩磁所加的磁场强度,用 H_c 表示。

(5)磁滞损耗:在反复交变磁化过程中的能量损耗。剩磁和矫顽磁力越大的铁磁性物质,其磁滞损耗就越大。

铁磁性物质的分类如下。

- 铁磁性物质
  - 反磁物质
  - 顺磁物质
  - 铁磁物质
    - 硬磁物质:磁滞回线窄长,常用作磁头、铁芯等
    - 软磁物质:磁滞回线宽,常用作永久磁铁等

5. 磁路的基本概念

磁路指磁通经过的闭合路径,可分为分支磁路和无分支磁路。

磁路中的主要物理量有磁动势和磁阻。

(1)磁动势是通过线圈的电流和线圈匝数的乘积,用符号 E_m 表示,单位是 A(安)。如用 N 表示线圈的匝数,I 表示通过线圈的电流,则磁动势可写成

$$E_m=NI$$

(2)磁阻是磁通通过磁路时所受到的阻碍作用,用符号 R_m 表示,单位为 1/H,计算公式为

$$R_m=\frac{L}{\mu S}$$

电路与磁路的对应物理量和关系式见表 5.2。

表 5.2 电路与磁路的对应物理量和关系式

电路	磁路
电流 I	磁通 Φ
电阻 $R=\rho\frac{L}{S}$	磁阻 $R_m=\frac{L}{\mu S}$
电阻率 ρ	磁导率 μ
电动势 E	磁动势 $E_m=NI$
电路欧姆定律 $I=\frac{E}{R}$	磁路欧姆定律 $\Phi=\frac{E_m}{R_m}$

6. 电磁感应和互感

1)电磁感应现象

电磁感应现象是利用磁场产生电流的现象。在电磁感应现象中产生的电流称为感应电流,产生的电动势称为感应电动势,产生感应电动势的那段导体和磁通变化的线圈相当于电源。

感应电动势和感应电流产生的条件:如果电路的一部分导体切割磁感线或者穿过电路

的磁通发生变化，电路中就有感应电动势产生；如果电路是闭合的，则在电路中形成感应电流。

Ⅰ. 感应电动势和感应电流方向的判定

（1）因闭合电路的一部分导体做切割磁感线运动而产生感应电流时，可用右手定则判定，即伸开右手，使拇指与其余四指垂直，并且都与手掌在一个平面内，使磁感线垂直穿过手心，拇指指向导体运动方向，则四指所指的方向就是感应电流的方向。

（2）因穿过闭合电路的磁通发生变化而产生感应电流时，可用楞次定律判定，即感应电流的方向总是要使感应电流的磁场阻碍引起感应电流的磁通的变化。

（3）对于产生感应电动势的那部分导体来说，用楞次定律或右手定则判定其感应电流方向时，四指所指的方向就是感应电动势的方向，即四指所指向的一端为感应电动势的正极。

Ⅱ. 感应电动势大小的计算

（1）由切割磁感线引起感应电动势的计算表达式（感应电动势的即时值）：

$$E=BLv\sin\theta$$

式中 θ——速度方向和磁场方向的夹角。

（2）由磁通变化引起感应电动势的计算表达式（感应电动势的平均值）：线圈中感应电动势的大小与穿过线圈的磁通的变化率成正比，称为法拉第电磁感应定律，即

$$E=N\frac{\Delta\Phi}{\Delta t}=\frac{\Delta\Psi}{\Delta t}$$

ΦN 表示磁通与线圈匝数的乘积，通常称为磁链，用 Ψ 表示。

2）自感现象

自感现象是由于导体本身的电流发生变化而引起的电磁感应现象，简称自感。在自感现象中产生的感应电动势称为自感电动势，用符号 E_L 表示。

Ⅰ. 自感现象的特点

（1）由线圈自身电流变化所引起的。

（2）由于磁场变化引起磁通发生变化。

（3）有阻碍电路中电流发生变化的作用。

Ⅱ. 自感电动势的大小和方向

自感电动势的大小与线圈中电流的变化率成正比，即

$$E_L=-L\frac{\Delta i}{\Delta t}$$

式中 $\frac{\Delta i}{\Delta t}$——电流变化率，表示单位时间内电感线圈中电流的变化量。

自感电动势的方向总是阻碍原电流的变化，也就是通过电路的电流增大时，自感电动势的方向与电流方向相反；通过电路的电流减小时，自感电动势的方向与电流方向相同。

Ⅲ. 自感系数

线圈的自感磁链与电流的比值称为线圈的自感系数，简称电感，用符号 L 表示，即

$$L=\frac{\Psi_L}{I}$$

电感的单位是亨（H），在电子技术中常采用较小的单位，如 mH（毫亨）和 μH（微亨），换算关系为 1 H=10³ mH=10⁶ μH。

线圈的自感系数是由线圈本身的特性决定的，即线圈的尺寸、匝数和媒介质的磁导率等，而与线圈中是否有电流或电流的大小无关。

Ⅳ. 电感线圈的参数

电感线圈是一个储能元件，它有两个重要参数，即电感和额定电流。

Ⅴ. 线圈中的磁场能量

理论和实践证明，线圈中的磁场能量为

$$W_L = \frac{1}{2}LI^2$$

上式表明，当线圈通有电流时，线圈就要储存能量，其大小与电流的平方成正比。线圈的电感 L 反映了其储存磁场能量的能力。

7. 互感

1）互感现象

由一个线圈中的电流发生变化而在另一个线圈中产生电磁感应的现象称为互感现象，简称互感。由互感现象产生的电动势称为互感电动势，用符号 E_M 表示，计算公式为

$$E_{M1} = M\frac{\Delta i_2}{\Delta t},\ E_{M2} = M\frac{\Delta i_1}{\Delta t}$$

式中 M——互感磁链与产生此磁链的电流的比值，称为这两个线圈的互感，即

$$M = \frac{\Psi_{21}}{i_1} = \frac{\Psi_{12}}{i_2}$$

互感只与两个线圈的结构、相对位置和媒介质的磁导率有关，而与线圈中是否有电流或电流的大小无关，只有当媒介质为铁磁性材料时，互感系数才与电流有关，其大小反映了一个线圈的电流变化时对另一个线圈产生互感电动势的能力。

互感现象在电工技术中应用非常广泛，如变压器、钳形电流表、电流互感器、电压互感器等都是根据互感原理工作的。

2）互感线圈的同名端

在同一变化磁通作用下，感应电动势极性相同的端点称为同名端，感应电动势极性相反的端点称为异名端。极性是指感应电动势的极性，而不是加于线圈两端的极性。“极性相同”与线圈中电流的大小、方向无关，仅与线圈的绕向和它们的相对位置有关。通常用符号“•”或星号“*”表示同名端。

同名端的确定：

（1）已知线圈绕法时，可用楞次定律直接判定，如图 5.1 所示；

（2）不知线圈绕法时，可用试验方法确定，如图 5.2 所示。

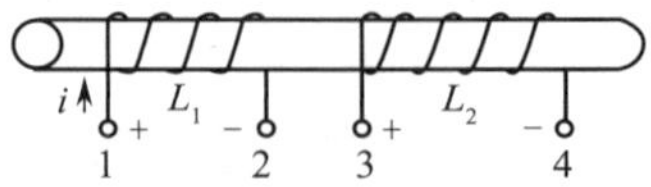

图 5.1

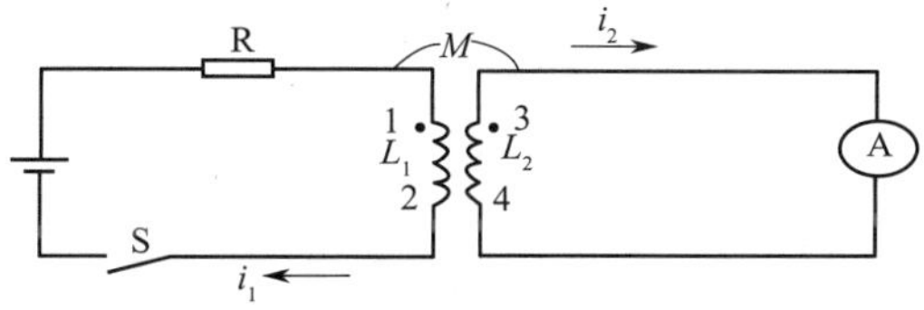

图 5.2

在图 5.2 中，开关 S 闭合，i_1 增大，电源上“+”下“−”，如 A 表正偏，表明 3 端与 1 端为同名端；如 A 表反偏，表明 4 端与 1 端为同名端。

3）涡流和磁屏蔽

Ⅰ. 涡流

铁芯中由于电磁感应原理产生的涡电流称为涡流。

由于整块金属电阻很小，故涡流很大，从而使铁芯发热、温度升高，并使材料的绝缘性能下降，甚至破坏绝缘造成事故。

产生的涡流会使铁芯发热，从而使一部分电能转换成热能白白浪费，这种电能损失称为涡流损失。

减小涡流的措施是采用涂有绝缘漆的薄硅钢片叠压制成铁芯。利用涡流的热效应，可制成高频感应炉来冶炼有色金属、特种合金；也可利用涡流与磁场的相互作用制成感应式电度表等。

Ⅱ. 磁屏蔽

为了避免互感现象，防止出现干扰和自激，必须将一些仪器屏蔽起来，以使其免受外界磁场的影响，这种措施称为磁屏蔽。

磁屏蔽的措施包括：用软磁性材料制作屏蔽罩；对高频变化的磁场，用铜或铝等导电性能良好的金属制作屏蔽罩；装配器件时，相邻线圈互相垂直放置。

【例题解析】

例 5.1　有关磁场的物理概念，下列说法错误的是（　　）。

A. 磁感应强度是描述磁场强弱的物理量，属于矢量

B. 磁感应强度的方向与产生磁场的电流方向有关

C. 磁感应强度的方向与放入磁场中的受磁场力作用的电流方向有关

D. 磁感线的切线方向表示磁场的方向，其疏密表示磁感应强度的大小

【解析】考查磁场的性质，磁感应强度的方向与放入磁场中的受磁场力作用的电流方向无关。

【答案】C

例 5.2　关于自感电动势的大小和方向，下列说法正确的是（　　）。

A. 在自感系数一定的条件下，通过导体的电流越大，产生的自感电动势越大

B. 在自感系数一定的条件下，通过导体的电流变化越快，产生的自感电动势越大

C. 自感电动势的方向总与原电流的方向相反

D. 当通过导体的电流减小时，自感电动势的方向与原电流方向相同

【解析】考查自感电动势的概念及方向，自感电动势的大小与电流的变化率成正比，自感电动势的方向总是阻碍原电流的变化。

【答案】BD

例 5.3 判断：变压器、电动机等交流用电设备的铁芯都采用硅钢等软磁性材料制成。( )

【解析】由于软磁性材料容易被磁化，磁滞损耗小，撤去外磁场后，磁性基本消失，这类物质可用来制造电机、变压器、仪表和电磁铁的铁芯。

【答案】√

例 5.4 判断：电感线圈和电阻一样，也是耗能元件。( )

【解析】电感器和电容器一样是储能元件，电阻是耗能元件。

【答案】×

例 5.5 如图 5.3 所示，矩形闭合导体在与其垂直的匀强磁场内平移，试确定矩形闭合导体中有无感应电流。

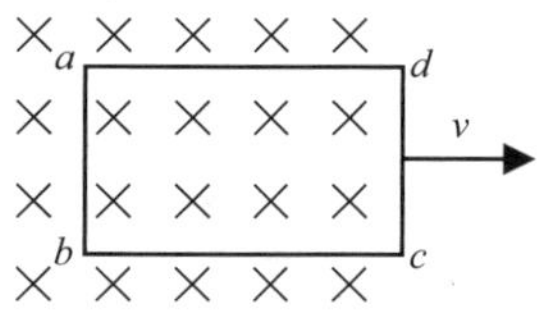

图 5.3

【解析】考查产生感应电流的条件，只有当闭合电路的磁通量发生变化时才有感应电流产生。因为矩形闭合导体在与其垂直的匀强磁场内平移，没有磁通量的变化，所以无感应电流。

【答案】无感应电流。

例 5.6 如图 5.4 所示电路，导体 MN 可在导电轨道 $CDAB$ 上垂直于磁场无摩擦地滑动。

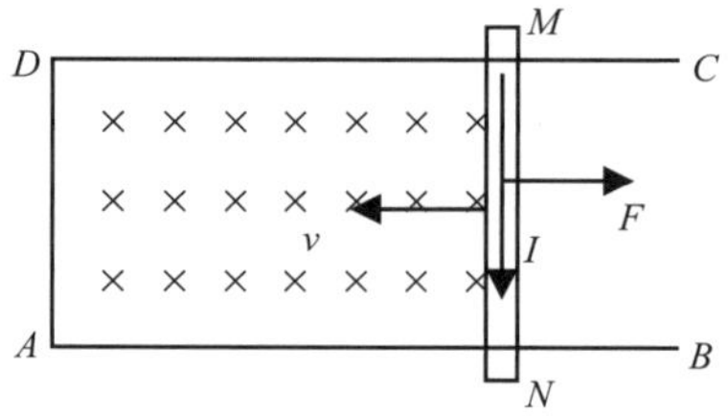

图 5.4

(1)试在图中标出感应电流方向，并说明哪端电位高；

(2)若 $B=0.06$ T，$v=0.1$ m/s，MN 的有效长度 $L=10$ cm，整个导电回路的等效电阻 $R=0.2\ \Omega$，试求感应电流；

(3)试求磁场作用在导体 MN 上的电磁力大小和方向。

【解析】涉及的知识点较多，综合性较高，考查对导体切割磁感线产生感应电动势、感应电流大小的计算及方向的判断，导体在磁场中受力大小的计算和方向的判断，以及全电路欧姆定律在电磁感应现象中的应用。

【答案】(1)根据右手定则可判断导体 MN 中感应电流 I 的方向是由 M 到 N，由于感应电流 I 为导体内部电流方向，由电动势定义可知 N 端电位高。

(2)感应电动势为

$$E=BLv=0.06\times0.1\times0.1=0.000\ 6\ \text{V}$$

则感应电流为

$$I=E/R=0.000\,6/0.2=0.003\ \text{A}$$

（3）电磁力为

$$F=BIL=0.06\times0.003\times0.01=6\times10^{-7}\ \text{N}$$

电磁力的方向如图所示。

例 5.7　如图 5.5 所示，宽度为 L 且足够长的平行金属导轨 MN、PQ 的电阻不计，垂直该导轨水平放置一质量为 m、电阻为 R 的金属杆 CD，整个装置处于垂直导轨平面的匀强磁场中，导轨平面与水平面之间的夹角为 θ，金属杆 CD 由静止开始下滑，动摩擦因数为 μ，金属杆 CD 下滑过程中重力的最大功率为 P，试求磁感应强度的大小。

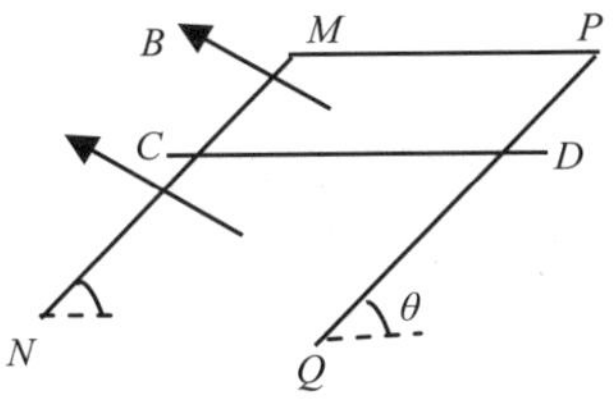

图 5.5

【解析】考查加速和匀速运动、感应电动势、电磁力和受力平衡等，综合性强，应认真分析。

【答案】金属杆 CD 先加速后匀速运动，设匀速运动的速度为 v，此时有最大功率。

金属杆 CD 的感应电动势为

$$E=BLv$$

回路电流为

$$I=\frac{E}{R}$$

电磁力为

$$F=BIL$$

金属杆 CD 受力平衡，则有

$$mg\sin\theta=F+\mu mg\cos\theta$$

则重力的最大功率为

$$P=mgv\sin\theta$$

解得

$$B=\frac{mg}{L}\sqrt{\frac{R\sin\theta(\sin\theta-\mu\cos\theta)}{P}}$$

例 5.8　在 0.01 s 内通过一个线圈的电流由 0.2 A 增加到 0.4 A，线圈产生 5 V 的自感电动势，试求：

（1）线圈的自感系数 L；

（2）如果通过线圈的电流在 0.05 s 内由 0.5 A 增加到 1 A，产生的自感电动势。

【解析】考查自感电动势的计算公式和运用，比较简单。

【答案】(1)自感电动势为

$$E_{\rm L}=-L\frac{\Delta i}{\Delta t}$$

其中，负号表示自感电动势总是试图阻止电流的变化，所求自感系数可取绝对值，即

$$L=\left|\frac{E_{\rm L}\Delta t}{\Delta i}\right|=\left|\frac{5\times0.01}{0.4-0.2}\right|=0.25\ \text{H}$$

(2)线圈的自感系数是一个常数，所以

$$E_{\rm L}=-L\frac{\Delta i}{\Delta t}=-0.25\times\frac{1-0.5}{0.05}=-2.5\ \text{V}$$

【要点归纳】

电感器是电子电路的基本元件。磁场和磁场对电流的作用，电磁感应现象产生的条件以及重要规律，揭示电和磁的内在联系以及它们的实际应用。掌握电容器和电感器的相关知识，可以为以后学习交流电路和电子技术课程打下坚实基础。本部分内容是对口招生考试的必考章节，必须引起高度重视。

(1)基本概念。

①理解的概念：磁场、磁场的主要物理量、感应电动势、自感、互感、互感线圈同名端等。

②了解的概念：磁动势、磁阻、涡流和磁屏蔽等。

(2)了解电感的分类：线性电感和非线性电感。

(3)掌握影响电感器的因素。

①自感系数，简称电感，线圈的电感是由线圈本身的特性决定的，它与线圈的尺寸、匝数和媒介质的磁导率有关，而线圈中是否有电流或电流的大小都不会使线圈的电感改变，其计算公式为$L=\frac{\Psi_{\rm L}}{I}$。

②互感系数是在两个有磁交链(耦合)的线圈中，互感磁链与产生此磁链的电流比值。通常互感系数只和这两个线圈的结构、相互位置及媒介质的磁导率有关，而与线圈中的电流无关，只有当媒介质为铁磁性材料时，互感系数才与电流有关，其计算公式为$M=\frac{\Psi_{21}}{i_1}=\frac{\Psi_{12}}{i_2}$。

(4)相关定律及定则。

①掌握电磁感应定律、楞次定律等。

②比较安培定则、右手定则、左手定则三个定则的区别与联系。

(5)理解并掌握电感器的特性、有关性质及具体应用。

①掌握磁场对电流的作用力公式，匀强磁场对通电线圈的作用。

②了解铁磁性物质的磁化及磁化曲线、磁滞回线对其性能的影响。

③理解电磁感应现象，掌握产生感应电流的条件。

④掌握电磁感应定律及感应电动势的计算公式。

⑤了解涡流和磁屏蔽在工程技术上的应用。

任务 5.2　技术与应用

1. 扬声器的工作原理

扬声器又称喇叭，它是一种将电能转换成声能的器件，有舌簧式、晶体式、动圈式等不同类型，其中常用的是动圈式扬声器。

动圈式扬声器主要由环形永久磁铁、音圈架、音圈、纸盆架、纸盆等部件组成，如图 5.6 所示。在磁铁的磁场缝隙间套着一个能自由移动的线圈，称为音圈。音圈先贴在音圈架上，再与纸盆粘接在一起，纸盆固定在纸盆架上。

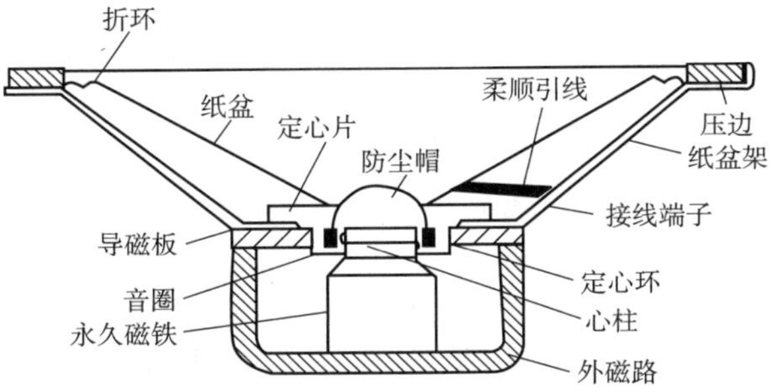

图 5.6

当音频电流通过扬声器音圈时，音圈在磁场中受到磁场力的作用会发生振动，音圈的振动带动纸盆振动，从而发出声音；音频电流越大，作用在音圈上的磁场力就越大，音圈和纸盆振动的幅度也就越大，产生的声音就越响；由于音频电流的大小和方向不断变化，使扬声器产生随音频变化的声音，这就是动圈式扬声器的工作原理。

2. 居里温度及应用

铁磁性与磁畴结构分不开，当铁磁体受到强烈的振动，或在高温下由于剧烈热运动的影响时，磁畴便会瓦解，这时与磁畴联系的一系列铁磁性质（如高磁导率、磁滞等）全部消失，对于任何一个铁磁性物质都有一个临界温度，高于这个临界温度铁磁性就会消失，这个临界温度就是居里温度。

利用铁磁性物质的这个特点，人们开发出了很多控制元件，如我们使用的电饭煲就利用了磁性材料的居里温度的特性。在电饭煲的底部中央装了一块磁铁和一块居里温度为 105 ℃的磁性材料，当电饭煲里的水干了以后，其中食品的温度将从 100 ℃上升，当温度达到大约 105 ℃时，由于被磁铁吸住的磁性材料的磁性消失，磁铁对磁性材料的吸引力就消失了，这时磁铁和磁性材料之间的弹簧就会把它们分开，同时带动电源开关被断开，从而停止加热。

3. 永久磁铁的充磁

仪表或仪器设备中的永久磁铁退磁后，将使其性能降低或工作失灵，故需要设法充磁。一般来说，永久磁铁的材料都是硬磁材料，其特点是剩磁大，所以只要有足够的充磁磁源进行几次充磁，通常都能使永久磁铁达到磁饱和。恢复磁性的最好方法是用充磁机进行充磁，如果没有充磁机，也可采用下述简易方法充磁。

1）接触充磁法

充磁的磁源是一根磁性很强的永久磁铁，将它与需充磁磁铁的相反极性的两极分别接触，并连续摩擦几下，充磁就结束了。

该方法的充磁效果较差，但作为临时充磁很实用。应特别注意的是，接触极性必须是异极性，否则将使永久磁铁的磁性更加减弱。

2）通电充磁法

如果永久磁铁上绕有线圈，如耳机之类的永久磁铁，可采用 6 V 干电池充磁（如果属于高阻抗耳机，电压可适当提高），将电池正极接入线圈的一端，电池负极接入线圈的另一端；如果永久磁铁的磁性增强，则再碰触几下即可；如果磁性减弱，则要调换极性再充磁。

3）加绕线圈充磁法

体积较大的长柱形永久磁铁失磁后，可先用漆包线在永久磁铁上绕 200 圈左右，然后将该线圈的一端接入 6 V 电池负极，另一端与电池的正极碰触几下，永久磁铁就能达到充磁的目的，但必须先测试永久磁铁的磁场方向是否与线圈产生的磁场方向一致。

4. 动圈式话筒

在大功率扩音器中使用广泛的话筒是动圈式话筒，又称电动式话筒。动圈式话筒主要由软铁、衬圈、护罩、膜片、音圈、永久磁铁等部分组成，如图 5.7 所示。其中，膜片多采用铝合金或聚苯乙烯材料压制成表面为皱形折纹的薄片；音圈采用漆包线绕成，套在永久磁铁所形成的强磁场空隙中。

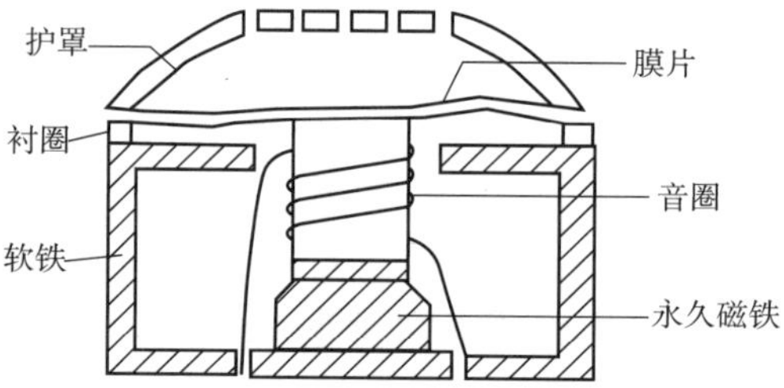

图 5.7

当声波传到膜片上时，膜片按声波的频率和强弱振动，并把这种振动传递给音圈，使音圈沿垂直磁场方向振动；音圈在磁场中做切割磁感线运动，从而产生感应电流，这个感应电流的大小按声波的频率和强弱变化，把它输入扩音器中进行放大；最后由扬声器还原成声音。由于膜片和音圈都具有惯性等，当声波的频率较高时，动圈式话筒将会产生失真。

5. 电感器

电感器是一种储能元件，能把电能转换成磁场能。电感器和电阻器、电容器一样都是电子设备中的重要组成元件。电感器的种类很多，通常按电感的形式可分为固定电感器、可变电感器、微调电感器；按磁体性质可分为空心线圈、磁心线圈、铜心线圈；按结构特点可分为单层线圈、多层线圈、蜂房线圈。常见的电感器有变压器线圈、镇流器线圈、天线线圈等，如图 5.8 所示。

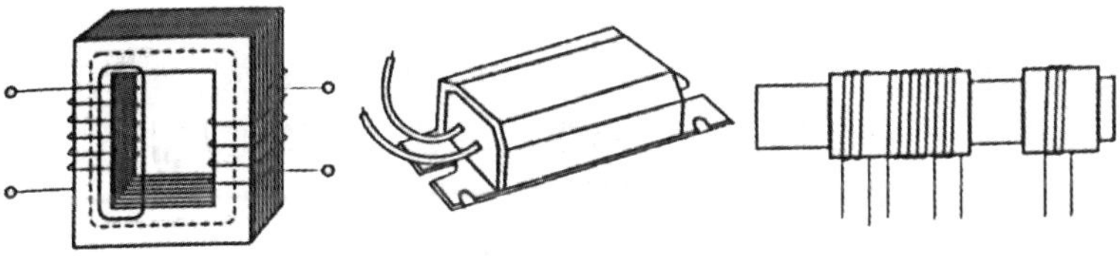

图 5.8

(a)变压器线圈　(b)镇流器线圈　(c)天线线圈

各种电感线圈具有不同的特点和用途,但它们都是用漆包线或纱包线绕在绝缘骨架或铁芯上构成,而且各线圈之间要彼此绝缘。为满足各种用途的要求,电感线圈可做成各种各样的形状。

电感 L 和品质因数 Q 是电感线圈的主要参数。电感的大小与线圈的匝数、形状、大小及磁心的材料等因素有关。品质因数越高,表明电感线圈的功率损耗越小,即“品质”越好。

由于线圈每两圈(或每两层)导线可以看成电容器的两块金属片,导线之间的绝缘材料相当于绝缘介质,这就相当于一个很小的电容,称为线圈的分布电容。由于分布电容的存在,将使线圈的有效电感下降,因此将线圈绕成蜂房式或采用分段绕法,就是为了减小分布电容。

6. 磁性记录器件

磁性记录器件主要由磁头和磁带组成。

1)*磁头*

磁头由环形铁芯、绕在铁芯两侧的线圈和工作气隙等三个基本部分构成。磁头装在一个坡莫合金的外壳中,金属外壳可起磁屏蔽作用,如图 5.9 所示。

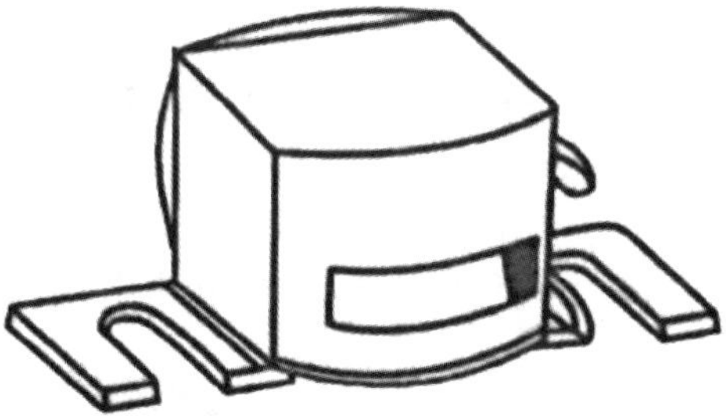

图 5.9

环形铁芯是由具有优良磁性能的软磁性材料制成的。这种铁芯的磁导率高、饱和磁感应强度大,能在线圈电流磁场的磁化下产生很强的磁感应强度,且磁滞损耗和涡流损耗小。

磁头按工作性质可分为录音磁头、放音磁头和抹音磁头。在一般简单磁性记录系统中,录音磁头和放音磁头合为一体,称为录放磁头。

在信息记录的过程中,话筒把声音变成电信号,且该电信号随时间的变化规律与声音的变化规律相同,该电信号经放大器放大后,输入录音磁头的线圈中,使录音磁头的气隙附近产生与电信号相应的变化磁场;磁带由精密的伺服机构驱动以稳定、均匀的速度运动,由于磁带紧贴磁头纵向运动,所以通过磁头缝隙的磁带会被磁化,电信号就被记录下来,如图

5.10（a）所示。

要使磁头所记录的信号重现时，可将磁带以同样速度通过放音磁头，磁带的剩余磁感应强度在放音磁头中产生变化的磁通，使放音磁头的线圈中产生感应电流，把大小变化的感应电流放大送给扬声器，就可得到重现的信号，如图 5.10（b）所示。

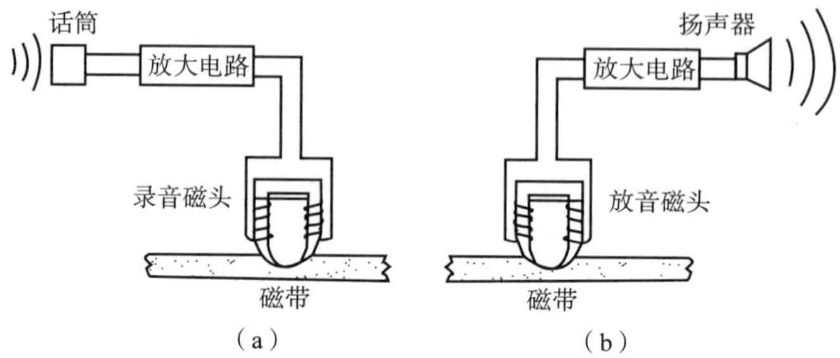

图 5.10

（a）录音 （b）放音

抹音磁头是为了在录音前消除磁带原来记录的信号。在放音过程中，抹音磁头不起作用。抹音方式可分为交流抹音和直流抹音两种。

2）*磁带*

磁带是用聚酯塑料作为基带，上面涂以硬的强磁性粉制成的，这层磁性材料称为磁性层；背面涂有一层润滑剂，该润滑剂通常由石墨原料制成。

根据所用磁粉和制造工艺不同，磁带可分为普通磁带、铁铬磁带和金属磁带，普通磁带的性能最差，金属磁带的性能最好。根据用途不同，磁带又可分为单声道磁带和立体声磁带。

任务 5.3 强化训练

1. 单选题

（1）由于磁滞现象的存在，铁磁性物质在磁场强度减小到零时所保留的 B_r 称为（ ）。

A. 磁滞现象　B. 矫顽磁场强度　C. 磁滞回线　D. 剩余磁感应强度

（2）下列关于电磁感应现象的说法，正确的是（ ）。

A. 导体相对磁场运动，导体内一定会产生感应电流

B. 导体做切割磁感线运动，导体内一定会产生感应电流

C. 穿过闭合电路的磁通量发生变化，电路中就一定有感应电流

D. 闭合电路在磁场内做切割磁感线运动，电路中就一定有感应电流

（3）如图 5.11 所示，闭合金属导线框放置在竖直向上的匀强磁场中，匀强磁场磁感应强度的大小随时间变化，下列说法正确的是（ ）。

①当磁感应强度增大时，线框中的感应电流可能减小

②当磁感应强度增大时，线框中的感应电流一定增大

③当磁感应强度减小时，线框中的感应电流一定增大

④当磁感应强度减小时，线框中的感应电流可能不变

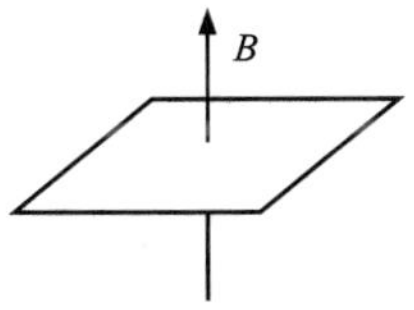

图 5.11

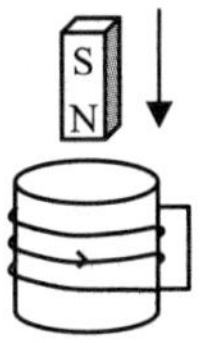

图 5.12

A. 只有②④正确　　B. 只有①③正确　　C. 只有②③正确　　D. 只有①④正确

(4)如图 5.12 所示，闭合线圈上方有一竖直放置的条形磁铁，磁铁的 N 极朝下，当磁铁向下运动时(但未插入线圈内部)，(　　)。

A. 线圈中感应电流的方向与图中箭头方向相同，磁铁与线圈相互吸引

B. 线圈中感应电流的方向与图中箭头方向相同，磁铁与线圈相互排斥

C. 线圈中感应电流的方向与图中箭头方向相反，磁铁与线圈相互吸引

D. 线圈中感应电流的方向与图中箭头方向相反，磁铁与线圈相互排斥

(5)2000 年底，我国宣布已研制成功一辆高温超导磁悬浮高速列车的模型车，该车的车速已达到 500 km/h，可载 5 人。如图 5.13 所示就是磁悬浮的原理，图中 A 是圆柱形磁铁，B 是用高温超导材料制成的超导圆环。将超导圆环 B 水平放在磁铁 A 上，它就能在磁力的作用下悬浮在磁铁 A 的上方空中，则下列说法正确的是(　　)。

A. 在 B 上放入磁铁的过程中，B 中将产生感应电流，当稳定后，感应电流消失

B. 在 B 上放入磁铁的过程中，B 中将产生感应电流，当稳定后，感应电流仍存在

C. 如 A 的 N 极朝上，B 中感应电流的方向如图所示

D. 如 A 的 N 极朝上，B 中感应电流的方向与如图所示方向有时相同、有时相反

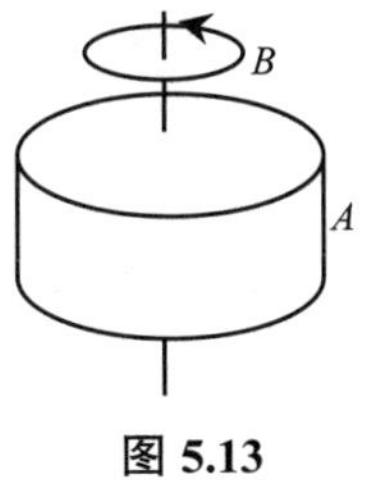

图 5.13

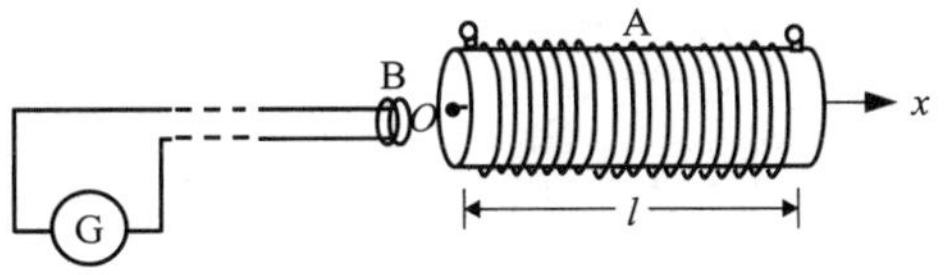

图 5.14

(6)如图 5.14 所示，A 是长直密绕通电螺线管，小线圈 B 与电流表连接，并沿 A 的轴线 Ox 从 O 点自左向右匀速穿过螺线管 A，下列能正确反映通过电流表的电流 I 随 x 变化规律的是(　　)。

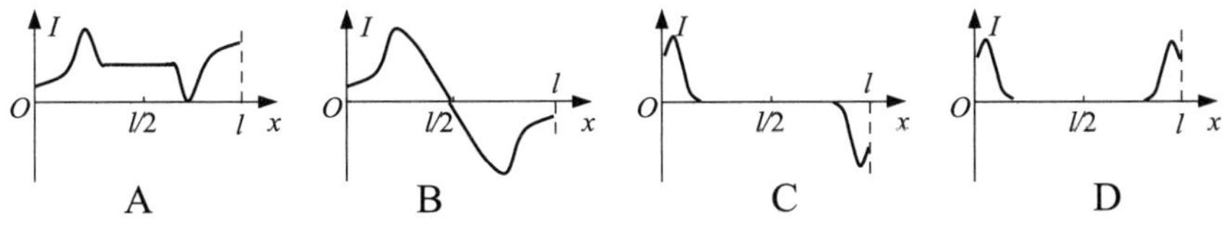

(7)在日光灯的连接线路中，关于启动器的作用，下列说法正确的是(　　)。

A. 日光灯启动时，为灯管提供瞬时高压

B. 日光灯正常工作时，起降压限流作用

C. 起自动开关作用，实际上可用一个弹片开关代替(按下接通，放手断开)

D. 以上说法均不正确

(8)如图 5.15 所示，当条形磁铁迅速向右运动，靠近用细线吊着的轻质铝环时，铝环将(　　)。

A. 向左运动　　B. 向右运动　　C. 静止不动　　D. 向上运动

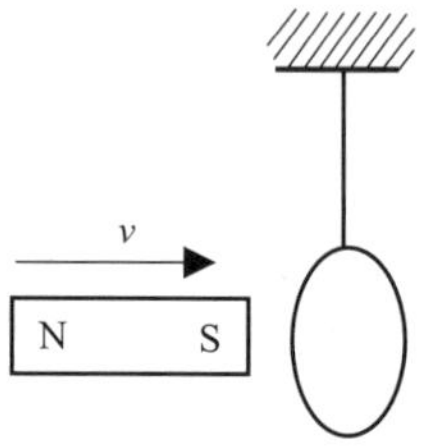

图 5.15

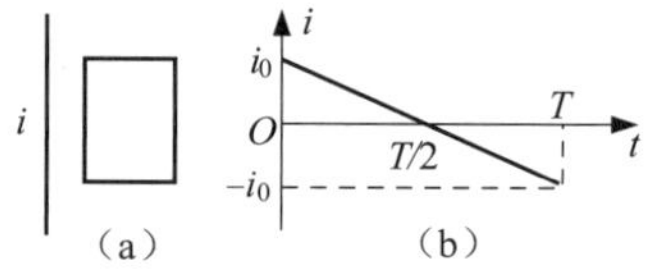

图 5.16

(9)如图 5.16(a)所示，长直导线与闭合金属线框位于同一平面内，长直导线中的电流 i 随时间 t 的变化关系如图 5.16(b)所示。在 0~$T/2$ 时间内，长直导线中的电流方向向上，则在 $T/2$~T 时间内，闭合金属线框中感应电流的方向与所受电磁力的情况是(　　)。

A. 感应电流方向为顺时针，线框受电磁力的合力方向向左

B. 感应电流方向为逆时针，线框受电磁力的合力方向向右

C. 感应电流方向为顺时针，线框受电磁力的合力方向向右

D. 感应电流方向为逆时针，线框受电磁力的合力方向向左

(10)如图 5.17 所示，两条导线互相垂直，但相隔一个小的距离，其中 AB 导线是固定的，CD 导线可以自由活动，当按图示方向给两条导线通入电流时，导线 CD 将(　　)。

A. 顺时针方向转动，同时靠近导线 AB

B. 逆时针方向转动，同时靠近导线 AB

C. 顺时针方向转动，同时离开导线 AB

D. 逆时针方向转动，同时离开导线 AB

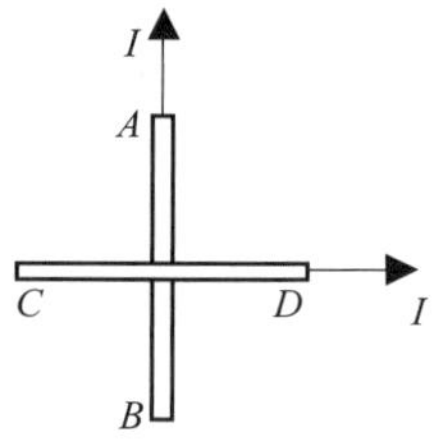

图 5.17

(11)当线圈中通入(　　)时，会引起自感现象。

A. 不变的电流　　B. 变化的电流　　C. 电流　　D. 电压

2. 多选题

(1)如图 5.18 所示电路，A、B 是两个完全相同的灯泡，L 是一个理想电感线圈，当开关 S 闭合与断开时，灯泡 A、B 的亮度情况是(　　)。

A. 开关 S 闭合时，灯泡 A 立即亮，然后逐渐熄灭

B. 开关 S 闭合时，灯泡 B 立即亮，然后逐渐熄灭

C. 开关 S 闭合足够长时间后，灯泡 B 发光，而灯泡 A 不发光

D. 开关 S 闭合足够长时间后，灯泡 B 立即熄灭，而灯泡 A 逐渐熄灭

（2）如图 5.19 所示，将一个正方形导线框 *ABCD* 置于一个范围足够大的匀强磁场中，磁场方向与其平面垂直，现在 *AB*、*CD* 的中点处连接一个电容器，其上、下极板分别为 a、b，使匀强磁场以某一速度水平向右匀速移动，则（　　）。

A.*ABCD* 回路中没有感应电流

B.*A* 与 *D*、*B* 与 *C* 间有电势差

C. 电容器 a、b 两极板分别带上负电和正电

D. 电容器 a、b 两极板分别带上正电和负电

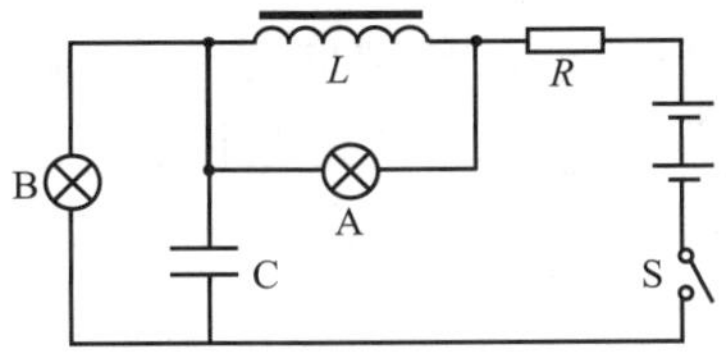

图 5.18

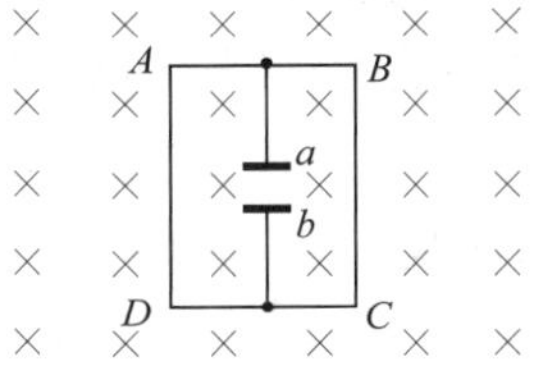

图 5.19

（3）关于自感电动势的大小和方向，下列说法正确的是（　　）。

A. 在自感系数一定的条件下，通过导体的电流越大，产生的自感电动势越大

B. 在自感系数一定的条件下，通过导体的电流变化越快，产生的自感电动势越大

C. 自感电动势的方向总与原电流的方向相反

D. 当通过导体的电流减小时，自感电动势的方向与原电流方向相同

（4）对"感应电流的磁场，总是要阻碍原来磁通 Φ（引起感应电流的磁通）的变化"这句话的理解正确的是（　　）。

A. 感应电流的磁场方向与引起感应电流的磁场方向相反

B. 感应电流的磁场方向与引起感应电流的磁场方向相同

C. 当原来磁通 Φ 增加时，感应电流的磁场方向与引起感应电流的磁场方向相反；当原来磁通 Φ 减少时，感应电流的磁场方向与引起感应电流的磁场方向相同

D. 感应电流的磁场方向总是要使感应电流的磁场阻碍引起感应电流的磁通的变化

（5）下列关于法拉第电磁感应定律表述闭合电路中感应电动势大小的说法，错误的是（　　）。

A. 与闭合电路中的磁通量成正比　　B. 与闭合电路中的磁通量成反比

C. 与闭合电路中的磁通变化率成正比　　D. 与闭合电路中的磁应强度成正比

（6）日光灯是由（　　）等部分组成的。

A. 灯管　　B. 灯座　　C. 启辉器　　D. 镇流器

3. 判断题

（1）电感元件两端电压升高时，电压与电流方向相同。（　　）

（2）磁感线的方向总是从 N 极指向 S 极。（　　）

（3）适于制成永久磁铁的铁磁性物质是硬磁性物质。（　　）

（4）磁导率是一个用来表示媒介质磁性能的物理量，对于不同的物质有不同的磁导率。

(　　)

(5)电容器、电感器和电阻一样是耗能元件,都是电子技术当中的重要元器件。(　　)

(6)当磁通发生变化时,导体或线圈中就有感应电流产生。(　　)

(7)线圈中的电流变化越快,其自感系数就越大。(　　)

(8)自感电动势的大小与线圈的电流变化率成正比。(　　)

(9)互感电动势的方向与线圈的绕向有关。(　　)

(10)在同一变化磁通的作用下,感应电动势极性相同的端子称为同名端。

4. 填空题

(1)物体具有吸引______等物质的性质称为磁性;具有_____的物体称为磁体,磁体上_____最强的部位称为磁极;任何磁体都有_________的磁极,分别称为_____极和_____极,分别用字母_____和_____表示;磁极间有同种磁极相互_____,异种磁极相互_____的性质。

(2)利用______产生______的现象称为电磁感应。由电磁感应得到的电动势称为____________,得到的电压称为____________,得到的电流称为____________。

(3)楞次定律是用来确定感应电流______的______适用的规律,其内容是感应电流的____________,总是企图使______的______阻碍______感应电流的______的______。

(4)在电磁感应现象中,如果感应电流的原磁通量增加,则感应电流的磁通与原磁通的方向_____;如果感应电流的原磁通减小,则感应电流的磁通与原磁通的方向_____。这一规律可以简要归纳为________________________。

(5)穿过某一面积的________________称为穿过这个面积的磁通量,简称磁通,用符号 Φ 表示,它的计算公式为___________。由于穿过垂直于磁感应强度方向的单位面积的磁感线的条数等于磁感应强度 B,所以在匀强磁场中垂直于磁感应强度平面的面积为 S 的磁通量可用上式计算。若磁感应强度的方向与平面不垂直,其夹角为 θ,则____________。(填公式)

5. 计算题

(1)把一根通有 4 A 电流、长度为 30 cm 的导线放在匀强磁场中,当导体和磁感线垂直时,测得所受磁场力是 0.6 N。试:

①求磁场的磁感应强度;

②若导线和磁场方向夹角为 30°,求导线受到的磁场力。

（2）若空心电感线圈中的电流为 10 A，磁链为 0.001 Wb。试：

①求线圈的电感；

②若线圈共 1 000 匝，当线圈中电流为 20 A 时，求磁链和每匝线圈的磁通。

（3）有一个电感为 6.6 mH 的电感线圈，当通过线圈的电流从 100 A 增加到 200 A 时，试求线圈储存的磁场能量增加了多少。

任务 5.4 质量检测 A

1. 单选题(每小题 2 分,共 20 分)

(1)在国际单位制中,磁通的单位是(　　)。

A. 安培　　B. 韦伯　　C. 特斯拉　　D. 特·米^2

(2)首先发现电流磁效应的科学家是(　　)。

A. 安培　　B. 奥斯特　　C. 库仑　　D. 伏特

(3)下列关于磁场和磁感线的说法,正确的是(　　)。

A. 磁感线从磁体的 N 极出发,止于 S 极

B. 磁场的方向就是通电导体在磁场中某点受到磁场作用力的方向

C. 沿磁感线方向,磁场逐渐减弱

D. 同一通电导体在磁场强的地方受到的电磁力可能比磁场弱的地方受到的电磁力小

(4)下列说法正确的是(　　)。

A. 一段通电导线在磁场某处受到的力大,该处的磁感应强度就大

B. 在磁感应强度为 B 的匀强磁场中,放入一面积为 S 的线框,通过线框的磁通一定为 $\Phi=BS$

C. 磁感线越密处,磁感应强度越大

D. 通电导线在磁场中受力为 0,磁感应强度一定为 0

(5)下列有关磁场的物理概念的说法,错误的是(　　)。

A. 磁感应强度是描述磁场强弱的物理量,是矢量

B. 磁感应强度的方向与产生磁场的电流方向有关

C. 磁感应强度的方向与放入磁场中的受磁场力作用的电流方向有关

D. 磁感线的切线方向表示磁场的方向,其疏密表示磁感应强度的大小

(6)如图 5.20 所示,环形电流方向由左向右,且 $I_1=I_2$,则圆环中心 O 处的磁场(　　)。

A. 最大,垂直穿出纸面　　B. 最大,垂直穿入纸面

C. 为 0　　D. 无法确定

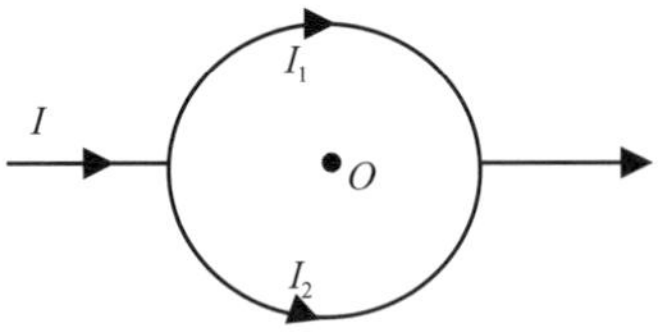

图 5.20

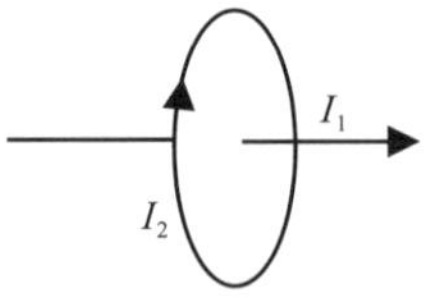

图 5.21

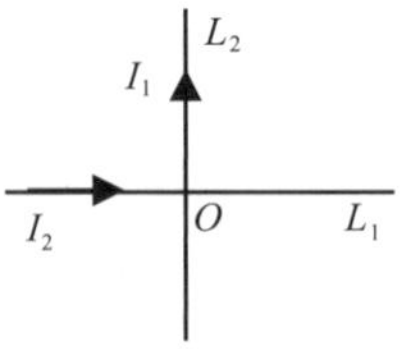

图 5.22

(7)如图 5.21 所示,一根长直导线穿过有恒定电流的金属圆环的中心,且垂直金属圆环所在平面,导线和金属圆环中的电流方向如图中箭头所示,则圆环受到的磁场力为(　　)。

A. 沿环的半径向外　　B. 沿环的半径向内　　C. 水平向左　　D. 等于零

(8)如图 5.22 所示,直导体 L_1 垂直 L_2, L_1 与 L_2 绝缘, O 为 L_2 的中点,下列说法正确的

是(　　)。

A.L_2 有向下运动的趋势　　B.L_2 所受电磁合力为 0,不运动

C.L_2 有逆时针运动的趋势　　D.L_2 有顺时针运动的趋势

(9)铁磁性物质的磁滞损耗与磁滞回线面积的关系是(　　)。

A. 磁滞回线包围的面积越大,磁滞损耗越大

B. 磁滞回线包围的面积越小,磁滞损耗越大

C. 磁滞回线包围的面积大小与磁滞损耗无关

D. 以上均不正确

(10)判定通电导线或通电线圈产生磁场的方向,需采用(　　)。

A. 右手定则　　B. 右手螺旋法则　　C. 左手定则　　D. 楞次定律

2. 多选题(每小题 3 分,共 18 分)

(1)下列关于磁感线的说法,正确的是(　　)。

A. 磁感线上各点的切线方向就是该点的磁场方向

B. 磁场中两条磁感线一定不相交

C. 磁感线分布较密的地方,磁感应强度较强

D. 通电螺线管的磁感线从北极出来,止于南极,是一条不闭合的曲线

(2)下列关于磁感应强度方向的说法,正确的是(　　)。

A. 某处磁感应强度的方向就是一小段通电导体放在该处时所受磁场力的方向

B. 小磁针 N 极所受磁场力的方向就是该处磁感应强度的方向

C. 垂直于磁场放置的通电导线的受力方向就是磁感应强度的方向

D. 磁场中某点磁感应强度的方向就是该点的磁场方向

(3)下列关于磁通量的说法,正确的是(　　)。

A. 磁通量是反映磁场强弱和方向的物理量

B. 某一面积上的磁通量是穿过此面积的磁感线的总条数

C. 在磁场中所取的面积越大,该面积上的磁通量越大

D. 穿过任何封闭曲面的磁通量一定为 0

(4)如图 5.23 所示,正方形 $PQRS$ 的四个顶点上均有一条与正方形平面垂直的通有相同电流的长直导线, a 为正方形中心, b 为 PQ 中点,下列关于这两点磁感应强度的说法,正确的是(　　)。

A.$B_a>B_b$　　B.b 点磁感应强度方向指向 a 点

C.$B_a=0$　　D.b 点磁感应强度方向指向 Q 处

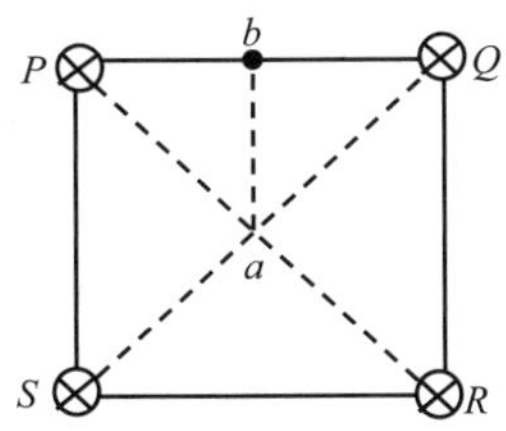

图 5.23

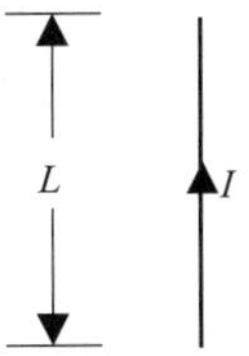

图 5.24

（5）如图 5.24 所示，一段长度 L=1 m 的直导线中通有 I=1 A 的恒定电流，由于它处于匀强磁场中，因而受到垂直于纸面向外的大小为 F=1 N 的电磁力作用，下列说法错误的是（　　）。

A. 既可以确定磁场的磁感应强度的大小，又可以确定磁场的方向

B. 仅能确定磁感应强度的大小，而不能确定磁场的方向

C. 仅能确定磁场的方向，而不能确定磁感应强度的大小

D. 磁感应强度的大小和方向均不能确定

（6）由磁感应强度的定义式 $B=\dfrac{F}{IL}$，可知（　　）。

A. 若某处的磁感应强度为零，则通电导线放在该处所受的电磁力一定为零

B. 通电导线放在磁场中某处不受电磁力的作用时，则该处的磁感应强度一定为零

C. 同一条通电导线放在磁场中某处所受的磁场力是一定的

D. 磁场中某点的磁感应强度与该点是否放有通电导线无关

3. 判断题（每小题 2 分，共 12 分）

（1）磁场具有力的性质，但不具有能量的性质。（　　）

（2）电流的周围存在磁场的现象称为电流的磁效应，电流的磁效应揭示了磁现象的电本质。（　　）

（3）通过某一截面的磁通为 0，那么该截面的磁感应强度一定为 0。（　　）

（4）在匀强磁场中，磁感应强度 B 与垂直于它的横截面面积 S 的乘积，称为该截面的磁通。（　　）

（5）如果一直线电流的方向为由北向南，在它的上方放一个可自由转动的小磁针，则小磁针的 N 极偏向东方。（　　）

（6）磁感应强度 B 与磁场强度 H 是完全相同的表示磁场强弱的物理量。（　　）

4. 填空题（每空 2 分，共 20 分）

（1）通过____________________可以判断长直导线的磁场方向。

（2）根据磁导率的不同，可以将物质分为________、________、________。

（3）在没有外界磁场作用时，小磁畴________排列，对外部不呈现________，在外界磁场作用下，小磁畴变成________排列，对外部呈现________。

（4）磁通的物理意义是____________________。

5. 综合分析题（共 30 分）

（1）通有 2 A 电流的螺线管长度为 20 cm，共有 5 000 匝，试求以空气为介质时螺线管内部的磁场强度和磁感应强度。（6 分）

（2）如图 5.25 所示，导线 *abc* 为垂直折线，在其中通入电流 *I*，电流的方向如图中箭头所示，且 *ab*=*bc*=*L*，导线所在的平面与匀强磁场垂直，匀强磁场的磁感应强度为 *B*，试求导线 *abc* 所受电磁力的大小和方向。（10 分）

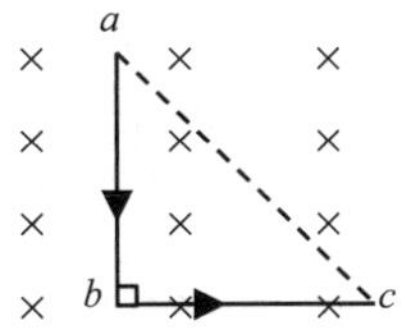

图 5.25

（3）如图 5.26 所示磁场，已标出了电流 *I*、磁场强度 *B* 和电磁力 *F* 三个量中的两个量，试判断并标出第三个量。（6 分）

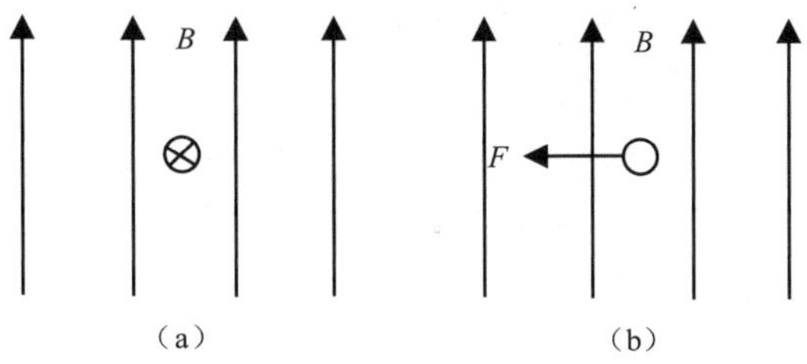

图 5.26

（4）如图 5.27 所示，有一根长度为 0.4 m，质量为 0.02 kg 的金属导线，用两根柔软的细线悬挂在匀强磁场中，当导线中通过 2 A 电流（方向如图中箭头所示），试确定磁场的磁感应强度为多少时才能抵消悬线的张力。（8 分）

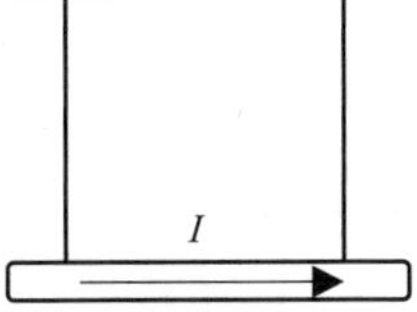

图 5.27

任务 5.5　质量检测 B

1. 单选题(每小题 2 分,共 20 分)

(1)下列属于电磁感应现象的是(　　)。

A. 通电导体产生磁场　　B. 通电直导体在磁场中运动

C. 变压器铁芯被磁化　　D. 线圈在磁场中转动发电

(2)感应电流所产生的磁通总是企图(　　)原有磁通的变化。

A. 影响　　B. 增强　　C. 阻止　　D. 衰减

(3)下列关于感应电动势的说法,正确的是(　　)。

A. 线圈中的磁通量变化率越大,线圈中产生的感应电动势越大

B. 穿过线圈的磁通量越大,线圈中的感应电动势越大

C. 线圈放在磁场越强的位置,线圈中的感应电动势越大

D. 线圈中的磁通量变化越慢,线圈中产生的感应电动势越大

(4)关于公式 $E=N\dfrac{\Delta\Phi}{\Delta}$,下列说法正确的是(　　)。

A. 线圈中感应电动势的大小与磁通的变化量成正比

B. 线圈中感应电动势的大小与时间的变化量成反比

C. 线圈中感应电动势的大小与磁通的变化率成正比

D. 线圈中感应电动势的大小与线圈的匝数成正比

(5)对"感应电流的磁场总是要阻碍原来磁通 Φ_m(引起感应电流的磁通)的变化"理解正确的是(　　)。

A. 感应电流的磁场方向与引起感应电流的磁场方向相反

B. 感应电流的磁场方向与引起感应电流的磁场方向相同

C. 当原来磁通 Φ_m 增加时,感应电流的磁场方向与引起感应电流的磁场方向相反,当原来磁通 Φ_m 减少时,感应电流的磁场方向与引起感应电流的磁场方向相同

D. 感应电流的方向总是要使感应电流的磁场促进引起感应电流的磁通的变化

(6)下列关于电磁感应现象的说法,正确的是(　　)。

A. 只要穿过闭合回路的磁通量有变化,就一定有感应电流

B. 感应电流的磁场方向与原磁场方向相反

C. 感应电动势的大小与穿过闭合回路的磁通量成正比

D. 一段导体做切割磁感线运动,就一定会产生感应电流

(7)了解物理规律的发现过程,学会像科学家那样观察和思考,往往比掌握知识本身更重要,以下符合史实的是(　　)。

A. 焦耳发现了电流热效应的规律

B. 库仑总结出了点电荷间相互作用的规律

C. 楞次发现了电流的磁效应,拉开了研究电与磁相互关系的序幕

D. 牛顿将斜面试验的结论合理外推,间接证明了自由落体运动是匀变速直线运动

(8)下列说法正确的是(　　)。

A. 只要闭合电路内有磁通量,闭合电路中就有感应电流产生

B. 穿过螺线管的磁通量发生变化时,螺线管内部就一定有感应电流产生

C. 线框不闭合时,若穿过线圈的磁通量发生变化,线圈中没有感应电流和感应电动势

D. 线框不闭合时,若穿过线圈的磁通量发生变化,线圈中没有感应电流,有感应电动势

(9)关于自感现象,下列说法正确的是(　　)。

A. 感应电流一定和原来电流方向相反

B. 线圈中产生的自感电动势较大的,其自感系数一定较大

C. 对于同一线圈,当电流变化较快时,线圈中的自感系数也较大

D. 对于同一线圈,当电流变化较快时,线圈中的自感电动势也较大

(10)穿过一个单匝闭合线圈的磁通量始终每秒均匀增加 2 Wb,则(　　)。

A. 线圈中感应电动势每秒增加 2 V

B. 线圈中感应电动势每秒减少 2 V

C. 线圈中感应电动势始终为一个确定值,但由于线圈有电阻,电动势小于 2 V

D. 线圈中感应电动势始终为 2 V

2. 多选题(每小题 3 分,共 18 分)

(1)下列属于电磁感应现象的是(　　)。

A. 自感现象

B. 通电直导体在磁场中做切割磁感线运动

C. 变压器铁芯被磁化

D. 线圈在磁场中转动发电

(2)下列关于感应电动势的说法,正确的是(　　)。

A. 不管电路是否闭合,只要穿过电路的磁通量发生变化,电路中就有感应电动势

B. 感应电动势的大小与穿过电路的磁通量变化量成正比

C. 感应电动势的大小与穿过电路的磁通量变化率成正比

D. 感应电动势的大小与穿过电路的磁通量多少无关,但与单位时间内穿过电路的磁通量变化有关

(3)下列关于感应电流的说法,错误的是(　　)。

A. 只要穿过线圈的磁通量发生变化,线圈中就一定有感应电流

B. 只要闭合导线做切割磁感线运动,导线中就一定有感应电流

C. 若闭合电路的一部分导体不做切割磁感线运动,闭合电路中一定没有感应电流

D. 当穿过闭合电路的磁通量发生变化时,闭合电路中一定有感应电流

(4)线圈所围的面积为 0.1 m^2,线圈电阻为 1 Ω,规定线圈中感应电流 I 的正方向从上往下看是顺时针方向,如图 5.28(a)所示,磁场的磁感应强度 B 随时间 t 的变化规律如图 5.28(b)所示,则下列说法正确的是(　　)。

A. 在时间 0~5 s 内,I 的最大值为 0.01 A

B. 在第 4 s 时刻,I 的方向为逆时针

C. 前 2 s 内,通过线圈某截面的总电量为 0.01 C

D. 第 3 s 内,线圈的发热功率最大

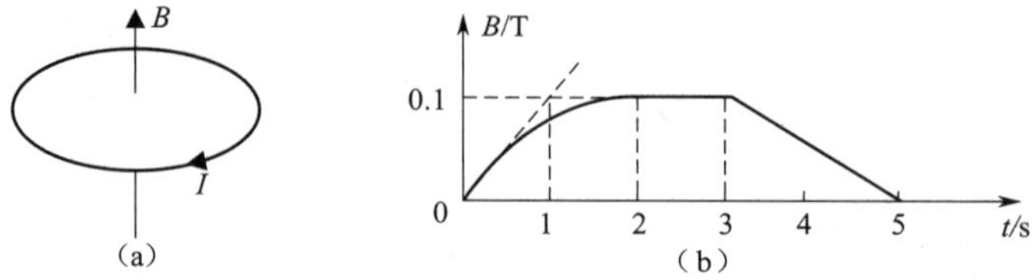

图 5.28

(5)边长为 L 的正方形金属线框在水平恒力 F 作用下运动,穿过方向如图 5.29 所示的有界匀强磁场区域,磁场区域的宽度为 d($d>L$)。已知 ab 边进入磁场时,线框的加速度恰好为 0,则线框进入磁场的过程和从磁场另一侧穿出的过程相比较,有(　　)。

A. 产生的感应电流方向相反

B. 所受的电磁力方向相同

C. 进入磁场过程的时间等于穿出磁场过程的时间

D. 进入磁场过程和穿出磁场过程中通过导体内某一截面的电量相等

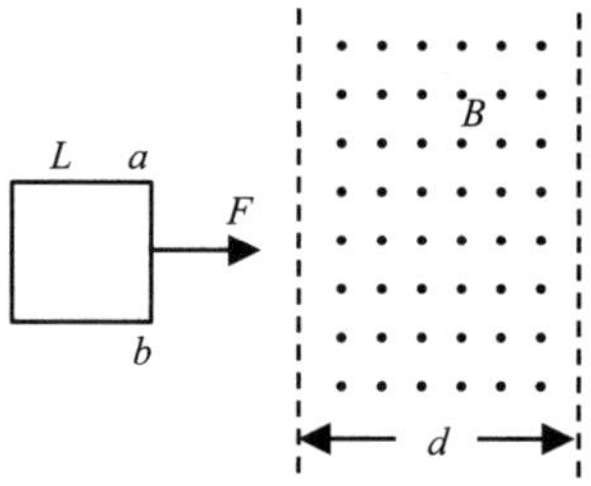

图 5.29

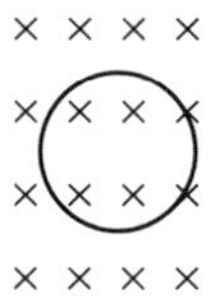

图 5.30

(6)如图 5.30 所示,把金属圆环匀速拉出磁场,下列说法正确的是(　　)。

A. 向左拉出和向右拉出所产生的感应电流方向相反

B. 不管向什么方向拉出,金属圆环产生的感应电流方向都是顺时针

C. 向右匀速拉出时,感应电流大小不变

D. 要将金属圆环匀速拉出,需改变拉力大小

3. 判断题(每小题 2 分,共 12 分)

(1)产生电磁感应的条件是当穿过闭合回路的磁通发生变化时,回路中就有感应电流产生。(　　)

(2)线圈右手螺旋定则是四指表示电流方向,拇指表示磁感线方向。(　　)

(3)在电源内部,电流从电源负极流向电源正极,电动势的方向也是由负极指向正极,因此感应电动势的方向与感应电流的方向一致。(　　)

(4)在电磁感应中,感应电流和感应电动势是同时存在的;没有感应电流,也就没有感应电动势。(　　)

(5)一个线圈电流变化而在另一个线圈产生电磁感应的现象,称为自感现象。(　　)

(6)根据楞次定律可知，若线圈中磁通增加，感应电流的磁场方向与原磁场方向相反；若线圈中磁通减少，感应电流的磁场方向与原磁场方向一致。(　　)

4. 填空题(每空 2 分，共 20 分)

(1)当穿过线圈的磁通量发生变化时，将发生电磁感应现象，线圈中产生________。如线圈闭合，则线圈中将产生________。

(2)发现电流磁效应现象的科学家是________，发现通电导线在磁场中受力规律的科学家是________，发现电磁感应现象的科学家是________，发现电荷间相互作用力规律的科学家是________。

(3)空心线圈的电感与________无关，只由________的性质决定。

(4)电感线圈可分为________和________两大类。

5. 综合分析题(共 30 分)

(1)匀强磁场的磁感应强度 B=0.8 T，直导体在磁场中的有效长度 L=20 cm，直导体运动方向与磁场方向的夹角为 30°，直导体以 10 m/s 的速度做匀速直线运动，如图 5.31 所示。试求直导体上感应电动势的大小和方向。(8 分)

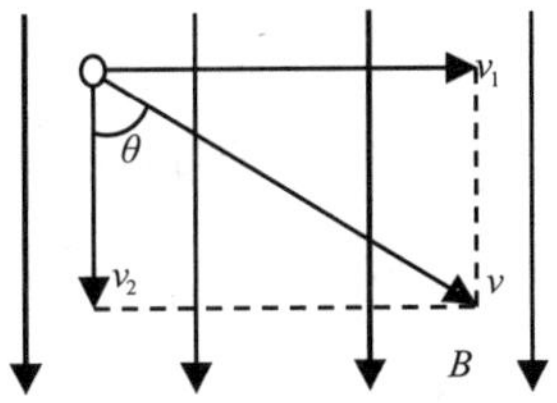

图 5.31

(2)在一个磁感应强度 B=0.01 T 的匀强磁场中，放一个面积为 0.001 m² 的线圈，线圈匝数为 500 匝。在 0.1 s 内，把线圈平面从与磁感线平行的位置转过 90°，变成与磁感线垂直，试求这个过程中感应电动势的平均值。(8 分)

（3）一个 2 000 匝的圆环形线圈，通以 1.8 A 的电流，测出其中的磁感应强度为 0.9 T，圆环的横截面面积为 2 cm^2，试求线圈中的磁通和线圈的自感系数。（6 分）

（4）如图 5.32 所示电路，设匀强磁场的磁感应强度 B=0.1 T，切割磁感线的导线长度 L=40 cm，向右运动的速度 v=5 m/s，整个线框的电阻 R=0.5 Ω，试求：

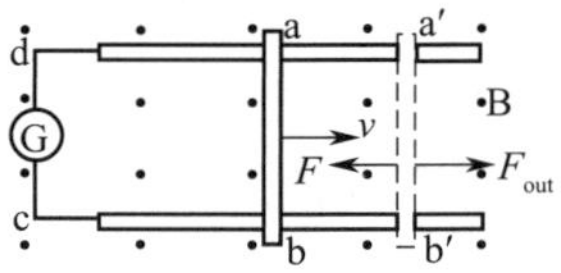

图 5.32

（1）感应电动势的大小；

（2）感应电流的大小和方向；

（3）使导线向右匀速运动所需的外力；

（4）外力做功的功率；

（5）感应电流的功率。（8 分）

项目六　正弦交流电路

【学习目标】

(1)正弦交流电的产生、解析式及各物理量的意义。

(2)正弦交流电的表示方法。

(3)电阻、电容和电感元件的交流特性。

(4)*RL*、*RC* 和 *RLC* 串联电路的分析计算方法,阻抗与阻抗角的物理意义,*RLC* 串联电路的性质。

(5)单相交流电路中有功功率、无功功率和视在功率的概念。

(6)功率因数的概念和意义,提高功率因数的方法。

【知识梳理】

- 正弦交流电路
  - 正弦交流电路的基本概念
    - 交流电的产生
    - 表征交流电的物理量
    - 表征交流电的表示方法
  - 正弦交流电路
    - 单一元件电路
    - 串联正弦交流电路
    - 交流电路的功率

任务 6.1　认识正弦交流电路

【内容提要】

1. 正弦交流电的基本概念

1)交流电的产生和变化规律

将矩形线圈置于匀强磁场中匀速转动,即可产生按正弦规律变化的交流电。按正弦规律变化的交流电称为正弦交流电,其可用三角函数式和波形图表示。线圈平面与磁感线垂直的平面称为中性面。

2)周期、频率、角频率

Ⅰ. 周期

交流电完成一次周期变化所需的时间称为交流电的周期,用符号 T 表示,单位为秒(s)。

Ⅱ. 频率

交流电在 1 s 内完成周期变化的次数称为交流电的频率，用符号 f 表示，单位为赫兹（Hz）。

Ⅲ. 角频率

交流电每秒所变化的角度（电角度）称为交流电的角频率，用 ω 表示，单位为弧度/秒（rad/s）。

它们都是用来描述交流电变化的快慢，三者之间的关系为

$$\omega = 2\pi f = \frac{2\pi}{T};T = \frac{1}{f}$$

我国工农业生产和生活所用的交流电，周期是 0.02 s，频率是 50 Hz，电流方向每秒改变 100 次。

3）瞬时值、最大值、有效值

Ⅰ. 瞬时值

正弦交流电在某一瞬间的大小称为瞬时值，可用小写字母e、u、i表示。

Ⅱ. 最大值

正弦交流电在一个周期内所能达到的最大瞬时值称为最大值，可用大写字母加下标 m 表示，如 E_m、U_m、I_m 等。

Ⅲ. 有效值

有效值是根据交流电的热效应定义的。使交流电和直流电通过同样阻值的电阻，若它们在同一时间内产生的热量相等，就把这一直流电的数值称为这一交流电的有效值。有效值可用大写字母 E、U、I 表示。

瞬时值、最大值、有效值都是用来表示交流电大小的。对正弦交流电来说，其有效值与最大值的关系为

$$E = \frac{E_m}{\sqrt{2}} = 0.707E_m \text{（适用于正弦交流电）}$$

$$U = \frac{U_m}{\sqrt{2}} = 0.707U_m$$

$$I = \frac{I_m}{\sqrt{2}} = 0.707I_m$$

各种使用交流电的电气设备上所标的额定电压、额定电流的数值及一般交流电流表、交流电压表测量的数值都是有效值。以后提到交流电的数值，凡没特别说明的都是指有效值。

4）相位、初相位、相位差

Ⅰ. 相位

交流电在 t 时刻所对应的电角度，即 $i=I_m\sin(\omega t+\varphi_0)$中的$(\omega t+\varphi_0)$称为相位角，简称相位。相位可以用来比较交流电的步调。

Ⅱ. 初相位

$t=0$ 时的相位称为初相位，即 $i=I_m\sin(\omega t+\varphi_0)$中的 φ_0。初相位反映了正弦量在计时起点的状态。初相位与计时起点的选择有关，若同一正弦交流电计时起点不同，其初相位也不

同。应注意初相位角一般都用绝对值小于 180° 的角度表示。

从正弦量的波形图中确定初相位:

(1)在正弦量的波形图中,从坐标原点到最近一个正弦波的零点之间的距离称为初相位;

(2)若零点在坐标原点右方,则初相位为负值,若零点在坐标原点左方,则初相位为正值,若零点与坐标原点重合,则初相位为 0° 。

Ⅲ. 相位差

两个同频率交流电的相位差即等于初相位之差,用 φ 表示,即

$$\varphi=(\omega t+\varphi_{01})-(\omega t+\varphi_{02})=\varphi_{01}-\varphi_{02}\text{(频率相同)}$$

(1)若 $\varphi=0$,称它们为同相,如图 6.1(a)所示。

(2)若 $\varphi=\pm\pi$,称它们为反相,如图 6.1(b)所示。

(3)否则称 e_1 比 e_2 超前 φ ,如图 6.1(c)所示。

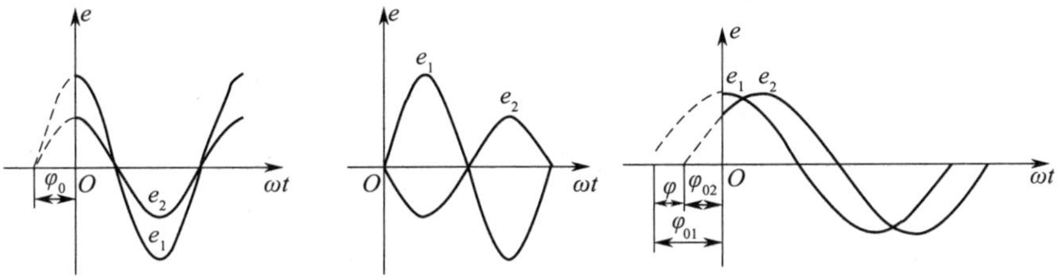

图 6.1

(a)同相　(b)反相　(c)e_1 比 e_2 超前 φ

相位差不随计时起点而变化,通常规定相位差的范围为[−π, +π]。在电路中,根据两个同频率正弦量的相位差不同,常用超前、滞后、同相和反相来说明两个正弦交流电的相位关系。

5)正弦量的三要素

频率(或周期、角频率)、最大值(或有效值)和初相位称为交流电的三要素,它们反映了正弦交流电的特性。若知道这三个量,就可以写出交流电瞬时值的表达式,从而就可以知道正弦交流电的变化规律。一个完整的正弦交流电,必然体现出其三要素。

6)交流电的表示法

Ⅰ. 解析式表示法

电动势、电压、电流的解析式分别为

$$e=E_m\sin(\omega t+\varphi_{e0})$$

$$u=U_m\sin(\omega t+\varphi_{u0})$$

$$i=I_m\sin(\omega t+\varphi_{i0})$$

Ⅱ. 波形图表示法

交流电(电动势、电压、电流)的波形图如图 6.2 所示。

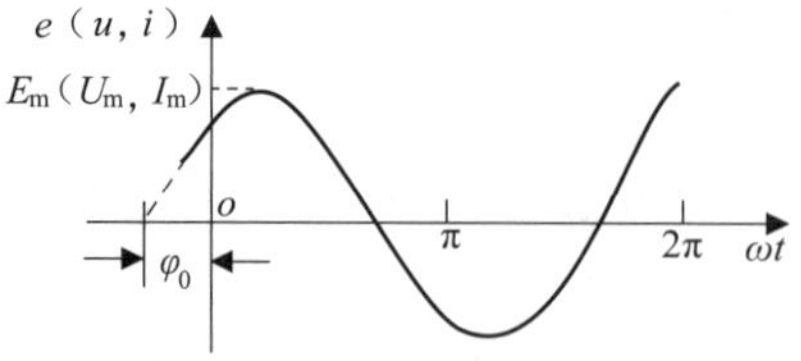

图 6.2

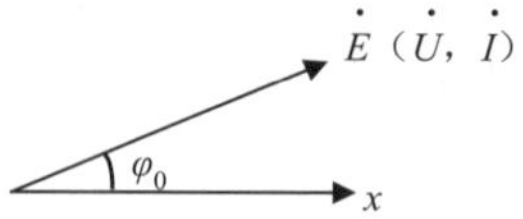

图 6.3

Ⅲ. 矢量表示法

交流电（电动势、电压、电流）的矢量图如图 6.3 所示。

解析式表示法和波形图表示法在分析电路和运算时十分不便，所以在分析、计算交流电路时常采用相量表示。相量是平面直角坐标系中的一条有向线段：

（1）该线段的长度等于正弦量的有效值；

（2）该线段与 x 轴正方向的夹角等于正弦量的初相位。

2. 正弦交流电路

1）单一参数正弦交流电路

纯电阻电路、纯电容电路、纯电感电路构成单一参数正弦交流电路，其特点见表 6.1。

表 6.1 单一参数正弦交流电路比较

参数		R	L	C
电流与电压的关系	解析式	$i=I_m\sin\omega t$ U_R $=RI_m\sin\omega t$	$i=I_m\sin\omega t$ U_L $=\omega LI_m\sin(\omega t+\pi/2)$	$i=I_m\sin\omega t$ U_C $=\frac{I_m}{\omega C}\sin(\omega t-\pi/2)$
	矢量图	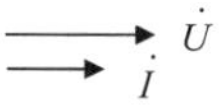	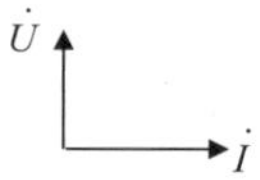	
	有效值关系	$I=\frac{U_R}{R}$	$I=\frac{U_L}{X_L}=\frac{U_L}{\omega L}$	$I=\frac{U_C}{X_C}=U_C\omega C$
	相位差	$\varphi=0$，同相	$\varphi=\pi/2$，电压超前电流 $\pi/2$	$\varphi=-\pi/2$，电压滞后电流 $\pi/2$
阻抗与频率的关系		R 与 f 无关	$X_L=2\pi fL$（与 f 成正比）	$X_C=\frac{1}{2\pi fC}$（与 f 成反比）
功率	有功功率	$P=U_RI=I^2R$	$P=0$	$P=0$
	无功功率	$Q=0$	$Q_L=I^2X_L$	$Q_C=I^2X_C$

2）串联正弦交流电路

串联正弦交流电路是指电阻、电感、电容三种元件串联组成的电路，可以是 2 个元件串联，也可以是 3 个元件串联，各元件上的电压与总电压是相量关系，必须通过相量图计算，绝不能以简单的代数和代替相量和。串联正弦交流电路的特点见表 6.2。

表 6.2　串联正弦交流电路的特点

项目		*RL* 串联电路	*RC* 串联电路	*RLC* 串联电路
电抗大小		$X_L=\omega L=2\pi fL$	$X_C=\dfrac{1}{\omega C}=\dfrac{1}{2\pi fC}$	$X=X_L-X_C$
电路阻抗的大小		$\lvert Z\rvert=\sqrt{R^2+X_L^2}$	$\lvert Z\rvert=\sqrt{R^2+X_C^2}$	$\lvert Z\rvert=\sqrt{R^2+(X_L-X_C)^2}$
电压与电流的关系	各元件两端电压与总电压的关系	$u=u_R+u_L$ $U=\sqrt{U_R^2+U_L^2}$	$u=u_R+u_C$ $U=\sqrt{U_R^2+U_C^2}$	$u=u_R+u_L+u_C$ $U=\sqrt{U_R^2+(U_L-U_C)^2}$
	总电压与电流的相位关系	$\varphi=\arctan\dfrac{\omega L}{R}$ 电压超前电流 φ	$\varphi=\arctan\dfrac{1}{R\omega C}$ 电压滞后电流 φ	$\varphi=\arctan\dfrac{X_L-X_C}{R}$
	总电压与电流的大小关系	$I=\dfrac{U}{\lvert Z\rvert}$	$I=\dfrac{U}{\lvert Z\rvert}$	$I=\dfrac{U}{\lvert Z\rvert}$
	电压与电流的频率关系	同频率正弦量	同频率正弦量	同频率正弦量
功率	有功功率	$P=U_RI=UI\cos\varphi$	$P=U_RI=UI\cos\varphi$	$P=U_RI=UI\cos\varphi$
	无功功率	$Q=U_LI=UI\sin\varphi$	$Q=U_CI=UI\sin\varphi$	$Q=Q_L-Q_C=UI\sin\varphi$
	视在功率	$S=UI=\sqrt{P^2+Q^2}$		

3）功率因数

功率因数是电路的有功功率与视在功率的比值，表示电能的利用率，即

$\lambda=\cos\varphi=\dfrac{P}{S}$ 提高功率因数的意义：

（1）功率因数越大，说明电源能量的利用率越高；

（2）在同一电压下输送一定的功率，功率因数越大，线路中的电流越小，则线路上的损耗就越小。

提高功率因数是指提高整个电路的功率因数，而不是指提高某个电感性负载的功率因数。提高功率因数的方法是在感性负载两端并联一只电容量适当的电容器，从而提高整个电路的功率因数。

在电力系统中，并不要求将功率因数提高到位，因为此时电路处于谐振状态，会给电路带来不利。

【例题解析】

例 6.1　交流电的周期越长，说明交流电变化得（　　）。

A. 越快　　B. 越慢　　C. 不变　　D. 无法判断

【解析】交流电的周期指交流电完成一次周期变化所需的时间，周期越长，说明交流电变化得越慢。

【答案】B

例 6.2　已知一交流电流，当 t=0 时，i_0=1 A，初相位为 30°，则这个交流电的有效值为（　　）。

A.0.5　　B.1.414　　C.1　　D.2

【解析】考查运用交流电的相关知识求解有效值的能力。设交流电流的解析式为 $i=I_m\sin(\omega t+30°)$，由 $t=0$，$i_0=1$ A，可得 $I_m=2$ A，则 $I=I_m/\sqrt{2}=2/\sqrt{2}=1.414$ A。

【答案】B

例 6.3　若电路中某元件的端电压为$u=5\sin(314t+35°)$V，电流为$i=2\sin(314t+125°)$A，u、i为关联方向，则该元件是(　　)。

A. 电阻　　B. 电感　　C. 电容　　D. 以上都不是

【解析】考查相位差的概念，即两个同频率交流电的相位差，也就是 $\varphi=125°-35°=90°$，电流比电压超前 π/2，符合纯电容电路的特性。

【答案】C

例 6.4　正弦交流电的有功功率与(　　)有关。

A. 电压有效值　　B. 电流有效值

C. 电压和电流的相位差的正弦　　D. 电压和电流的相位差的余弦

【解析】考查单一参数正弦交流电路及串联正弦交流电路的有功功率的计算，纯电容电路和纯电感电路的有功功率为零，纯电阻电路的有功功率的计算公式为 $P=U_RI$，而 RL、RC 及 RLC 串联电路的有功功率的计算公式为 $P=U_RI=UI\cos\varphi$。

【答案】ABD

例 6.5　判断：R、L、C 单一参数正弦交流电的阻抗与电源的频率无关。(　　)

【解析】纯电阻电路的阻抗与频率无关，而纯电容电路的阻抗与频率成反比，纯电感电路的阻抗与频率成正比。

【答案】×

例 6.6　某正弦交流电流的最大值为 100 mA，频率为 50 Hz，初相位为零，试求：

(1)电流在经过零值后多长时间才能达到 50 mA；

(2)电流在经过零值后多长时间达到最大值。

【解析】考查交流电的最大值、频率、初相位等的基础计算，需要用到部分公式，通过训练，有助于熟练掌握和灵活运用公式。

【答案】由题意可得交流电流的瞬时表达式为

$$i=100\sin(2\pi\times 50t)\text{mA}$$

(1) $50=100\sin(2\pi\times 50t)$，$t=\arcsin 0.5/(2\pi\times 50)=1/600\ \text{s}=0.001\ 7\ \text{s}$

(2) $\sin(2\pi\times 50t)=1$ 时，即

$$2\pi\times 50t=\pi/2,\ t=0.005\ \text{s}$$

即电流在经过零值后 0.001 7 s 才能达到 50 mA，电流在经过零值后 0.005 s 达到最大值。

例 6.7　在某电路中，$i=220\sqrt{2}\sin\left(314t-\dfrac{\pi}{3}\right)$A，试：

(1)指出其最大值、有效值、周期、频率、角频率及初相位，并画出波形图；

(2)如果i的参考方向选得相反，写出其三角函数式，画出波形图，并确定最大值、有效值、周期、频率、角频率及初相位有无改变。

【解析】根据表达式指出交流电的三要素，再画出波形图，确定初相位是难点。

【答案】(1)最大值为

$$I_m = 220\sqrt{2}\ \text{A}$$

有效值为

$$I = 220\ \text{A}$$

频率为

$$f = \frac{\omega}{2\pi} = \frac{314}{2\pi} = 50\ \text{Hz}$$

周期为

$$T = \frac{1}{f} = 0.02\ \text{s}$$

角频率为

$$\omega = 314\ \text{rad/s}$$

初相位为

$$\varphi_0 = -\frac{\pi}{3}$$

其波形图如图 6.5 所示。

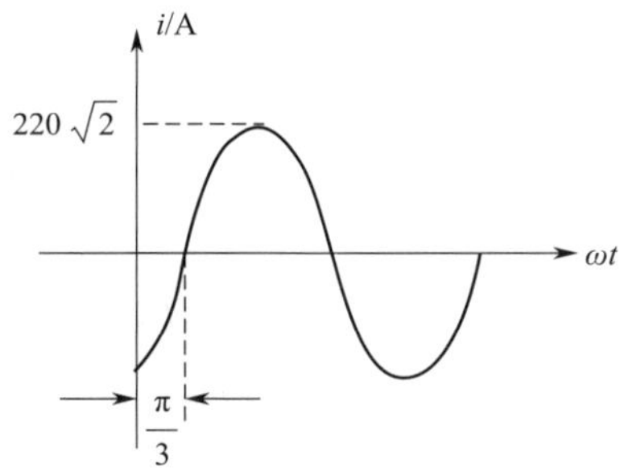

图 6.4

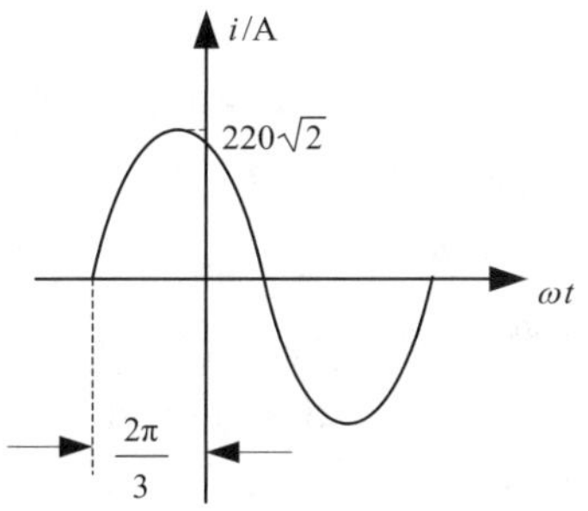

图 6.5

(2)如果 i 的参考方向选得相反，则 $i = 220\sqrt{2}\sin\left(314t + \frac{2\pi}{3}\right)$ A，可知初相位改变，$\varphi_0 = \frac{2\pi}{3}$，其他项不变，波形图如图 6.5 所示。

例 6.8　如图 6.6 所示 RLC 串联电路，已知电阻为 40 Ω，电感为 223 mH，电容为 80 μF，电路两端的电压 $u = 311\sin 314t$ V。试求：

(1)电路的阻抗；

(2)电流的有效值；

(3)各元件两端电压的有效值；

(4)电路的有功功率、无功功率、视在功率；

(5)电路的性质。

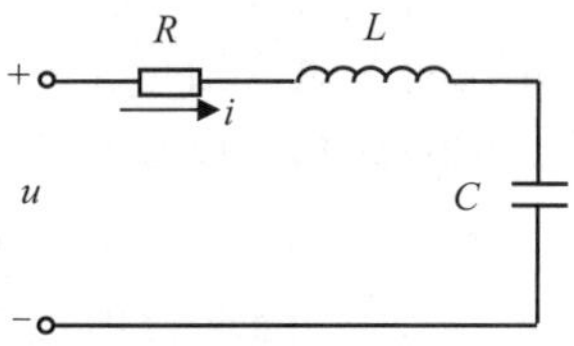

图 6.6

【解析】考查 RLC 串联电路的基础计算，用到本部分的大部分公式和相关知识，可帮助学生进行公式总结，使学过的内容条理化、系统化。

【答案】由题 $u=311\sin 314t\ \text{V}$，可得

$$U_{\text{m}}=311\ \text{V},\ \omega=314\ \text{rad/s}$$

（1）电路的感抗、容抗分别为

$$X_L=\omega L=314\times 223\times 10^{-3}\approx 70\ \Omega$$

$$X_C=\frac{1}{\omega C}=\frac{1}{314\times 80\times 10^{-6}}\approx 40\ \Omega$$

则电路的阻抗为

$$|Z|=\sqrt{R^2+(X_L-X_C)^2}=\sqrt{40^2+(70-40)^2}=50\ \Omega$$

（2）电压有效值为

$$U=\frac{U_{\text{m}}}{\sqrt{2}}=\frac{311}{\sqrt{2}}\approx 220\ \text{V}$$

则电路中电流的有效值为

$$I=\frac{U}{|Z|}=\frac{220}{50}=4.4\ \text{A}$$

（3）各元件两端电压的有效值分别为

$$U_R=RI=40\times 4.4=176\ \text{V}$$

$$U_L=X_LI=70\times 4.4=308\ \text{V}$$

$$U_C=X_CI=40\times 4.4=176\ \text{V}$$

（4）电路的有功功率、无功功率和视在功率分别为

$$P=RI^2=40\times 4.4^2=774.4\ \text{W}$$

$$Q=(X_L-X_C)I^2=(70-40)\times 4.4^2=580.8\ \text{var}$$

$$S=UI=220\times 4.4=968\ \text{V}\cdot\text{A}$$

（5）电路的阻抗角 φ 为

$$\varphi=\arctan\frac{X_L-X_C}{R}=\arctan\frac{70-40}{40}=\arctan 0.75\approx 36.9^\circ$$

由于阻抗角 φ 大于零，电压超前电流，则电路呈感性。

【要点归纳】

本部分内容与直流电有密切联系，会用到直流电中讲过的许多概念和规律，但毕竟交流电不同于直流电，它有许多不同于直流电的特点，因此在学习中对比直流电来研究交流电，可以加深对交流电的理解和掌握。学习交流电，不但要注意它与直流电的共同点，而且要注意两者之间的区别，要加深对交流电特性的理解，千万不要轻易地把直流电路中的规律套用到交流电路中。本部分内容非常多，知识点细碎，如概念、公式、波形等，要学好绝非易事。

（1）全面细致地理解本部分内容，准确掌握重难点。

①理论知识：正弦交流电的基本物理量及其相互关系；正弦交流电的 3 种表示法（解析式、波形图和相量图）及相互间的转换；单一参数正弦交流电路中电流、电压的关系；感抗、

容抗和阻抗的概念和它们与频率的关系；*RLC* 串联电路的相量分析法；电压三角形、阻抗三角形、功率三角形的含义；*RLC* 串联电路的有功功率、无功功率、视在功率的计算；提高功率因数的方法；电路呈现的 3 种性质；谐振电路的条件、特点、利用与防护；谐振电路的频率选择性、品质因数及通频带的关系。

②技能方面：示波器观察正弦交流电的波形；交流电压的测量；用示波器观察电阻、电感、电容元件上电压与电流的相位关系；用示波器观察交流串联电路电压、电流的相位差；测试交流串联电路中总电压与各元件上电压之间的数值关系；荧光灯及照明电路配电板的安装。

③重点：正弦交流电的三要素及 3 种表示法；3 种单一元件电路中电流与电压的关系；用相量图分析单相交流电路。

④难点：初相位的概念；正弦交流电 3 种表示法的相互转换；用相量图分析交流电路的方法。

(2)认真归纳总结，梳理知识点的相互关系。

①定义多、术语多、概念多，学习过程中应注意其中的内涵，正确理解概念，以便解答相关知识对应的选择题、判断题。

②公式繁多、复杂，解题方法较为灵活，公式不要死记硬背，应正确理解公式，找出公式间的关系，多用多练，才能牢固地掌握公式和熟悉解题方法。

③相量图是本部分知识之间联系的桥梁，它既能表示交流电的变化规律，又是分析交流电路的工具，应通过大量的练习熟练应用相量图分析不同的电路结构，以达到举一反三的目的。

④ 3 个相似三角形融汇了本部分诸多内容，应注意将图形与相关的计算公式联系起来，有助于对计算公式的理解、分析方法的掌握和知识的灵活运用。

⑤本部分涉及的实训项目应引起高度重视，特别是示波器的正确使用。

任务 6.2　实训：示波器的使用

1. 实训目标

(1)正确掌握示波器的使用方法。

(2)学会校正、调试示波器。

2. 实训器材

(1)示波器 1 台。

(2)低压电源 1 台。

3. 实训步骤

1)认识示波器

示波器是一种用途广泛的电子测量仪器，它既能直接显示电信号的波形，又能对电信号进行各种参数的测量。VP-5564D 型双踪示波器面板如图 6.7 所示，其中各标号的名称和主要功能见表 6.3。

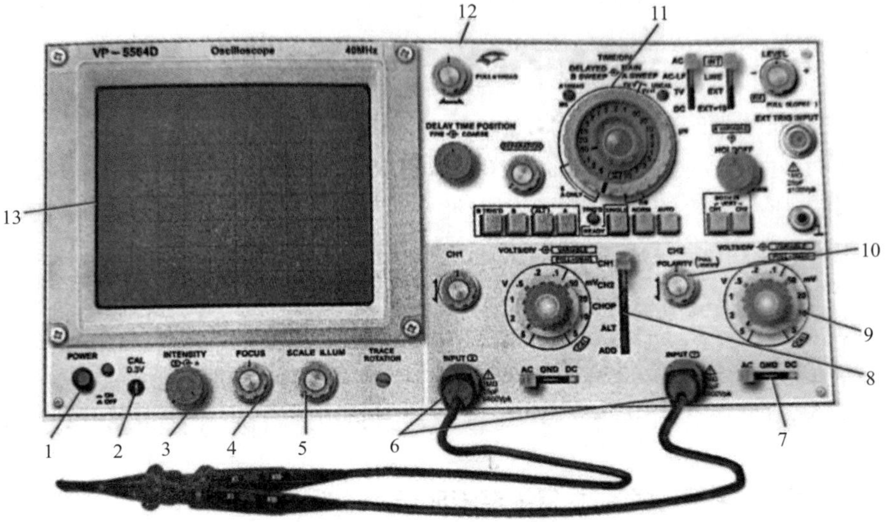

图 6.7

表 6.3 VP-5564D 型双踪示波器面板各部分的名称和主要功能

序号	名称	主要功能
1	电源开关	接通和关闭电源
2	校正信号输出端	输出用于校正的电压信号
3	辉度旋钮	调整显示波形的亮度
4	聚焦旋钮	调整显示波形的清晰度
5	刻度亮度旋钮	调节背景刻度的亮度
6	信号通道	接入被测信号的通道
7	耦合方式选择	“AC”表示信号通过电容隔离直流后接入；“GND”表示直接接地；“DC”表示信号直接接入
8	信号通道选择	“CH1”和“CH2”分别表示显示通道 1 和通道 2 的信号波形；“CHOP”和“ALT”分别用于慢扫描和快扫描的多踪观测；“ADD”用于显示两个通道的叠加波形
9	幅度量程选择	调节垂直偏转灵敏度，改变纵向单位刻度表示的幅度值
10	垂直位移	调节显示波形的垂直位置
11	时间量程选择	调节水平偏转灵敏度，改变横向单位刻度表示的时间值
12	水平位移	调节显示波形的水平位置
13	屏幕	用于显示输入的信号波形

2）调整示波器显示

（1）接通示波器的电源，电源指示灯随之点亮，在屏幕上会出现一条横直线波形。

（2）屏幕上的横直线表示示波器没有信号输入时的波形显示，因此该波形的电压值应该为 0，但是开机后波形很可能不在刻度 0 处，调节垂直位移，使横直线移动到刻度 0 处。

(3)调整“聚焦”旋钮,使横线清晰显示。

(4)调整“辉度”旋钮,使横线亮度适中。

3)校正示波器

将示波器调整合适后,将“INPUT X”探测棒接在校准电压输出端,输入峰-峰值为0.3 V、频率为1 kHz的方波信号,调整幅度量程选择开关与时间量程选择开关,将耦合方式调整为“DC”,屏幕显示如图6.8所示,首先将刻度记录下来,然后计算出测量的电压值和频率,并填入表6.4中,且与校准电压值和频率进行对比,最后调节校正示波器。

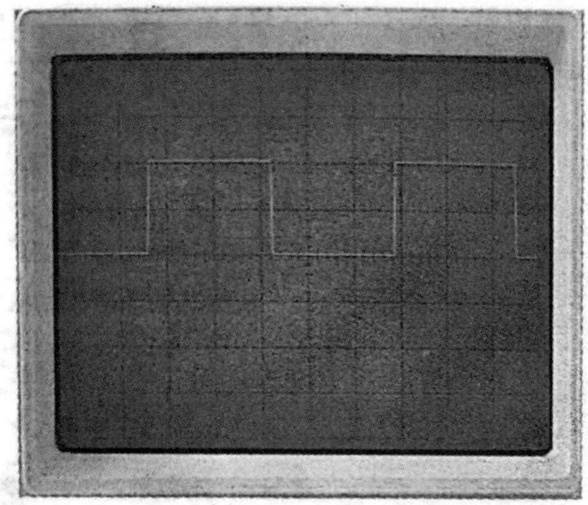

图 6.8

表 6.4　示波器测试结果

测量项目	峰-峰值	频率
校正输入信号		
示波器测量值		

4. 实训小结

将本实训的评价与收获填入表6.5中。

表 6.5　实训的评价与收获

实训过程评价					
评价内容	参与程度	仪器仪表使用	安全文明操作	团队协作	任务完成
评价等级					

续表

收获与体会	

任务6.3 实训:用示波器观察交流电的波形

1. 实训目标

(1)学会用示波器观察正弦交流电的波形。

(2)了解正弦交流电的波形特点,会测量交流电波形的峰-峰值、最大值、有效值、频率和周期。

(3)学会使用信号发生器。

2. 实训器材

(1)示波器1台。

(2)信号发生器1台。

(3)导线若干。

3. 实训步骤

(1)认识信号发生器。信号发生器按需要可以输出正弦波、方波、三角波等三种信号波形。信号发生器的输出信号频率可以调节,输出电压也可以调节。信号发生器可以作为信号源,它的输出端不允许短路。AS1634型信号发生器面板如图6.9所示,其中各标号的名称和主要功能见表6.9。

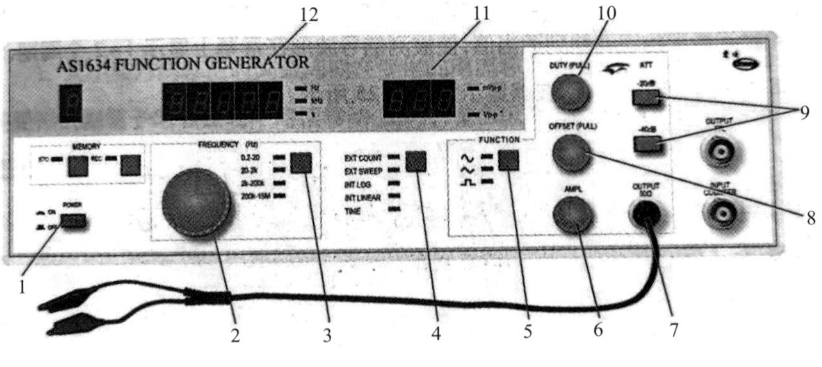

图 6.9

表 6.6　AS1634 型信号发生器面板各部分的名称和主要功能

序号	名称	主要功能
1	电源开关	接通和关闭电源
2	频率调节旋钮	调节信号频率
3	频段调节按钮	选择频段
4	工作方式选择按钮	选择工作方式
5	信号波形选择按钮	选择信号波形，包括正弦波、三角波、方波
6	信号幅度调节旋钮	调节信号幅度
7	信号输出端口	输出信号
8	直流偏置调节旋钮	调节直流偏置
9	衰减调节按钮	衰减信号
10	占空比调节旋钮	调节占空比
11	峰值显示	显示输出信号电压峰-峰值
12	频率显示	显示输出信号频率值

（2）调节信号发生器，输出所需频率、电压值的信号。

①打开信号发生器电源开关。

②调节频率调节旋钮，观察频率显示，将输出信号频率调节至预定值。

③调节信号幅度调节旋钮，观察电压显示，将输出信号电压调节至预定值。

（3）通过信号波形选择按钮选择信号波形。

（4）观察由信号发生器输出的信号波形。

①按照任务 6.2 中的方法，校正示波器，并将示波器的辉度、聚焦等调整合适。

②调整信号发生器，输出频率为 1 000 Hz、电压峰-峰值为 100 mV 的正弦波信号。

③连接示波器与信号发生器，如图 6.10 所示。

④选择示波器显示通道“CH”，调节耦合方式为“AC”，将幅度量程旋钮和时间量程旋钮调整到适当值，使被测信号波形在屏幕上显示 1~2 个周期、满屏 2/3 的稳定波形，示波器显示如图 6.10 所示。

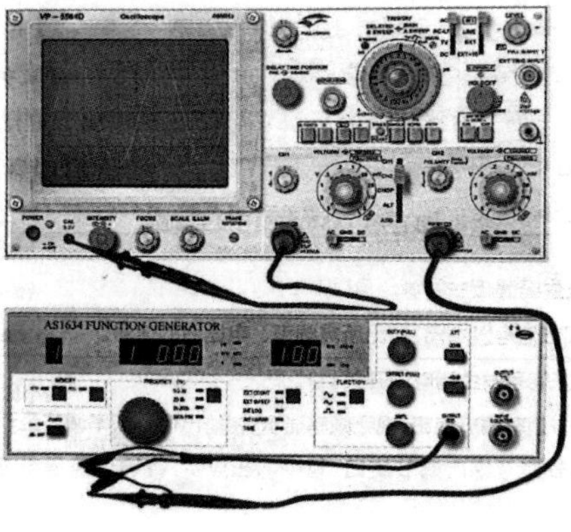

图 6.10

⑤由示波器读出信号的频率、周期和峰-峰值，计算出有效值并填入表6.7中，并与信号发生器的信号值对比。

⑥再调节几个其他频率、电压以及波形的信号，重复上述测量步骤，将结果填入表6.7中。

表6.7 示波器测试结果

测量项目（信号发生器输出信号）	V/div	峰-峰值格数	峰-峰值	最大值	有效值	t/div	1个周期格数	周期（T）	频率（f）
频率为1 kHz、峰-峰值为100 mV的正弦交流信号									
频率为__________Hz、峰-峰值为________V的正弦交流信号									

4. 实训小结

将本实训的评价与收获填入表6.8中。

表6.8 实训的评价与收获

实训过程评价					
评价内容	参与程度	仪器仪表使用	安全文明操作	团队协作	任务完成
评价等级					
收获与体会					

任务6.4 技术与应用

试电笔是安装和检修导线及用电器时必备的工具之一，其检测电压在500 V以下，是一种低压测试器。试电笔有钢笔式和螺丝刀式两种，它们都是由金属探头、笔身、弹簧、降压电阻、发光氖管、手触金属等部分组成，如图6.11所示。

使用试电笔时，手要接触笔尾金属体，但千万不能触及笔尖金属体，以免发生触电事故，发光氖管小窗要朝向自己，以便观察，如图6.12所示。

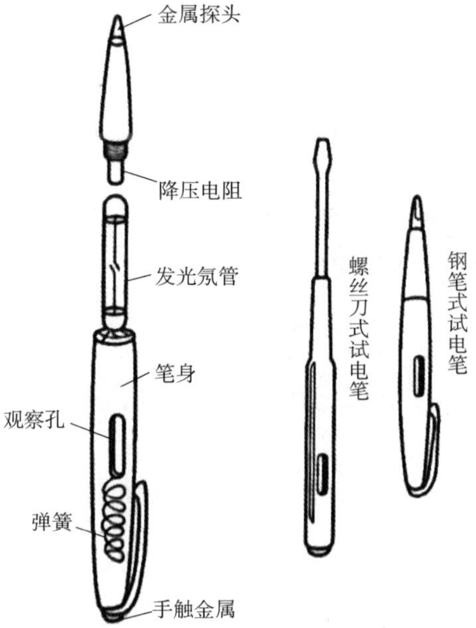

图 6.11

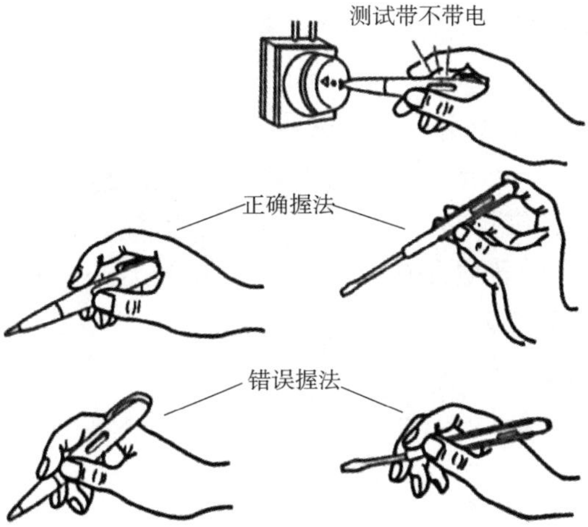

图 6.12

笔尖金属体与被测导体接触时，注意不要同时触及用电器中的两个金属体，以防止短路。试电笔触及带电体时，氖管会发光，这时电流通过带电体经试电笔、人体、大地等构成回路。由于试电笔中的降压电阻阻值很大，因此通过人体的电流很小，对使用者不会有危险。

如果试电笔氖管不发光，并不能肯定被测物体不带电，因为有的物体表面不清洁会造成接触不良，这时要用笔尖划磨几下，如氖管还不发光，才能证明被测物体不带电。另外，试电笔在使用前，一定要在已确认的带电体上测试一下，确定氖管能正常发光后再使用，防止因试电笔失灵而造成触电事故。

任务 6.5　强化训练

1. 单选题

（1）正弦交流电的三要素是指（　　）。

A. 电阻、电感和电容　　B. 有效值、频率和初相

C. 电流、电压和相位差　　D. 瞬时值、最大值和有效值

（2）正弦交流电的最大值等于有效值的（　　）。

A. $\sqrt{2}$　　B.2　　C.1/2　　D. $\sqrt{3}$

（3）若白炽灯的额定工作电压为 220 V，则其允许承受的最大电压为（　　）。

A.220 V　　B.311 V

C.380 V　　D. $u(t)=220\sqrt{2}\sin(314t)$V

（4）对交流电路 $u=380\sin\left(100\pi t-\dfrac{\pi}{2}\right)$V，下列说法正确的是（　　）。

A. 每秒钟交流电压有 100 次达到最大值　　B. 交流电的有效值为 220 V

C. 其初相位为 $\frac{\pi}{2}$　　D.1 s 内交流电压有 50 次过零

（5）加在一个感抗为 20 Ω 的纯电感两端的电压为 $u=10\sin(\omega t+30°)$V，则通过它的电流瞬时表达式为（　　）A。

A. $i=0.5\sin(2\omega t-30°)$　　B. $i=0.5\sin(\omega t-60°)$

C. $i=0.5\sin(\omega t+60°)$　　D. $i=0.5\sin(\omega t-90°)$

（6）交流电路中视在功率的单位是（　　）。

A. 焦耳　　B. 瓦特　　C. 伏安　　D. 乏

（7）若电路中某元件两端的电压 $u=36\sin(314t-180°)$V，电流 $i=4\sin(314t+180°)$A，则该元件是（　　）。

A. 电阻　　B. 电容　　C. 电感　　D. 电感性

（8）对于纯电容电路，下列各式正确的是（　　）。

A. $I=\frac{U}{C}$　　B. $I=\frac{U}{\omega C}$　　C. $I=\omega CU$　　D. $I=\frac{U_m}{X_C}$

（9）已知 $u_1=20\sin(314t+\frac{\pi}{6})$V，$u_2=40\sin(314t-\frac{\pi}{3})$V，则（　　）。

A.u_1 比 u_2 超前 30°　　B.u_1 比 u_2 滞后 30°　　C.u_1 比 u_2 超前 90°　　D. 不能判断相位差

（10）对于纯电感电路，电流应为（　　）。

A. $I=U/X_L$　　B. $I=U/L$　　C. $I=U/(\omega L)$　　D. $I=\frac{U_m}{\omega L}$

（11）某一正弦交流电压的波形图如图 6.13 所示，其瞬时值表达式为（　　）。

A. $u=20\sin(\omega t-180°)$V　　B. $u=20\sin(\omega t+90°)$V

C. $u=20\sin(\omega t-90°)$V　　D. $u=-20\sin(\omega t-90°)$V

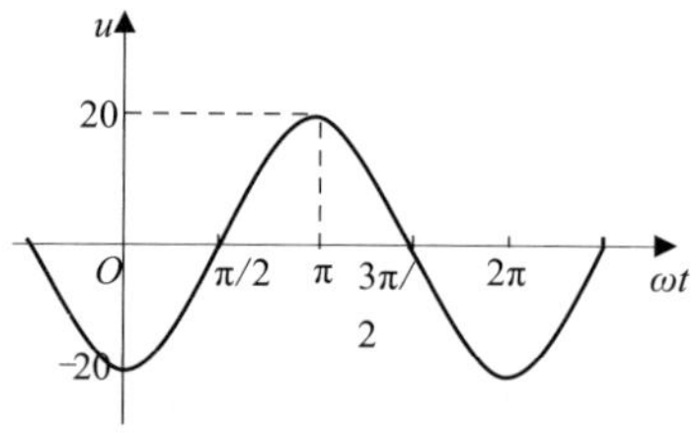

图 6.13

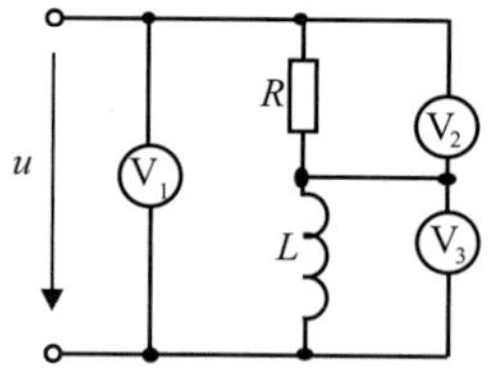

图 6.14

（12）如图 6.12 所示正弦交流电路，交流电压表 V_1 的读数为 50 V，V_2 的读数为 40 V，则 V_3 的读数为（　　）。

A.90 V　　B.10 V　　C.50 V　　D.30 V

（13）若 $i=i_1+i_2$，且 $i_1=10\sin\omega t$A，$i_2=10\sin(\omega t+60°)$A，则 i 的有效值为（　　）。

A.20 A　　B.10 A　　C. $10\sqrt{3}$A　　D. $5\sqrt{6}$A

（14）在感性负载电路中，提高功率因数最有效、最合理的方法是（　　）。

A. 并联适当的电容器　　B. 串联阻性负载

C. 并联感性负载　　D. 串联纯电感

（15）在白炽灯与电容器组成的串联电路中，若将白炽灯视为纯电阻且交流电源的三要素中仅频率增加，则下列说法正确的是(　　)。

A. 电容的容抗增大，白炽灯的亮度变暗　　B. 电容的容抗不变，白炽灯的亮度不变

C. 电容的容抗减小，白炽灯的亮度变亮　　D. 电容的容抗减小，白炽灯的亮度变暗

（16）在纯电容正弦交流电路中，当电压和频率一定时，则有(　　)。

A. 电容量越大，电路中电流越大　　B. 电容量越大，电路中电流越小

C. 电容量越小，电路中电流越大　　D. 电流大小与电容量大小无关

（17）*RLC* 串联电路的电流、电压相量图如图 6.11 所示，可知该电路呈现(　　)。

A. 纯电阻性　　B. 纯电感性　　C. 电容性　　D. 电感性

（18）在某一交流电路中，已知加在电路两端的电压为 $u = 20\sqrt{2}\sin(\omega t + 60°)\text{V}$，电路中的电流为 $i = 20\sqrt{2}\sin(\omega t - 60°)\text{A}$，则该电路消耗的功率为(　　)。

A.0　　B.100 W　　C. $100\sqrt{3}$W　　D.200 W

（19）如图 6.15 所示电路，只有(　　)属电感电路。

A. $R = 4\ \Omega$、$X_L = 1\ \Omega$、$X_C = 2\ \Omega$　　B. $R = 4\ \Omega$、$X_L = 0\ \Omega$、$X_C = 2\ \Omega$

C. $R = 4\ \Omega$、$X_L = 3\ \Omega$、$X_C = 2\ \Omega$　　D. $R = 4\ \Omega$、$X_L = 3\ \Omega$、$X_C = 3\ \Omega$

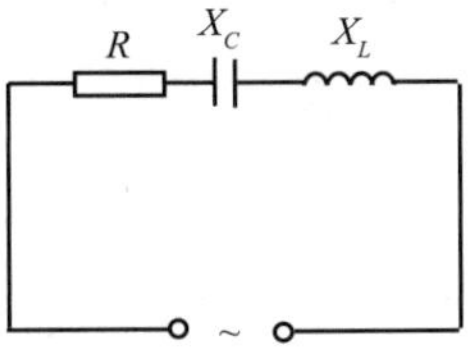

图 6.15

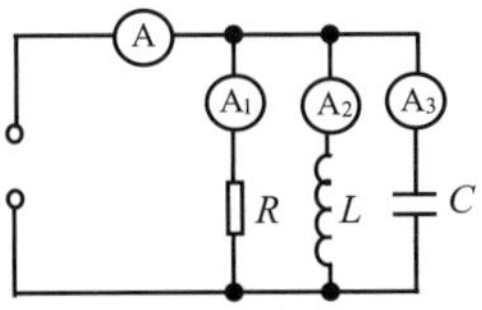

图 6.16

（20）如图 6.16 所示电路，交流电流表 A_1、A_2、A_3 的读数分别为 6 A、2 A、10 A，则电流表 A 的读数为(　　)。

A. $6\sqrt{2}$ A　　B.18 A　　C.2 A　　D.10 A

2. 多选题

（1）正弦交流电的幅值是(　　)。

A. 正弦交流电最大值的 2 倍　　B. 正弦交流电的最大值

C. 正弦交流电波形正负振幅之和　　D. 正弦交流电有效值的 $\sqrt{2}$

（2）与直流电路不同，正弦电路的端电压和电流之间有相位差，因而就有(　　)概念。

A. 瞬时功率只有正没有负　　B. 有功功率

C. 无功功率　　D. 视在功率和功率因数等

（3）在 *RL* 串联正弦交流电路中，下列表达式完全正确的是(　　)。

A. $\begin{cases} u = u_R + u_L \\ U^2 = U_R^2 + U_L^2 \\ U_L = \sqrt{U^2 - U_R^2} \end{cases}$

B. $\begin{cases} u = u_R + u_L \\ U = U_R + U_L \\ U_{\rm m} = U_{R\rm m} + U_{L\rm m} \end{cases}$

C. $\begin{cases} u = u_R + u_L \\ |Z| = R + \omega L \\ S = P + Q \\ U = U_R + U_L \end{cases}$

D. $\begin{cases} |Z| = \sqrt{R^2 + X_L^2} \\ S^2 = P^2 + Q^2 \\ U = \sqrt{U_R^2 + U_L^2} \\ |Z|^2 = R^2 + (\omega L)^2 \end{cases}$

（4）一个线圈的电阻为 R，电感为 L，并接在正弦交流电路中，下列说法正确的是（　　）。

A. 线圈的阻抗为 $|Z| = R + X_L$

B. 电流为 i 的瞬间，电阻电压 $u_R = Ri$，电感电压 $u_L = X_L i$，线圈两端电压 $u = (R + X_L)i$

C. 线圈两端电压有效值 $U = |Z|I$

D. 线圈两端电压超前电流的相位为 $\varphi = \arctan\dfrac{X_L}{R}$

（5）在 RLC 串联电路中，端电压与电流的相量图如图 6.17 所示，则这个电路是（　　）。

A. 电阻性电路　　B. 电容性电路　　C. 电感性电路　　D. 纯电感电路

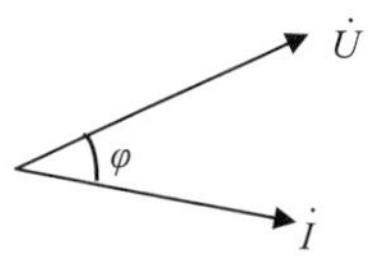

图 6.17

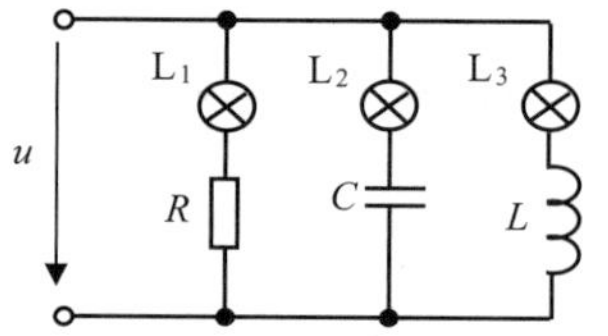

图 6.18

（6）如图 6.18 所示正弦交流电路中，规格相同的三个灯泡的亮度相同，当电源电压不变，而提高电源频率时，各灯泡的改变情况应是（　　）。

A. 灯 L_1 不变　　B. 灯 L_2 变暗

C. 灯 L_3 变亮　　D. 灯 L_2 变亮，灯 L_3 变暗

（7）对于将一个电容 C 和一个电阻 R 串联后，接到正弦交流电路中，下列说法正确的是（　　）。

A. 电路的有功功率为 RI^2，无功功率为 ωCI^2，视在功率 $|Z|I^2$

B. 电路的总电压有效值为 U，阻抗角 φ，则电阻两端电压 $U_R = U\cos\varphi$，电容两端电压 $U_C = U\sin\varphi$

C. 电路两端的电压有效值 $u = U_{\rm m}\sin(\omega t + \varphi_u)$，则电路中的电流 $i = I_{\rm m}\sin\left(\omega t + \varphi_u + \arctan\dfrac{U_R}{U_C}\right)$

D. 电路的视在功率 $S = UI$，有功功率 $P = S\cos\varphi$，无功功率 $Q = S\sin\varphi$

(8)用示波器测量正弦交流电电压的波形,选择 4 V/div 挡,峰值为 5 格,则正弦交流电的有效值为(　　)。

A.7.07 V　　B.10 V　　C.20 V　　D.14.14 V

(9)串联谐振电路的选择性与品质因数两者的关系为(　　)。

A. 品质因数 Q 值越大,选择性越好　　B. 品质因数 Q 值越大,选择性越差

C. 品质因数 Q 值与选择性无关　　D. 品质因数 Q 值越大,通频带越窄

3. 判断题

(1)用交流电压表测得交流电压为 220 V,则此交流电压的最大值为 380 V。(　　)

(2)一只额定电压为 220 V 的白炽灯,可以接到最大值为 311 V 的交流电源上。(　　)

(3)用交流电表测得交流电的数值是平均值。(　　)

(4)正弦量的初相位与起始时间的选择有关,而相位差则与起始时间无关。(　　)

(5)两个不同频率的正弦量可以求相位差。(　　)

(6)正弦量的三要素是最大值、频率和相位。(　　)

(7)人们平时所用的交流电压表、电流表所测出的数值是有效值。(　　)

(8)正弦交流电在正半周期内的平均值等于其最大值的 $3\pi/2$ 倍。(　　)

(9)交流电的有效值是瞬时电流在一周期内的均方根值。(　　)

(10)电动势 $e = 100\sin\omega t$ 的相量形式为 $\dot{E} = 100$。(　　)

(11)频率不同的正弦量可以在同一相量图中画出。(　　)

(12)由于交流电都是周期变化的,故超前或滞后都是相对的,所以说一个量超前另一个量 φ,也可以说前者滞后后者 $360° - \varphi$。(　　)

(13)R、L、C 单一参数交流电路的阻抗与电源的频率无关。(　　)

(14)在正弦量的表示法中,相量的长度等于该相量的有效值。(　　)

(15)在 RLC 串联电路中,视在功率、平均功率和瞬时功率三者组成一个直角三角形,称为功率三角形。(　　)

4. 计算题

(1)已知正弦交流电流 $i_1 = 10\sqrt{2}\sin(100\pi t)\mathrm{A}$, $i_2 = 20\sin(100\pi t + \frac{3\pi}{2})\mathrm{A}$,试分别求它们的:①最大值;②周期;③频率;④画出它们的波形。

（2）把一个电阻可以忽略的线圈接到 $u=220\sqrt{2}\sin(100\pi t+\frac{\pi}{3})$V 的电源上，线圈的电感是 0.35 H。试求：①线圈的阻抗；②电流的有效值；③电流的瞬时表达式；④线圈的无功功率；⑤作出电流和电压的旋转矢量图。

（3）将一个阻值为 30 Ω 的电阻器和电容为 80 μF 的电容器串联后接到 $u=220\sqrt{2}\sin 314t$ V 的电源上。试求：①电流瞬时值的表达式；②电路的有功功率 P、无功功率 Q、视在功率 S。（ $\varphi=\arctan\frac{4}{3}=53.1°$ ）

（4）对于如图 6.19 所示正弦交流电压的波形图。试求：频率 f、角频率 ω、初相位 φ，并写出电压瞬时表达式。

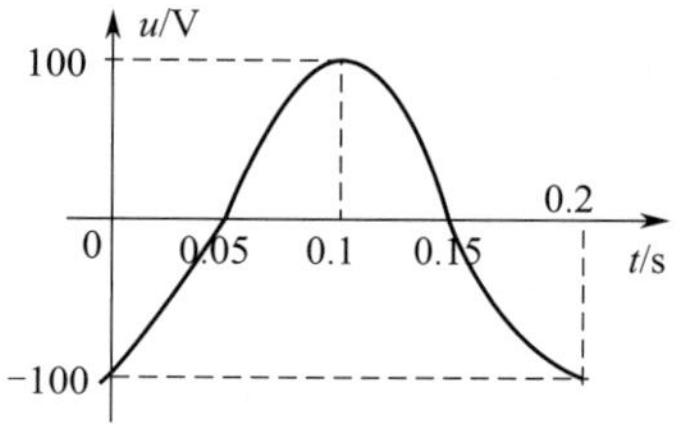

图 6.19

（5）如图 6.20 所示电路，已知电源电压 $U=120\text{ V}$，频率 $f=50\text{ Hz}$，容抗 $X_C=48\,\Omega$，开关 S 合上或断开时，电流表的读数为 4 A。试求：①电阻器 R 和电感器 L 的值；②当开关 S 断开时，判断电路阻抗性。

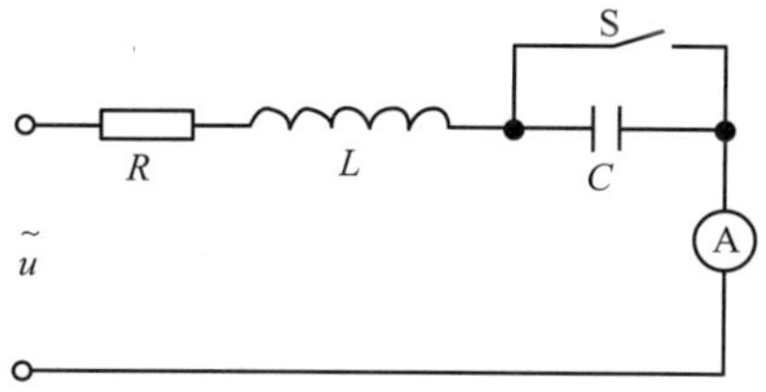

图 6.20

任务 6.6　质量检测

1. 单选题（每小题 2 分，共 20 分）

（1）对于交流电，测量仪表的读数是指（　　）。

A. 平均值　　B. 最大值　　C. 有效值　　D. 瞬时值

（2）我国工农业生产和生活用的交流电，频率为 50 Hz，其周期为（　　）。

A.0.02 s　　B.0.01 s　　C.0.1 s　　D.0.2 s

（3）已知两个正弦量分别为 $u_1=20\sin(314\,t+\dfrac{\pi}{6})\text{V}$，$u_2=40\sin(314t-\dfrac{\pi}{3})\text{V}$，则（　　）。

A.u_1 比 u_2 滞后 30°　　B.u_1 比 u_2 超前 30°　　C.u_1 比 u_2 超前 90°　　D. 无法判断相位差

（4）在纯电感电路中，下列各式正确的是（　　）。

A. $I=\dfrac{U}{L}$　　B. $I=\dfrac{U}{\omega L}$　　C. $I=\omega LU$　　D. $I=\dfrac{U}{X_L}$

（5）已知电路中某元件的电压与电流分别为 $u=10\cos(314t+30°)\text{V}$，$i=2\sin(314t+60°)\text{A}$，则该元件是（　　）。

A. 电感性元件　　B. 电容性元件　　C. 电阻性元件　　D. 纯电感元件

（6）在 RLC 串联电路中，频率为 f_0 时发生谐振，当频率增加到 $2f_0$ 时，电路性质是（　　）。

A. 电阻性　　B. 电容性　　C. 电感性　　D. 以上均错误

（7）在 RLC 串联正弦交流电路中，有功功率 $P=$（　　）。

A.I^2R　　B.$U_RI\sin\varphi$　　C.UI　　D.$S-Q$

（8）如图 6.21 所示正弦交流电路中，无论开关 S 断开或闭合，理想电压表和电流表的读数均不变，则 X_L 和 X_C 的关系是（　　）。

A. $X_L=2X_C$　　B. $X_L=\dfrac{3}{2}X_C$　　C. $X_L=X_C$　　D. $X_L=\dfrac{1}{2}X_C$

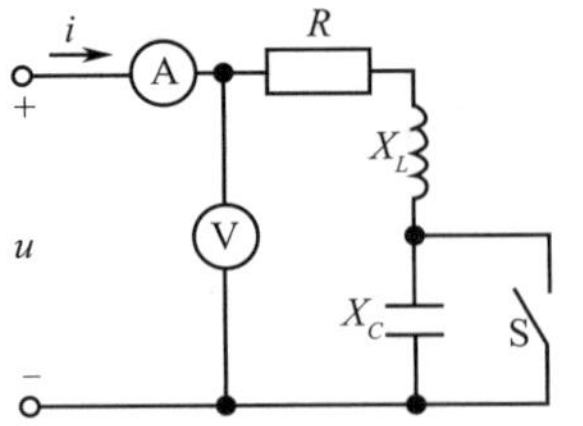

图 6.21

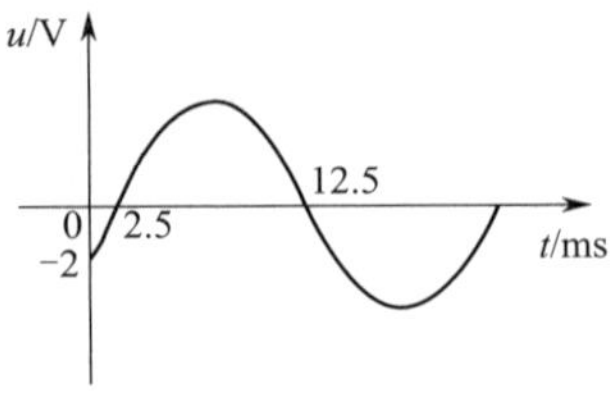

图 6.22

（9）如图 6.20 所示，正弦交流电压的最大值为（ ）。

A. $2\sqrt{2}$ V　　B.8 V　　C. $4\sqrt{2}$ V　　D.2 V

（10）下列可以提高交流电路功率因数的是（ ）。

A. 电感性负载两端并联一只容量适当的电感

B. 电感性负载两端并联一只容量适当的电容

C. 电感性负载电路中串联一只容量适当的电感

D. 电感性负载电路中串联一只容量适当的电容

2. 多选题（每小题 3 分，共 18 分）

（1）下列关于正弦交流电有效值的说法，错误的是（ ）。

A. 有效值是最大值的 $\sqrt{2}$ 倍

B. 最大值是有效值的 $\sqrt{3}$ 倍

C. 最大值为 311 V 的交流电，可以用 220 V 的直流电代替

D. 最大值为 311 V 的正弦交流电压，就其热效应而言，相当于一个 220 V 的直流电压

（2）正弦交流电的表示法有（ ）。

A. 解析式　　B. 波形图

C. 矢量图　　D. 以上说法都不正确

（3）下列功率中，不以"瓦特（W）"为单位的是（ ）。

A. 视在功率　　B. 无功功率　　C. 有功功率　　D. 平均功率

（4）下列关于功率和功率因数的说法，正确的是（ ）。

A. 当 $\cos\varphi=1$ 时，电路消耗的功率与视在功率相等

B. 当 $\cos\varphi\neq1$ 时，电路消耗的功率总小于视在功率

C. 当 $\cos\varphi=0$ 时，电路的有功功率等于 0，这时电路与纯电感、纯电容电路相同

D. 以上说法都正确

（5）在 *RLC* 串联电路中，已知 I=5 A，R=30 Ω，X_L=40 Ω，X_C=80 Ω，则下列说法正确的是（ ）。

A. 电路的阻抗为 50 Ω　　B. 该电路为容性电路

C. 电路中有功功率为 750 W　　D. 吸收的无功功率为 1 000 var

（6）在 *RLC* 串联交流电路中，已知 U_R=60 V，U_L=45 V，U_C=125 V，则电路的总电压和电路的性质是（ ）。

A.100 V　　B.230 V　　C. 容性　　D. 感性

3. 判断题(每小题 2 分,共 12 分)

(1)纯电阻电路中正弦交流电压和电流的有效值之间满足欧姆定律。(　　)

(2)理想电感元件的交流电路中,没有能量消耗,只有电源与电感元件间的能量转换。(　　)

(3)一个实际的电感线圈,在任何情况下,其性质都是感性的。(　　)

(4)日光灯电路可看作感性负载,功率因数 $\cos\varphi=\dfrac{\sqrt{2}}{2}$,则日光灯的总电压超前总电流 $45°$。(　　)

(5)RLC 串联电路中,感抗和容抗越大,电路中的电流就越小。(　　)

(6)降低功率因数,对保证电力系统的经济运行和供电质量十分重要。(　　)

4. 填空题(每空 2 分,共 20 分)

(1)交流电的三要素分别为________、________和________。

(2)电阻器的阻值大小与交流电的________无关,与电压和电流的________无关,但与材料的________和________有关

(3)RL 串联电路中,已知电源电压 U=100 V,电流 I=10 A,电压与电流之间的相位差为 $\dfrac{\pi}{3}$,则电阻上的电压 U_R=________,电感上的电压 U_L=________,电路的无功功率 Q=________。

5. 综合分析题(共 30 分)

(1)已知某正弦交流电流,I_m=2 A,f=50 Hz,$\varphi_0=\dfrac{\pi}{3}$,试写出它的解析式,并画出波形图。(6 分)

(2)已知加在 2 μF 电容器上的交流电压为 $u=220\sqrt{2}(\sin 314t)$V,试求通过电容器的电流,写出电流瞬时值的表达式,并画出电流、电压的矢量图。(6 分)

（3）在 RLC 串联交流电路中，已知 $R=X_L=X_C=10\ \Omega$，$I=1\ \text{A}$，试求电压 U、U_R、U_L、U_C 和电路总阻抗 $|Z|$。（6 分）

（4）在 RLC 串联电路中，已知 $R=30\ \Omega$，$X_L=90\ \Omega$，$X_C=50\ \Omega$，电压 $u=311\sin(314t+53.10)\text{V}$。试求：

①电路中总电流的有效值、瞬时电流 i 的表达式；

②电路中各元件上的电压；

③电路的有功功率、无功功率、视在功率以及功率因数。（12 分）

项目七　三相正弦交流电路

【学习目标】

（1）三相交流电源的产生和特点。

（2）三相四线制电源的线电压和相电压的关系。

（3）电流对人体的作用，触电方式及特点，常用的用电安全措施。

（4）变压器的常用类型、结构和工作原理，理想变压器的三个基本公式。

（5）三相鼠笼式异步电动机的结构及各部件的作用。

【知识梳理】

- 三相正弦交流电路
  - 三相交流电源及其连接
    - 三相交流电源
    - 三相交流电源的连接
  - 三相负载连接
    - 三相负载的连接方式
    - 星形连接和三角形连接
    - 星形连接和三角形连接的特点
    - 三相交流电路的功率
  - 安全用电
    - 触电的基本概念
    - 人体触电的类型
    - 常用的安全措施
    - 触电现场的处理
  - 变压器
    - 变压器的用途和种类
    - 变压器的构造
    - 变压器的工作原理
    - 常用变压器

任务 7.1　认识三相正弦交流电路

【内容提要】

1. 三相交流电源及其连接

1）三相交流电源

三相交流电源是由三相交流发电机中的三相绕组产生的，当原动机带动三相交流发电机的转子旋转时，3 个绕组均切割磁感线，并分别产生正弦交流电动势e_1、e_2、e_3。三相交流电源就是三个频率相同、最大值相等、相位彼此相差 120° 的单相交流电源按一定方式的组合。

三相交流电源的表示方法（以三相电动势为例）有以下三种。

（1）解析式：

$e_1 = E_m \sin \omega t$

$e_2 = E_m \sin(\omega t - 120°)$

$e_3 = E_m \sin(\omega t + 120°)$

这样的三个电动势称为对称三相电动势，三个电动势达到最大值（或零）的先后次序称为相序，正序为$e_1 \to e_2 \to e_3$。

（2）波形图，如图 7.1 所示。

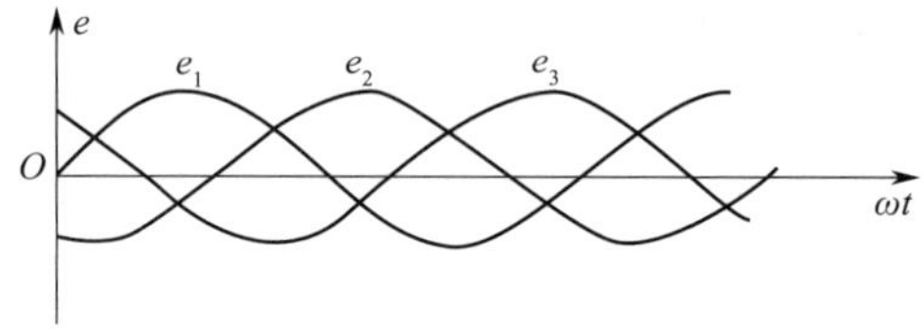

图 7.1

（3）矢量图，如图 7.2 所示。

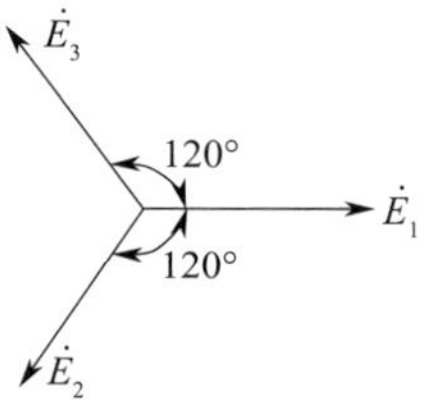

图 7.2

对称三相电动势在任一瞬间的代数和为零，即

$e_1 + e_2 + e_3 = 0$

2）三相交流电源的连接

Ⅰ. 连接方式（Y 形）

三相交流电源是按照一定的方式连接后，再向负载供电的，通常采用星形连接方式，如图 7.3 所示。

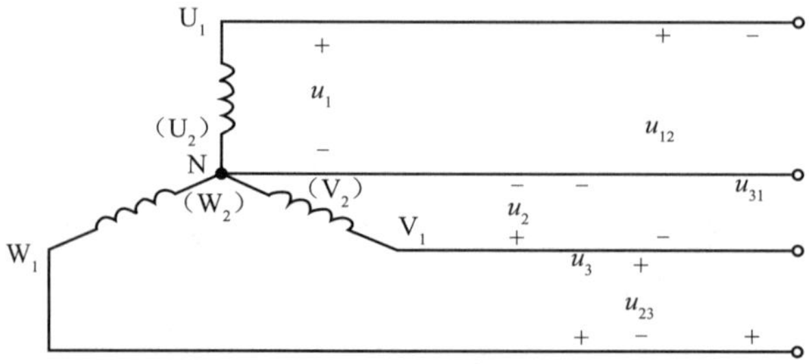

图 7.3

(1)中性点(或零点):三个交流电源末端相连接的点,用字母“N”表示中性线(或零线),从中性点引出的一根线称为中性线或零线。

(2)端线(或相线):从始端引出的三根线,俗称火线。

Ⅱ. 相电压与线电压

(1)相电压:相线与中性线间的电压,用 u_1、u_2、u_3 表示,通用符号为 u_P。

(2)线电压:两根相线间的电压,用 u_{12}、u_{23}、u_{31} 表示,通用符号为 u_L。

Ⅲ. 三相交流电源星形连接的特点

(1)有两组供电电压,即相电压和线电压,3 个相电压和 3 个线电压均为对称电压。

(2)线电压的大小等于相电压的 $\sqrt{3}$ 倍,即

$$U_L = \sqrt{3}U_P$$

(3)各线电压在相位上比对应的相电压超前 30°,如图 7.4 所示。

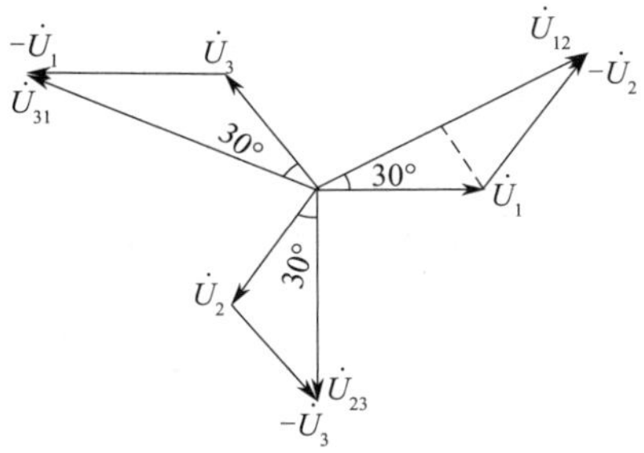

图 7.4

Ⅳ. 三相三线制和三相四线制

(1)三根相线和一根中性线组成的输电方式称为三相四线制,通常在低压配电中采用。

(2)三根相线组成的输电方式称为三相三线制,通常在高压输电工程中采用。

2. 三相负载及其连接

1)三相负载

分别接在三相电源上的负载称为三相负载。三相负载由 3 部分组成,每部分称为其一个负载。三相负载可以是一个整体,如三相电动机;也可以是独立的 3 个单相负载,如日常生活中的照明电路。如果三相负载的阻抗相等且性质相同,则称为对称三相负载;否则称为不对称三相负载。

2)三相负载星形连接(Y 形)

Ⅰ. 三相负载星形连接电路

三相负载星形连接电路如图 7.5 所示。

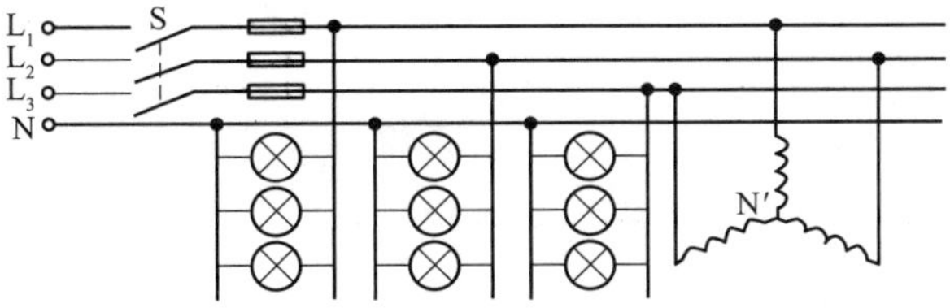

图 7.5

Ⅱ. 三相负载星形连接的相关参数

（1）负载电压：

$$U_Y = U_P = \frac{U_L}{\sqrt{3}}$$

（2）负载电流（或相电流）是负载中的电流，用符号 I_{YP} 表示。负载电流的方向与相电压的方向一致，且有

$$I_{YP} = \frac{U_P}{|Z_P|}, |Z_P| = \sqrt{R^2 + X^2}$$

（3）中性线电流是流过中性线的电流，用符号 I_N 表示。中性线电流的方向规定为由负载中点 N′ 流向电源中点 N。

（4）各相电流与各相电压的相位差为

$$\varphi = \arctan\frac{R}{|Z_P|}$$

（5）线电流是流过每根相线的电流，即 I_1、I_2、I_3，一般用符号 I_{YL} 表示，且有

$$I_{YL} = I_{YP}$$

若三相负载对称，则负载上的电压、电流及线电流均对称。

Ⅲ. 中性线的作用

若负载对称，则 $I_N = 0$，故可省去中性线。若负载不对称，则 $I_N \neq 0$，若有中性线，则各相负载仍有对称的电源相电压，从而保证各相负载能正常工作；若没有中性线，则各相负载的电压就不再等于电源的相电压，这时阻抗较小的负载的相电压可能低于其额定电压，阻抗较大的负载的相电压可能高于其额定电压，从而使负载不能正常工作，甚至会造成事故。

3）三相负载三角形连接（△形）

Ⅰ. 三相负载三角形连接电路

三相负载三角形连接电路如图 7.6 所示

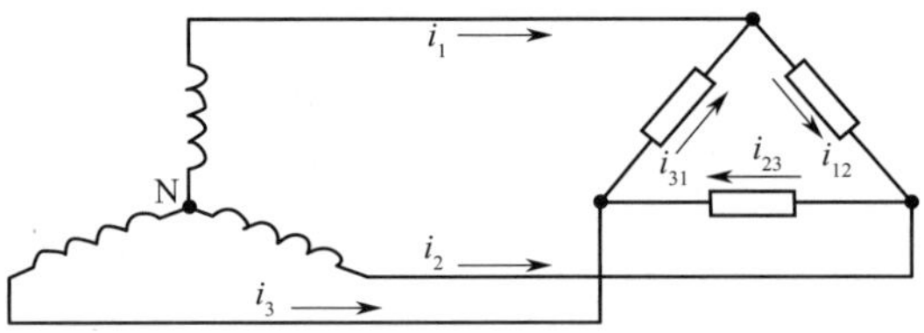

图 7.6

Ⅱ. 三相负载三角形连接的相关参数

（1）负载电压：

$$U_{\triangle P} = U_L$$

（2）负载电流：

$$I_P = \frac{U_\triangle}{|Z_P|} = \frac{U_L}{|Z_P|}, |Z_P| = \sqrt{R^2 + X^2}$$

（3）线电流：

$$I_{\triangle L}=\sqrt{3}I_{\triangle P}$$

各线电流的相位比相应的相电流滞后 30°。

4）三相负载连接法的选择

根据负载的额定电压与电源电压的数值确定三相负载的连接方法，要使每相负载所承受的电压等于其额定电压。

若每相负载的额定电压为电源线电压的$\frac{1}{\sqrt{3}}$，则负载应连成星形；若每相负载的额定电压等于电源线电压，则负载应连成三角形。

5）三相交流电路的功率

Ⅰ. 有功功率 P

（1）不对称三相负载：

$$P=P_1+P_2+P_3$$

（2）对称三相负载：

$$P=3U_P I_P\cos\varphi=\sqrt{3}U_L I_L\cos\varphi=3I_P^2R$$

Ⅱ. 无功功率 Q

对称三相负载：

$$Q=\sqrt{3}U_L I_L\sin\varphi$$

Ⅲ. 视在功率 S

对称三相负载：

$$S=\sqrt{3}U_L I_L$$

3. 安全用电

1）电流对人体的作用

人体因触及高电压的带电体而承受过大的电流，以致引起死亡或局部受伤的现象称为触电。触电伤人的主要因素是电流，并规定 36 V 以下的电压为安全电压。

人体触电的主要形式有单相触电、两相触电和跨步触电。

单相触电指人体触及一相带电体或漏电的电气设备外壳，此时人体承受的电压是电源的相电压，在低压供电系统中此电压为 220 V。

两相触电指人体的两个部位（如手或脚等）分别触及两相带电体，此时加在人体触电部位两端的电压是电源的线电压，在低压供电系统中此电压为 380 V。

跨步触电指高压线路或设备发生接地故障时，电流在接地点周围土壤中产生电压降，当人体走近接地点附近时，两脚之间就有电压差（称为跨步电压），由此引起的触电事故。其中，步距越大、离接地点越近，跨步电压越大。

2）常用的安全措施

为防止发生触电事故，除应注意开关必须安装在相线上以及合理选择导线和熔断器外，还必须采取以下防护措施。

（1）正确安装用电设备。电气设备要根据说明和要求正确安装，带电部分必须有防护罩或放到不易接触的高处，防止触电。

(2)电气设备的保护接地。电气设备的金属外壳要用导线与埋在地下的接地装置连接起来,称为保护接地,适用于中性点不接地的低压系统。

(3)电气设备的保护接零。在电源中性点接地的三相四线制中,电气设备的金属外壳与中性线连接起来,称为保护接零。

(4)使用漏电保护装置。漏电保护装置的作用主要是防止由漏电引起的触电事故和单相触电事故,其次是防止由漏电引起火灾以及监视或切除一相接地故障。

4. 变压器

1)变压器的构造、用途和种类

Ⅰ. 构造

变压器由铁芯和绕组构成,如图 7.7 所示。

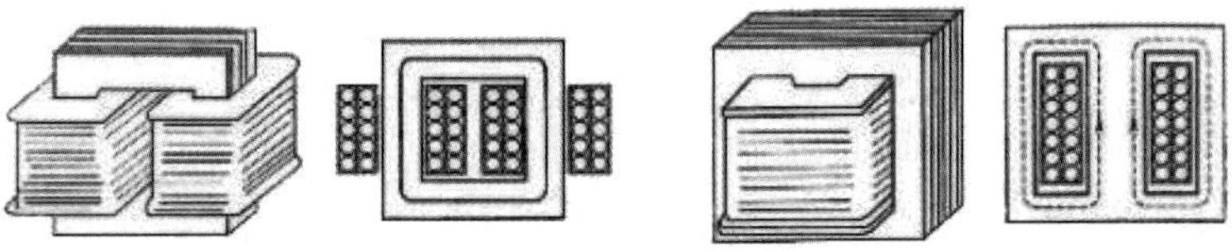

(a) (b)

图 7.7

(a)"口"字形 (b)"目"字形

铁芯是磁路的通道,用彼此绝缘的硅钢片叠成,目的是增加电阻,减小涡流和磁滞损耗,其结构有心式和壳式两种。

绕组包括:一次绕组(原绕组),是与电源相连的线圈;二次绕组(副绕组),是与负载相连的线圈。

Ⅱ. 用途和种类

变压器的符号如图 7.8 所示。

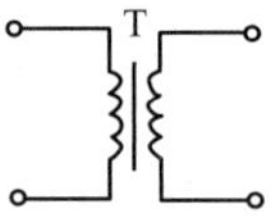

图 7.8

变压器的用途是改变交流电压、交流电流、阻抗和相位。

变压器的种类很多,常用的有输配电用的电力变压器、电解用的整流变压器、试验用的调压变压器以及电子技术中的输入、输出变压器等。

2)变压器的工作原理

(1)变换交流电压:

$$\frac{U_1}{U_2} \approx \frac{N_1}{N_2} = K$$

一次绕组和二次绕组的两端电压与绕组匝数成正比,K 称为变压比。

当 $K>1$ 时,即 $N_1>N_2$,$U_1>U_2$,实现降压。

当 $K<1$ 时，即 $N_1<N_2$，$U_1<U_2$，实现升压。

（2）变换交流电流：

$$\frac{I_1}{I_2} \approx \frac{N_2}{N_1} = \frac{1}{K}$$

一次绕组和二次绕组中的电流与绕组匝数成反比。

（3）变换交流阻抗：

$$\frac{|Z_2|}{|Z_1|} = \left(\frac{N_1}{N_2}\right)^2,\ |Z_2| = K^2|Z_1|$$

二次绕组接上负载阻抗 $|Z_2|$ 时，相当于使电源直接接上一个阻值为 $K^2|Z_1|$ 的阻抗。

3）变压器的功率和效率

（1）一次输入功率：

$$P_1=U_1I_1\cos\varphi_1$$

（2）二次输出功率：

$$P_2=U_2I_2\cos\varphi_1$$

（3）损耗功率：

$$P'=P_1-P_2=P_{Fe}+P_{Cu}$$

其中，电流越大，铜损 P_{Cu} 越大；频率越高，铁损 P_{Fe} 越大。

（4）效率为输出功率与输入功率的百分比，即

$$\eta = \frac{P_2}{P_1} \times 100\%$$

4）常用变压器

Ⅰ. 自耦合变压器（调压变压器）

（1）结构特点：变压器一次绕组和二次绕组中有一部分是共用的，如图 7.9 所示。

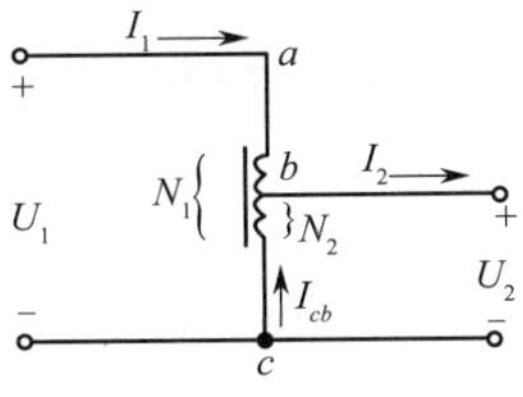

图 7.9

（2）作用：连续改变输出电压。

（3）优缺点：与同容量变压器相比，质量轻、体积小、用铜量少、效率高；虽然用铜量少，但一、二次绕组存在电气上的联系，所以不能作为安全变压器。

Ⅱ. 多绕组变压器

（1）结构特点：变压器一次绕组或二次绕组中都可能有多个绕组。

（2）作用：可同时输出几个不同的电压。

（3）分析：$I_1N_1 = I_2N_2 + I_3N_3$，$\dfrac{U_1}{N_1} = \dfrac{U_2}{N_2} = \dfrac{U_3}{N_3}$。

Ⅲ. 电压互感器

（1）结构特点：变压器一次绕组和二次绕组的匝数满足 $N_1>>N_2$，如图 7.10 所示。

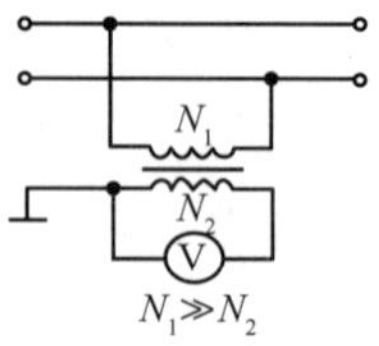

图 7.10

（2）作用：测量高电压。

（3）分析：$\frac{U_1}{U_2}\approx\frac{N_1}{N_2}=K\gg 1, U_1\approx KU_2$。

（4）注意事项：一次绕组接在需要测量的供电线路上，二次绕组不能短路（配有一只电压表），且二次绕组和铁芯要可靠接地。

Ⅳ. 电流互感器

（1）结构特点：变压器一次绕组和二次绕组的匝数满足 $N_1\ll N_2$，如图 7.11 所示。

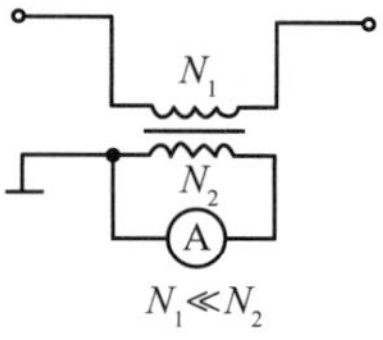

图 7.11

（2）作用：测量大电流。

（3）分析：$\frac{I_1}{I_2}\approx\frac{N_2}{N_1}=\frac{1}{K}, K\ll 1$，所以 $I_1\approx\frac{1}{K}I_2$。

（4）注意事项：一次绕组与待测电流的负载相串联，二次绕组不能开路（配有一只电流表），且二次绕组和铁芯要可靠接地。

5. 交流电动机

电动机是利用电磁感应原理，把电能转换为机械能，从而输出机械转矩的原动机。电动机可分为交流电动机和直流电动机，交流电动机可分为单相电动机和三相电动机，三相电动机可分为同步电动机和异步电动机。

1）三相异步电动机

Ⅰ. 结构

三相异步电动机由定子和转子构成。

（1）定子由机座、铁芯和绕组构成。其中，机座起到保护和散热作用；铁芯是电动机的磁路部分，由彼此绝缘的硅钢片叠成，目的是减小铁损（涡流和磁滞损耗）；绕组是电动机的电路部分，三相绕组的空间位置彼此相差 120°。

（2）转子由转轴、铁芯和绕组构成。其中，转轴输出机械转矩；铁芯由彼此绝缘的硅钢片叠成；绕组分为绕线式和鼠笼式。

Ⅱ. 旋转磁场的产生

旋转磁场的产生原理如图 7.12 所示。当空间彼此相差 120° 的三个相同线圈通入对称三相交流电时，就能够产生与电流有相同角速度的旋转磁场，即一个周期内电流的相位角变化 360°，其合成磁场的方向在空间也旋转 360°。

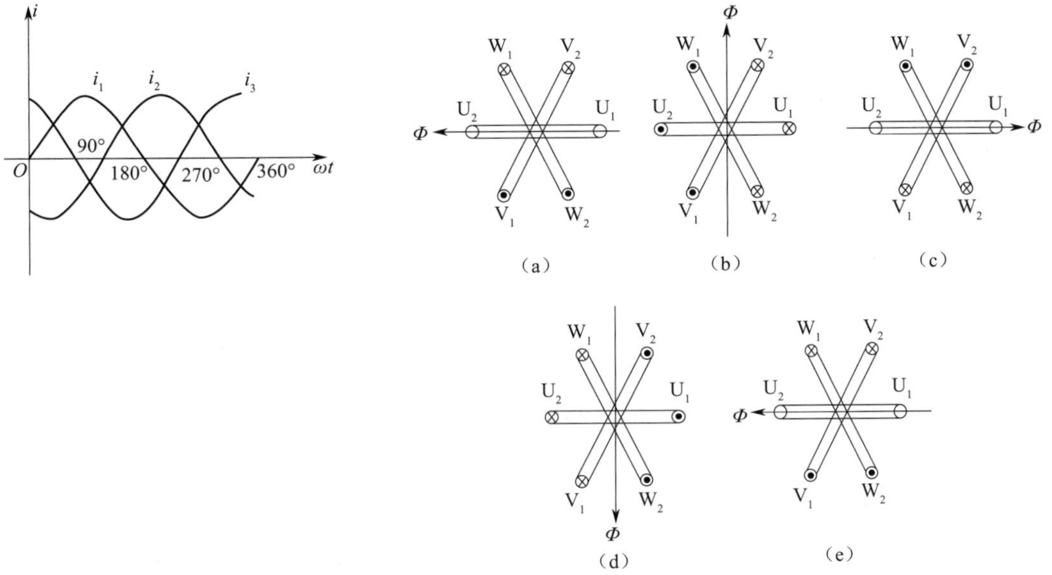

图 7.12

旋转磁场的旋转方向与三相电源的相序一致。若要使旋转磁场反转，只要改变三相电源的相序，即把接到三相绕组始端上的任意两根电源线对调，就可以实现旋转磁场的反转。

Ⅲ. 工作原理

(1)定子绕组通入对称的三相交流电后产生旋转磁场；转子导体与旋转磁场之间有相对运动，即存在切割旋转磁场的磁感线，因此在闭合的转子导体中产生感应电流；转子导体中感应电流一产生就受到旋转磁场的力矩作用，使电动机转动。

(2)电动机的转动方向与旋转磁场的转动方向相同。

(3)电动机的转速 n 总是小于旋转磁场的转速 n_0，这是三相异步电动机工作的必要条件。若 $n=n_0$，则无相对运动，即无感应电流，因此电动机就不转动

Ⅳ. 电动机的转速

(1)同步转速：

$$n_0 = \frac{60f}{p}$$

若 $f = 50$ Hz，当 $p=1$ 时，$n_0 = 3\,000$ r/min；当 $p = 2$ 时，$n_0 = 1\,500$ r/min。

(2)转差率：

$$s = \frac{n_0 - n}{n_0} \times 100\%$$

（3）电动机的转速：

$$n = n_0(1-s)$$

Ⅴ.铭牌内容

（1）型号。

（2）电压，即电动机额定运行时定子绕组两端应加的线电压值。

（3）电流，即电动机额定运行时定子绕组的线电流值。

（4）转速：s=1%~9%，即能正常工作。

（5）输入功率：

$$P_1 = \sqrt{3}U_1 I_1 \cos\varphi$$

（6）效率：

$$\eta = \frac{P_1}{P_2} \times 100\%$$

2）单相异步电动机

单相异步电动机是指利用单相交流电源供电的电动机，其由定子和笼型转子构成。

对于单相异步电动机，由于单相交流电产生的是脉动磁场，而脉动磁场可认为是由两个大小相等、转速相同、转向相反的旋转磁场合成的。当转子静止时，两个旋转磁场在转子上产生两个大小相等、方向相反的转矩，而合转矩为零，所以转子不能自行启动。使单相异步电动机转动的关键是产生一个启动转矩。

单相电容式异步电动机是与工作绕组并联一个启动绕组，而且启动绕组中串联一个适当容量的电容，使启动绕组中的电流相位超前工作绕组中的电流相位 90°，而且两个绕组在空间的位置也相差 90°，从而产生旋转磁场，使电动机启动。单相电容式异步电动机旋转磁场的产生如图 7.13 所示。

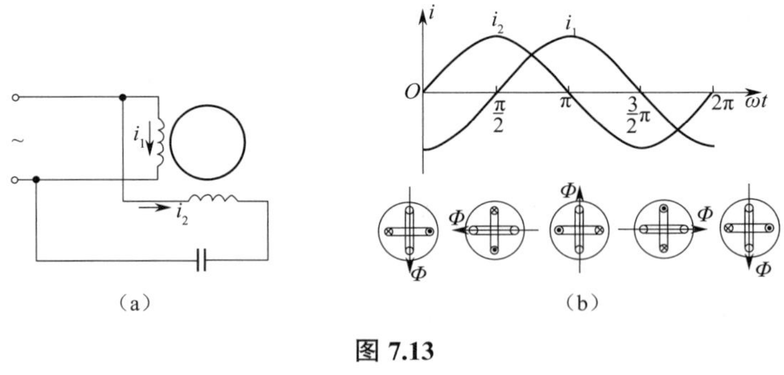

（a） （b）

图 7.13

单相异步电动机的转向与旋转磁场的旋转方向相同，转速低于旋转磁场的转速。改变定子绕组接线的方法可改变电动机的转动方向。

【例题解析】

例 7.1 相序是一个十分重要的概念，为使电力系统能够安全可靠地运行，通常统一规定技术标准，一般在配电盘上 U 相用（　　）。

A. 黄色　　B. 绿色　　C. 红色　　D. 蓝色

【解析】为使电力系统能够安全可靠地运行，通常统一规定技术标准，一般在配电盘上用黄色标出 U 相，用绿色标出 r 相，用红色标出 W 相。

【解析】A

例 7.2　将三相额定电压为 220 V 的电热丝接到线电压为 380 V 的三相电源上，最佳的连接方法是(　　)。

A. 三角形连接　　B. 星形连接，在中性线上装熔断器

C. 三角形连接、星形连接都可以　　D. 星形连接，无中性线

【解析】考查星形、三角形连接的特性及中性线的作用，由于对称三相负载的额定电压都是 220 V，而三相电源的线电压是 380 V，所以星形连接无中性线是最佳连接方法。

【答案】D

例 7.3　三相交流发电机的三个线圈中 A 相的电压为 $u = 311\sin(100\pi t)\text{V}$，那么(　　)。

A. 三个线圈中交流电的频率都是 50 Hz

B. 当 $t = 0$ 时，其他两个线圈的输电电压为零

C. 若按 Y 形接法，任意两线间的电压的最大值为 380 V

D. 若按△形接法，任意两线间的电压的有效值为 220 V

【解析】考查三相交流电解析式所包含的参数。因为三相交流发电机每个线圈的频率、电压的有效值(或最大值)均相同，但不同步，所以任一时刻的瞬时值不同，在两种连接方法中线电压和相电压的关系不同。

【答案】AD

例 7.4　在三相正弦交流电路中，对称三相正弦量的(　　)。

A. 三个频率相同　　B. 三个幅值相等

C. 三个相位互差 120°　　D. 它们的瞬时值或相量之和等于零

【解析】考查对称三相正弦交流电路的特性，四个选项都是特性之一，故都正确。

【答案】ABCD

例 7.5　触电对人体的伤害程度与(　　)有关。

A. 流过人体电流的频率、大小　　B. 触电时间的长短

C. 电流流过人体的途径　　D. 触电者本人的情况

【解析】人体因触及高压的带电体而承受过大的电流，以致引起死亡或局部受伤的现象称为触电。触电对人体的伤害程度与流过人体电流的频率和大小、触电时间的长短、电流流过人体的途径以及触电者本人的情况有关。

【答案】ABCD

例 7.6　已知某变压器额定电压 $\dfrac{U_{1N}}{U_{2N}} = \dfrac{220\text{ V}}{110\text{ V}}$，电源电压为 220 V，欲将其升高到 440 V，应(　　)。

A. 将次级绕组接电源，由初级绕组输出　　B. 将次级绕组匝数增加为 4 倍

C. 将初级绕组匝数减少为 1/4　　D. 无法判断

【解析】变压器工作时满足$\frac{U_1}{U_2}=\frac{N_1}{N_2}$，初级绕组和次级绕组所加电压小于或等于额定电压。

【答案】B

例 7.7 判断：当发电机绕组为星形连接时，各线电压的有效值为相电压有效值的 3 倍。(　　)

【解析】当发电机绕组为星形连接时，各线电压的有效值为相电压有效值的$\sqrt{3}$倍，而不是 3 倍。

【答案】×

例 7.8 在线电压为 220 V 的对称三相电路中，每相接 220 V/60 W 的灯泡 20 盏，试确定灯泡应接成星形还是三角形，并画出连接电路图，求出各相电流和各线电流。

【解析】考查三相交流电路的具体运用，由题可知，应接成三角形，并画出电路图，按三角形连接的特性解答。

【答案】在线电压为 220 V 的对称三相电路中，每相接 220 V/60 W 的灯泡 20 盏，灯泡应接成三角形才能使灯泡工作在额定电压，连接电路如图 7.14 所示。

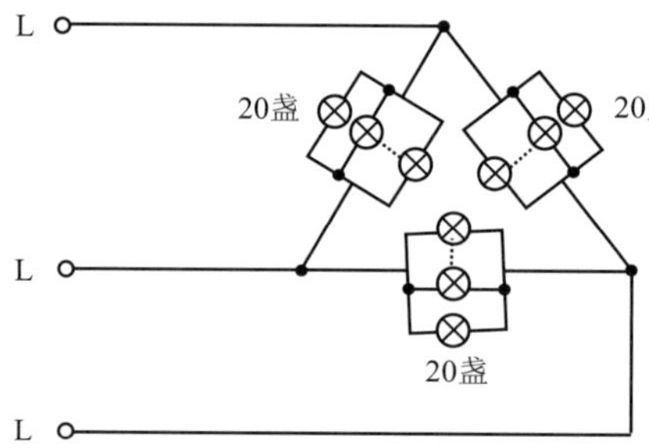

图 7.14

每相电阻为

$$R_{相}=\frac{R_{灯}}{20}=\frac{U^2}{P\times20}=\frac{220^2}{60\times20}\approx40\ \Omega$$

相电流为

$$I_{相}=\frac{U_{相}}{R_{相}}=\frac{220}{40}=5.5\ \text{A}$$

线电流为

$$I_{线}=\sqrt{3}I_{相}=\sqrt{3}\times5.5=9.5\ \text{A}$$

例 7.9 对称三相负载星形连接，每相的电阻为 6 Ω，感抗为 8 Ω，接入线电压为 380 V 的三相交流电源。试求相电流、线电流、中性线电流以及消耗的总功率。

【解析】考查对称三相负载星形连接时的计算可化为单相电路的计算，计算时注意对称三相负载星形连接的特点，即负载上的电压等于电源的相电压，线电流等于相电流，且由于负载对称，故中性线电流为零。

【答案】每相负载的阻抗为

$$|Z| = \sqrt{R^2 + X_L^2} = \sqrt{6^2 + 8^2} = 10\ \Omega$$

负载的相电压为

$$U_P = \frac{U_L}{\sqrt{3}} = \frac{380}{\sqrt{3}} = 220\ \text{V}$$

相电流和线电流为

$$I_L = I_P = \frac{U_P}{|Z|} = \frac{220}{10} = 22\ \text{A}$$

中性线电流为

$$I_N = 0$$

负载功率因数为

$$\cos\varphi = \frac{R}{|Z|} = \frac{6}{10} = 0.6$$

所以,星形连接时三相总有功功率为

$$P = \sqrt{3}U_L I_L \cos\varphi = \sqrt{3} \times 380 \times 22 \times 0.6 = 8.7\ \text{kW}$$

【要点归纳】

本部分内容是在单相交流电路的基础上进行深入学习,应注意与前一部分知识的联系。本部分从三相交流电动机的工作原理出发,介绍了三相交流电的产生和特点,同时讨论了三相电源的连接及负载在三相电路中的连接。与单相交流电路一样,本部分涉及的定义多、术语多、公式多,比较抽象难懂,可联系输电、配电、用电的实际情况,从已有的感性知识加强理解,从而能够灵活运用本部分知识解答相关的试题。

(1)正确理解和掌握对称三相电动势。

①掌握中性面的概念。中性面是线圈平面与磁感线垂直的平面。若不能正确理解和记忆中性面的概念,就不能正确解答有关瞬时表达式的试题。

②对称三相电动势。对称三相电动势具有最大值相等、频率相同、相位互差 120°、在任一瞬间的代数和为零的特点。只有正确理解对称三相电动势的概念及特点,才能理解星形连接三个线电压和三个相电压的关系。

③熟练使用交流电压表测量相电压和线电压。

(2)理解和掌握三相负载的两种连接,即星形连接和三角形连接各自的特点。

①掌握星形连接时线电压与相电压及线电流与相电流之间的关系。

②掌握三角形连接时线电压与相电压及线电流与相电流之间的关系。

③掌握中性线的作用。

④正确测量线电流、相电流以及中性线电流。

(3)掌握对称三相电路的概念与计算。

(4)了解安全用电措施。

(5)了解变压器的常用类型、结构和工作原理,掌握变压器的三个基本公式,掌握三相笼型异步电动机旋转磁场的产生、工作原理、工作特性和铭牌的含义。

任务 7.2　实训:交流串联电路

1. 实训目标

掌握交流串联电路中总电压与各分电压的关系。

2. 实训器材

(1)交流电源(220 V)1 台。

(2)普通照明灯 2 只。

(3)镇流器(220 V、40 W)2 只。

(4)电容器(4.75 μF)1 只。

(5)交流电流表 3 块。

(6)万用表 1 块。

(7)导线若干。

3. 实训步骤

1)普通照明灯和普通照明灯的串联电路

(1)按图 7.15 连接普通照明灯和普通照明灯的串联电路。

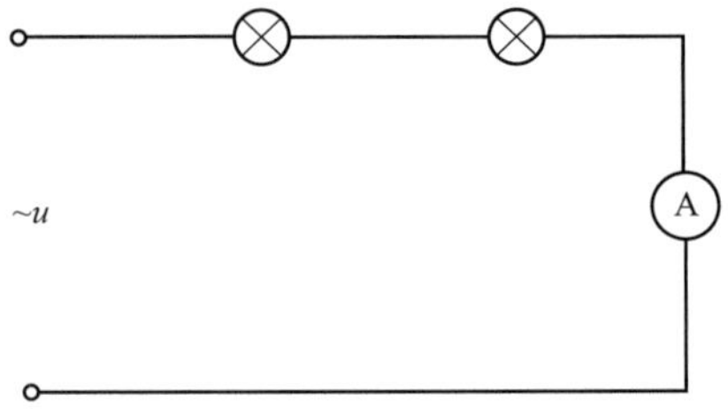

图 7.15

(2)接通电源,并将电压调至 220 V。

(3)将电流表读数填入表 7.1 中。

(4)用万用表交流电压挡分别测量两只普通照明灯两端的电压,并将数据填入表 7.1 中。

表 7.1　普通照明灯串联电路数据

U/V	U_1/V	U_2/V	I/A
220 V			

2)普通照明灯和镇流器的串联电路

(1)按图 7.16 连接普通照明灯和镇流器的串联电路。

(2)接通电源,并将电压调至 220 V。

(3)将电流表读数填入表 7.2 中。

(4)用万用表交流电压挡分别测量普通照明灯和镇流器两端的电压,并将数据填入表

7.2 中。

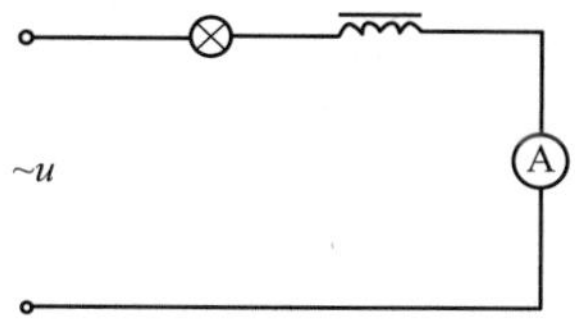

图 7.16

表 7.2　普通照明灯和镇流器串联电路数据

U/V	U_R/V	U_L/V	I/A
220 V			

3)普通照明灯与镇流器、电容器的串联电路

(1)按图 7.17 连接普通照明灯与镇流器和电容器的串联电路。

(2)接通电源,并将电压调至 220 V。

(3)将电流表读数填入表 7.3 中。

(4)用万用表交流电压挡分别测量普通照明灯、镇流器和电容器两端的电压,并将数据填入表 7.3 中。

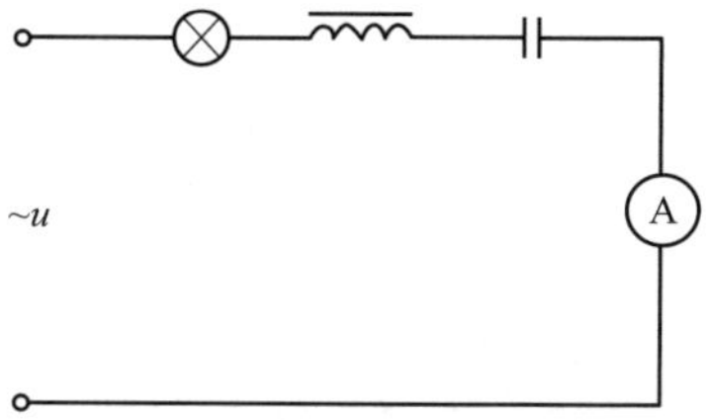

图 7.17

表 7.3　普通照明灯与镇流器、电容器串联电路数据

U/V	U_R/V	U_L/V	U_C/V	I/A
220 V				

4. 实训小结

将本实训的评价与收获填入表 7.4 中

表 7.4　实训的评价与收获

实训过程评价					
评价内容	参与程度	仪器仪表使用	安全文明操作	团队协作	任务完成
评价等级					

续表

收获与体会	

任务 7.3　实训:荧光灯电路安装与常见故障检修

1. 实训目标

(1)会按照图纸要求安装荧光灯电路。

(2)能检修荧光灯电路简单故障。

2. 实训器材

(1)交流电源(220 V)1 台。

(2)功能完好的 220 V、40 W 荧光灯(包括灯管、灯座、启辉器、镇流器)1 组。

(3)有故障的荧光灯若干组。

(4)单相闸刀开关 1 只。

(5)交流电流表 1 块。

(6)万用表 1 块。

(7)导线若干。

3. 实训步骤

(1)认识荧光灯电路各器件的实物、连接方法和安装位置。

①把两个灯座、启辉器和镇流器固定在灯架上,并把启辉器按顺时针方向旋转,且插入启辉器座中,如图 7.18 所示。

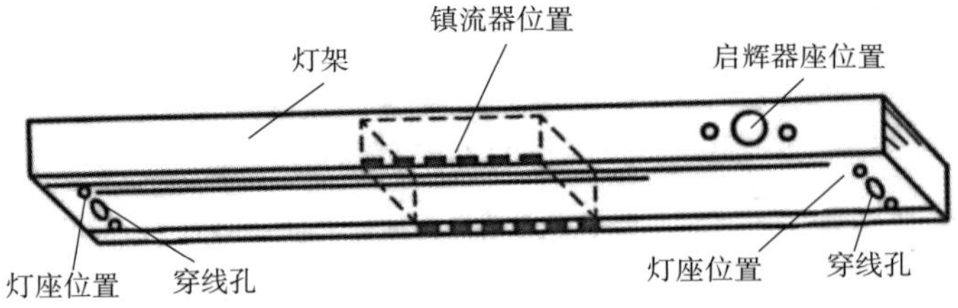

图 7.18

②用单根导线将灯座上的一个接线柱与启辉器上的一个接线柱相接,然后用另一根导线将启辉器上的另一个接线柱与另一个灯座上的任意一个接线柱相接。

③用一根导线把该灯座上的另一个接线柱和电源的中性线相接,然后将第一个灯座上

的另一个接线柱与镇流器的一个接线头相接,镇流器的另一个接线头与开关的一个接线柱相接,开关的另一个接线柱与电源的相线相接,如图 7.19 所示。

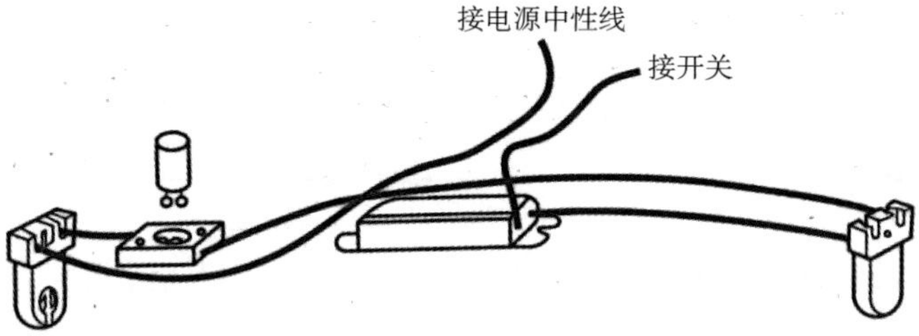

图 7.19

安装荧光灯时必须特别注意,各个零件的规格要统一,灯管与镇流器和启辉器的额定功率要一致,否则不是灯不亮,就是灯管或其他零件烧坏。

④经检查接线无误后,将电线接头处的裸露部分用绝缘胶布包缠两层,将接好线的荧光灯固定(或悬挂)在天花板或屋梁上。

⑤按照连接好的荧光灯电路绘制电路图。

(2)分析荧光灯常见故障,总结排除方法。荧光灯常见故障及排除方法见表 7.5。

表 7.5　荧光灯常见故障及排除方法

常见故障	原因分析	排除方法
灯管两端发光,中间不亮	1. 启辉器有问题,可能其中的电容被击穿或双金属片与金属熔棒搭在一起; 2. 气温过低; 3. 电源电压过低; 4. 灯管两端发黑,寿命将终止; 5. 镇流器不匹配或接线有误	1. 拆开启辉器,剪去电容,或换一只新的启辉器; 2. 用热水蒸气加温或加保温罩; 3. 检查电源电压; 4. 调换新灯管; 5. 更换镇流器,改正接线错误
灯管不发光	1. 接触不良; 2. 启辉器损坏; 3. 灯管灯丝已断; 4. 电源熔断器已断或镇流器松动	1. 转动灯管,压紧灯脚与灯座,使接触良好,转动启辉器,使之与底座电极接触牢固; 2. 用一根带有绝缘层的粗导线,两头同时接触启辉器底座的两个电极,注意只碰触一下立即脱开,这时若灯管发光,说明启辉器损坏,需调换新的启辉器; 3. 取下灯管,用万用表测试,发现不通即调换新灯管; 4. 更换熔断器或调整镇流器
灯管发光后灯光在管内旋转	这是新灯管的暂时现象	使用几次即可消失
灯光闪烁	灯管质量不好	调换新灯管
灯管光度减低	1. 灯管老化,两端发黑; 2. 电源电压减低	1. 调换新灯管; 2. 检查电源电压
灯管两端出现黑斑	灯管内水银凝结,这是新灯管常有的现象	启动后可能蒸发
电磁声较大	镇流器质量差,硅钢片振动较大	更换镇流器
镇流器过热	1. 通风散热不良; 2. 内部线圈匝间短路	1. 加强通风散热; 2. 调换镇流器

续表

常见故障	原因分析	排除方法
镇流器冒烟	内部线圈短路后烧毁	立即切断电源
灯管发光后立即熄灭	接线有错,将灯管灯丝烧断	检查并改正接线,调换新灯管
关灯后仍有微光	1. 灯管内的荧光粉余辉; 2. 相线直接接灯丝	1. 不影响使用,不必修理; 2. 将相线改接开关,或调换一下插头位置

对照表 7.5,测量分析有故障的荧光灯,将故障现象、分析过程、确定的故障原因以及检修方法填入表 7.6 中。

表 7.6　荧光灯故障分析试验

序号	故障现象	分析过程	确定的故障原因	检修方法
第一组				
第二组				
第三组				
第四组				
第五组				

4. 实训小结

将本实训的评价与收获填入表 7.7 中

表 7.7　实训的评价与收获

实训过程评价					
评价内容	参与程度	仪器仪表使用	安全文明操作	团队协作	任务完成
评价等级					
收获与体会					

任务 7.4　实训:功率因数的提高

1. 实训目标

(1)学会功率表的使用方法。

(2)验证提高电感性电路功率因数的方法。

2. 实训器材

(1)交流电源(220 V)1 台。

(2)调压变压器(1 kV·A、220/0~250 V)1 只。

(3)万用表 1 块。

(4)交流电流表 1 块。

(5)单相功率表(220 V、5 A)1 块。

(6)220 V、40 W 荧光灯(包括灯管、灯座、启辉器、镇流器)1 组。

(7)电容箱(1 μF、2 μF、4.75 μF)1 只。

(8)单相闸刀开关 1 只。

(9)导线若干。

3. 实训步骤

(1)按图 7.20 连接提高功率因数的电路(电容先不并入)。

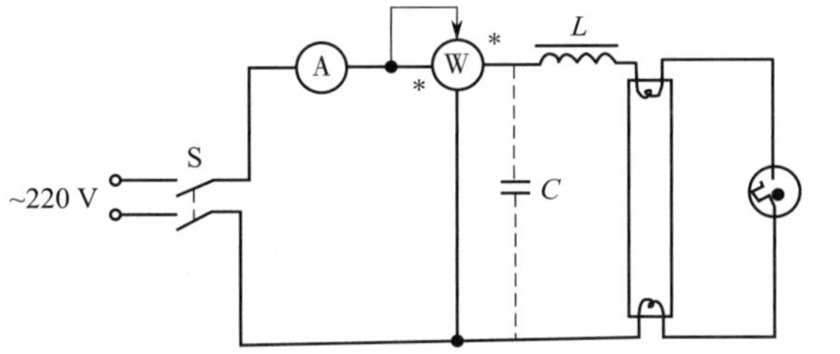

图 7.20

(2)合上开关 S,调节调压变压器,使输出电压逐步增大到 220 V,观察荧光灯的点亮过程。

(3)荧光灯点亮后,记录电流 I、功率 P,并分别测量荧光灯两端电压 U_D 和镇流器两端电压 U_L,并将数据填入表 7.8 中。

表 7.8　并联电容前电路数据

U/V	I/A	P/W	U_D/V	U_L/V
220				

(4)将电容 C 并入电路,接通电源,在保持调压变压器输出电压为 220 V 的情况下,将电容由 1 μF、2 μF、3 μF、4.75 μF、5.75 μF、6.75 μF、7.75 μF 逐渐增大,观察电流 I 和功率 P 的变化情况,并将数据填入表 7.9 中。

表 7.9 并联电容后电路数据

C/μF	1	2	3	4.75	5.75	6.75	7.75
I/A							
P/W							

4. 实训小结

将本实训的评价与收获填入表 7.10 中

表 7.10 实训的评价与收获

实训过程评价					
评价内容	参与程度	仪器仪表使用	安全文明操作	团队协作	任务完成
评价等级					
收获与体会					

任务 7.5 实训:照明电路配电板的安装

1. 实训目标

(1)掌握照明电路及配电板的安装与检测技能,会使用单相电能表。

(2)掌握各有关电器的作用、基本原理和用法,能计算电路各参量,并选择合适的导线与器材。

2. 实训器材

(1)双刀开关(HK2-10/2)1 只。

(2)熔断器(RC1 A-10)2 只。

(3)平装式卡口灯座(250 V,4 A)1 只。

(4)卡口式白炽灯(PZ220-40)1 只。

(5)单相功率表(DD-5 A)1 块。

(6)暗开关(250 V,4 A)1 只。

(7)开关盒(250 V,4 A)1 只。

(8)单相二极暗插座 1 只。

(9)导线若干。

3. 实训步骤

(1)把各种器材固定在准备好的面板上。

(2)用万用表对开关、灯座、熔断器进行检测,如有故障或型号不符及时更换。

(3)按图 7.21 连接照明电路,按图 7.22 组装照明电路配电板,垂直放置的开关、熔断器等设备的上端接电源,下端接负载(相线用红色导线,中性线用蓝色导线;单相电能表的 1、3 接线端接电源进线,2、4 接线端为出线)。

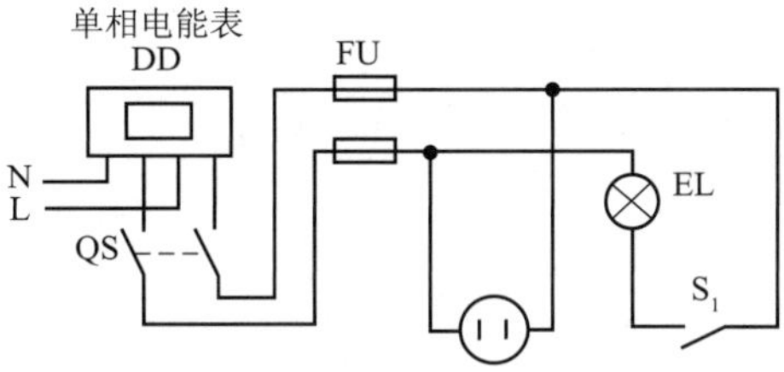

图 7.21

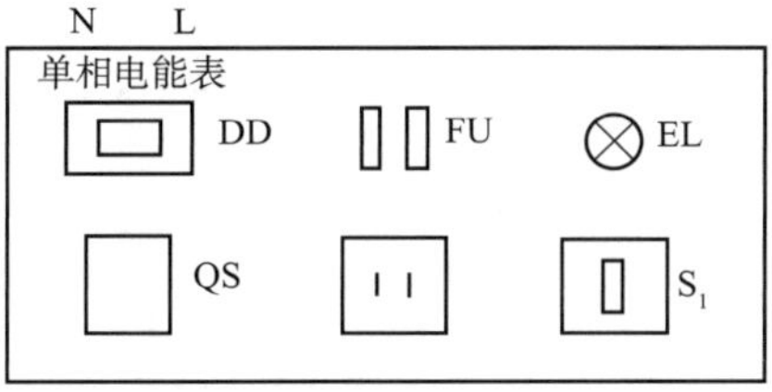

图 7.22

4. 实训小结

将本实训的评价与收获填入表 7.11 中

表 7.11　实训的评价与收获

实训过程评价					
评价内容	参与程度	仪器仪表使用	安全文明操作	团队协作	任务完成
评价等级					
收获与体会					

任务 7.6　实训:三相负载的星形连接

1. 实训目标

(1)掌握三相负载星形连接的方法。

(2)验证三相负载星形连接时,线电压和相电压以及线电流和相电流的关系。

(3)了解负载不对称时中性线的作用。

2. 实训器材

(1)三相四线制交流电源(380 V/220 V)1 台。

(2)万用表 1 块。

(3)交流电流表 4 块。

(4)试验板(包括灯、开关等)1 块。

(5)导线若干。

3. 实训步骤

(1)按图 7.23 将负载接成星形连接。

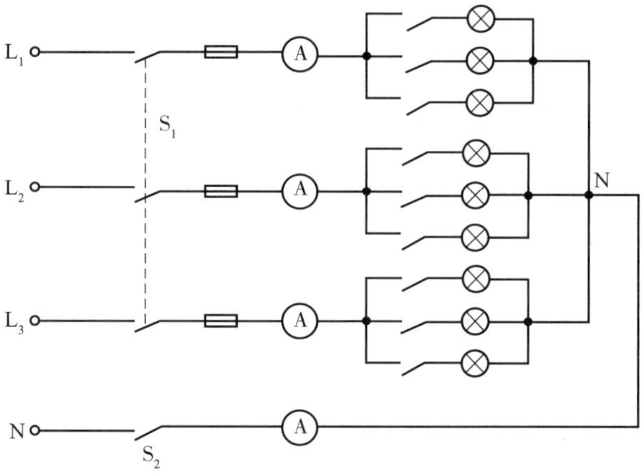

图 7.23

(2)闭合电源开关 S_1 和中性线开关 S_2,测量三相负载对称时(每相开 3 盏灯)的线电压、相电压、线电流和相电流,同时观察灯光亮度是否正常,并将数据填入表 7.12 中。

表 7.12　负载星形连接测量数据

负载情况	中性线	灯光亮度			线电压			相电压		
		L_1	L_2	L_3	U_{12}/V	U_{23}/V	U_{31}/V	U_1/V	U_2/V	U_3/V
对称三相	有									
	无									
三相不对称	有									
	无									

续表

负载情况	中性线	线电流			相电流			中性线电流 I_N/A
		I_1/A	I_2/A	I_3/A	I_1/A	I_2/A	I_3/A	
对称三相	有							
	无							
三相不对称	有							
	无							

(3)断开中性线开关 S_2，每相仍开 3 盏灯，观察各相灯光亮度如何变化，测量线电压、相电压、线电流和相电流，并将数据填入表 7.12 中。

(4)改变各相负载，使 L_1 相为 1 盏灯，L_2 相为 2 或 3 盏灯，观察各相灯光亮度的变化，测量线电压、相电压、线电流和相电流，并将数据填入表 7.12 中。

(5)重新闭合中性线开关 S_2，观察各相灯光亮度的变化，再次测量线电压、相电压、线电流和相电流，并将数据填入表 7.12 中。

4. 实训小结

将本实训的评价与收获填入表 7.13 中

表 7.13　实训的评价与收获

实训过程评价					
评价内容	参与程度	仪器仪表使用	安全文明操作	团队协作	任务完成
评价等级					
收获与体会					

任务 7.7　实训：三相负载的三角形连接

1. 实训目标

(1)掌握三相负载三角形连接的方法。

(2)验证三相负载三角形连接时，线电流和相电流以及线电压和相电压的关系。

(3)了解负载不对称时中性线的作用。

2. 实训器材

(1)三相四线制交流电源(220 V)1 台。

(2)万用表1块。
(3)交流电流表6块。
(4)试验板(包括灯、开关等)1块。
(5)导线若干。

3. 实训步骤

(1)按图7.24将负载接成三角形连接。

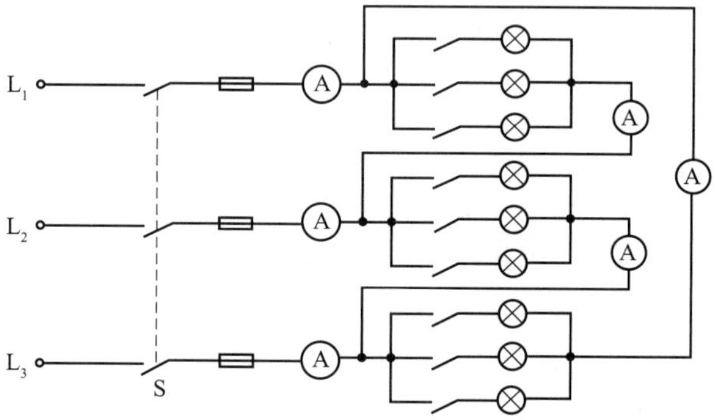

图7.24

(2)闭合电源开关S,测量对称三相负载(每相开3盏灯)时的线电压、相电压、线电流,同时观察各相灯光亮度是否正常,并将数据填入表7.14中。

表7.14 负载三角形连接测量数据

负载情况	线电压/V			相电压/V			线电流/A			相电流/A			灯光亮度		
	U_{12}	U_{23}	U_{31}	U_1	U_2	U_3	I_1	I_2	I_3	I_{12}	I_{23}	I_{31}	L_1	L_2	L_3
对称三相															
三相不对称															

(3)将三相负载调整为不对称,如L_1相为1盏灯,L_2相为2盏灯,L_3相为3盏灯,观察灯光亮度有何变化,测量线电压、相电压、线电压和相电流,并将数据填入表7.14中。

4. 实训小结

将本实训的评价与收获填入表7.15中。

表7.15 实训的评价与收获

实训过程评价					
评价内容	参与程度	仪器仪表使用	安全文明操作	团队协作	任务完成
评价等级					

续表

收获与体会	

任务 7.8　技术与应用

1. 单相电能表

单相电能表是专门为家庭使用而设计的，主要用于记录电流通过用户电路时消耗的电能，以合理地支付电费。

1）单相电能表种类

早期的单相电能表主要为机械式，它是利用电磁感应原理制成的，如图 7.25（a）所示。随着电子技术的飞速发展，电能表正在向电子化、高精度和高可靠性的方向发展。新型的电子式电能表采用电子乘法器实现功率运算，经过处理器、检测器等电路准确地测量出有功功率、无功功率、视在功率等，如图 7.25（b）所示。

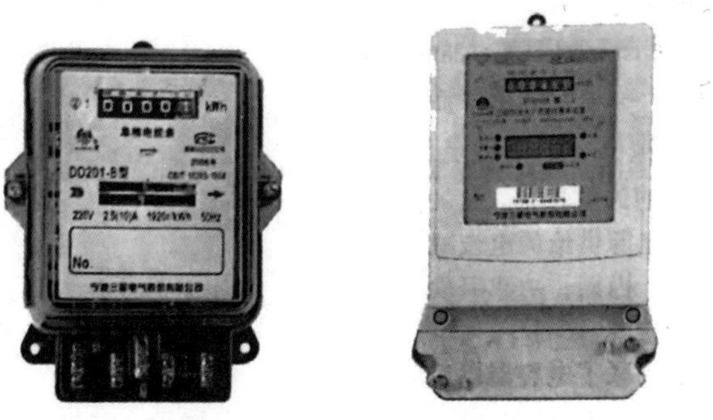

（a）　（b）

图 7.25

（a）机械式电能　（b）电子式电能表

2）单相电能表参数

单相电能表表盘如图 7.26 所示，盘面上的参数包括：

（1）kW·h，表示电能的单位为千瓦时（俗称度）；

（2）220 V，表示额定电压；

（3）3 A，表示额定电流，但最大使用电流可达 6 A；

（4）1 200 r/（kW·h），表示电能表每消耗 1 kW·h，铝盘应转过 1 200 转。

3)单相电能表接线方法

单相电能表接线盒内设有4个接线柱,分别与室内外配电线路相连。在接线盒盖上,一般都有接线图,如图7.27所示。接线前,一定要看懂接线图,按图接线。

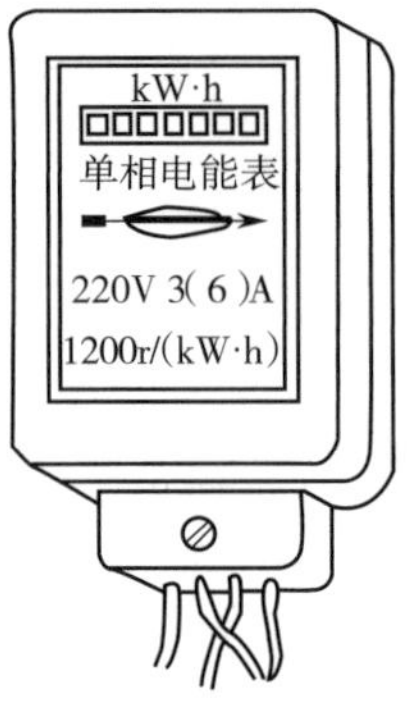

图 7.26

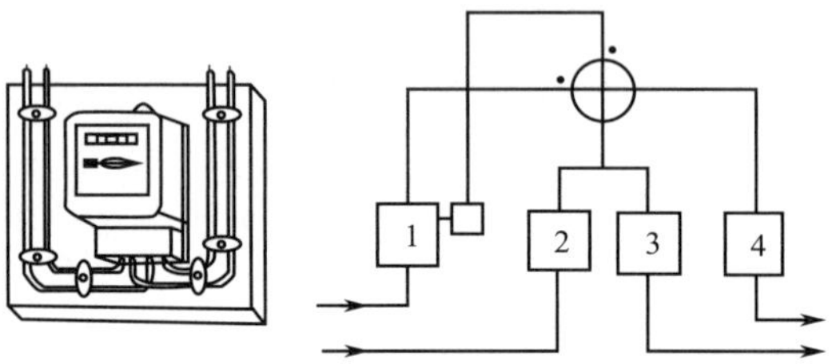

图 7.27

4)单相电能表选用方法

根据负载的额定电压和负载的最大电流选择电能表。电能表的额定电压与负载的额定电压一致,而电能表的额定电流应不小于负载的最大电流。若容量选择大了,电能表不能正常转动,会因本身存在误差而影响结果的正确性;若容量选择小了,会有烧坏电能表的可能。

当没有负载时,电能表的铝盘应该静止不转。当电能表的电流线路中无电流,而电压线路上有额定电压时,其铝盘转动应不超过潜动允许值,一般在限定时间内潜动不超过1整转。

2. 常用电光源

将电能转换为光能的器件或装置称为电光源。白炽灯的发明使人类从漫长的火光照明时代进入电气照明时代,从此电光源广泛用于日常照明、工农业生产、国防和科研等方面。

常用的电光源有热致发光电光源(如白炽灯、卤钨灯等)、气体放电发光电光源(如荧光灯、汞灯、钠灯、金属卤化物灯等)、固体发光电光源(如LED和场致发光器件等)。

1)卤钨灯

普通白炽灯在使用过程中,由于从灯丝蒸发出来的钨原子沉积在灯壁上而使玻璃壳黑化,使透光性降低,从而导致灯的光效降低。卤钨灯是将卤族元素充到灯管中,可以改善白炽灯的黑化现象,并且提高灯的使用寿命。由卤钨灯制售的照明灯如图7.28所示。

图 7.28

2)荧光灯

荧光灯是目前经常使用的照明设备,与白炽灯相比,荧光灯具有发光效率高、节能等优点。荧光灯电路主要由灯管、镇流器以及启辉器等组成。

荧光灯适用于宾馆、办公室、商场、医院、图书馆、车辆以及家庭等照明场合,如图7.29所示。彩色荧光灯还可以在商场橱窗、广告牌等场合作为装饰性光源使用。另外,与荧光灯发光原理相似的高压汞灯、高压钠灯等适合用作广场、高大建筑物和道路等场所的照明光源。

图 7.29

3）发光二极管（LED）

白炽灯由于发光效率低，已逐步被发光效率较高的荧光灯所代替，但荧光灯的灯管中含汞，会对环境造成严重污染，因此这些传统电光源正在逐步被新型电光源取代。发光二极管利用半导体特性发光，具有低电压、低电流的省电发光特点，同时具有轻、薄、短、小、抗震、耐摔、可靠性高、寿命长的优点，日益成为受人们重视的新型电光源。

发光二极管的核心部分是由 P 型半导体和 N 型半导体组成的晶片，微小的半导体晶片被封装在洁净的环氧树脂中，通过加装的电极连接到电路中。

最初发光二极管用作仪器仪表的指示光源，后来各种颜色的发光二极管在交通信号灯和大面积显示屏中得到广泛应用，并产生了很好的效果。近年来，汽车信号灯也成为发光二极管应用的重要领域。

在 2008 年北京奥运会开幕式上发光二极管也大放异彩。在巨大的“梦幻长卷”和“梦幻五环”上都装有大量的发光二极管，身披发光二极管外衣的演员时而化为万点繁星，时而组成一支振翅欲飞的和平鸽（图 7.30），给观众在视觉上以极大的震撼，非凡的艺术表现效果为北京奥运会开幕式表演的成功奠定了基础，使发光二极管首次成功大规模应用于奥运会这样的国际盛事。

图 7.30

3. 发电、输电和配电

1）发电和输电

把其他形式的能量转换成电能的场所，称为发电站或发电厂。根据发电所用能源的种类，发电厂可分为水力、火力、风力、核能、太阳能、沼气等几种。现在世界各国建造得最多的主要是水力发电厂和火力发电厂。近几十年来，核电站也发展很快。

各种发电厂中的发电机几乎都是三相交流发电机。我国生产的交流发电机的电压等级有 3.15 kV、6.3 kV、10.5 kV、15.75 kV 等多种。

大中型发电厂大多建在产煤地区或水力资源丰富的地区附近，距离用电地区往往在几十千米以至几百千米以上。所以，发电厂生产的电能要用高压输电线输送到用电地区，然后再降压分配给各用户。联系发电和用电设备的输配电系统称为电力网。

现在通常将同一地区的各种发电厂联合起来而组成一个强大的电力系统，这样可以提高各发电厂的设备利用率，合理调配各发电厂的负载，以提高供电的可靠性和经济性。

为了提高输电效率并减少输电线路上的损失，通常都采用升压变压器将电压升高后，再进行远距离输电。输电距离越远，要求输电线的电压也就越高。目前，我国远距离输电线的额定电压有 35 kV、110 kV、220 kV、330 kV、500 kV 等

2）工业企业配电

由输电线末端的变电所将电能分配给各生产企业和城市。电能输送到企业后，各企业都要进行变压或配电。进行接电、变压和配电的场所称为变电所。若只进行接电和配电，而不变压的场所称为配电所。高压配电线路的额定电压有 3 kV、6 kV 和 10 kV 三种；低压配电线路的额定电压是 380 V/220 V。低压配电线路的连接方式有放射式和树干式两种。

当负载点比较分散，而各个负载点又具有相当大的集中负载时，采用放射式配电线路。这种配电方式的最大优点是供电可靠、维修方便，某一配电线路发生故障时不会影响其他线路。

树干式配电线路是将每个独立负载或一组集中负载按其所在位置，依次接到某一配电干线上。一般企业内部多采用树干式配电。这种线路比较经济，但当干线发生故障时，接在其上面的所有设备都要受影响。

4. 架空配电线路

长期以来，我国的配电线路为了能适应负荷的增长，降低建设成本，并在出现事故时快速恢复供电，主要以架空线为主。图 7.31 所示是装有柱上变压器的电线杆示意图。近年来，从城市美观或观光的角度出发，除采用地下方式外，还采用与环境协调的电线杆。

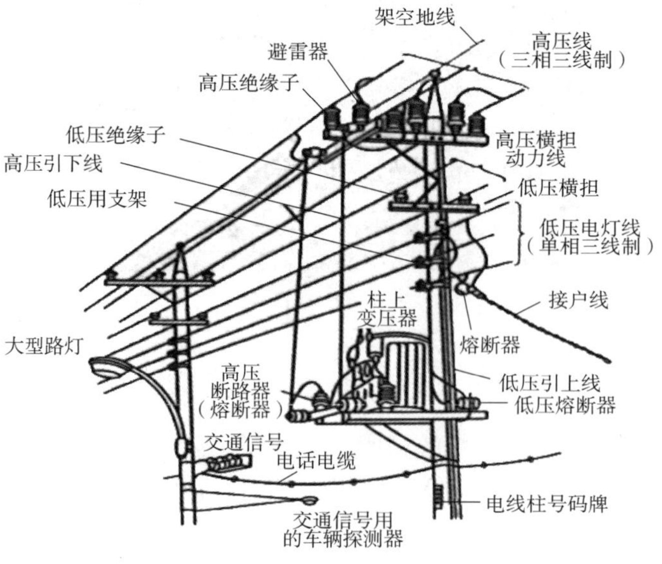

图 7.31

架空线的支持物有钢筋混凝土电线杆、木杆、铁杆等。绝缘子有高、低压绝缘子之分。

在架空配电线路中，使用有绝缘层的铜、铝绝缘电线。户外高压配线采用以聚乙烯为绝缘包皮的钢芯铝绞线，其强度大，适用于一般架空线。

配电变压器一般为 50 kV · A 以下，随着电力需求的增加，变压器向大容量方向发展。变压器损耗占配电的 2%左右。为了降低损耗，目前正在研究非晶态金属材料制作铁芯的配电变压器。

5. 熔断器

熔断器是一种简单而有效的短路保护器。熔断器内的主要部件是熔体，由熔点较低的合金制成。熔断器串联在被保护电路中，当电路发生短路或严重过载时，熔体因通过的电流增大而过热熔断，从而自动切断电路，以保护电气设备。常用的熔断器有插入式和螺旋式两类，如图 7.32 所示。

（a）　　　　（b）

图 7.32

（a）插入式　（b）螺旋式

选择熔断器时，熔断器的额定电压应大于或等于线路的额定电压，熔断器的额定电流应大于或等于熔体的额定电流。熔体的额定电流则根据不同的负载及负载电流的大小选定。对电阻性电路（如照明、电热等电路），熔体的额定电流应等于或稍大于负载的额定电流；对保护单台电动机的电路，熔体的额定电流应大于或等于电动机额定电流的 1.5~2.5 倍；对保护多台电动机的电路，熔体的额定电流应大于或等于最大一台电动机额定电流的 1.5~2.5 倍和其余电动机额定电流之和。

熔体中的电流越大，熔体熔断的速度就越快。当通过熔体的电流为其额定电流的 1.6 倍时，熔体在 1 h 以内熔断；当通过熔体的电流达到其额定电流的 2 倍时，熔体约在 30 s 内熔断。由此可见，熔断器对过载保护不很灵敏，仅在短路和严重过载时作用较显著。

6. 漏电保护开关

漏电保护开关是为了防止人身触电和漏电火灾等事故而研制的一种新型电器。漏电保护开关除起自动开关的作用外，还能在设备漏电或人身触电时迅速断开电路，保护人身和设备的安全，因而使用十分广泛。

漏电保护开关的基本工作原理和结构如图 7.33 所示。

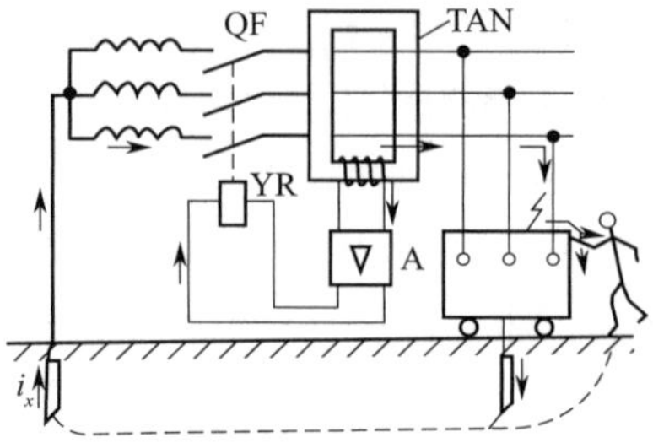

图 7.33

漏电保护开关由零序互感器 TAN、放大器 A 和主电路断路器 QF(含脱扣器 YR)三个主要部件组成。当设备正常工作时,主电路电流的矢量和为零,零序互感器的铁芯无磁通,其二次绕组没有感应电压输出,漏电保护开关保持闭合。当被保护的电路中有漏电或有人体触电电流 i_x 通过时,由于 i_x 取道大地为回路,于是主电路电流的矢量和不再为零,零序互感器的铁芯磁通有变化,其二次绕组有感应电压输出。当漏电电流达到一定值时,经放大器放大后足以使脱扣器 YR 动作,使断路器 QF 在 0.1 s 内跳闸,有效地起到触电保护的作用。在漏电保护开关上设有检验按钮,若按下该按钮,漏电保护开关动作,则证明其性能良好,一般要求至少每月检验一次。

漏电保护开关的主要技术参数有漏电动作电流和动作时间。若用于保护手持电动工具、各种移动电器和家用电器,应选用额定漏电动作电流不大于 30 mA、动作时间不大于 0.1 s 的快速动作漏电保护开关。

任务 7.9 强化训练

1. 单选题

(1)某对称三相电源电压为 380 V,则其线电压的最大值为(　　)V。

A.$380\sqrt{2}$　　B.$380\sqrt{3}$　　C.$380\sqrt{6}$　　D.$\dfrac{380\sqrt{2}}{\sqrt{3}}$

(2)如图 7.34 所示三相四线制电源,用电压表测量电源线的电压以确定零线,测量结果为 U_{12}=380 V,U_{23}=220 V,则(　　)。

A.2 号为零线　　B.3 号为零线　　C.4 号为零线　　D.1 号为零线

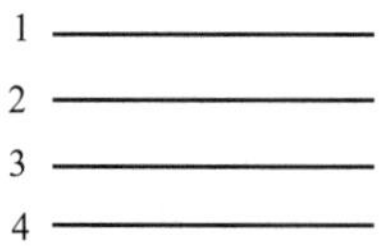

图 7.34

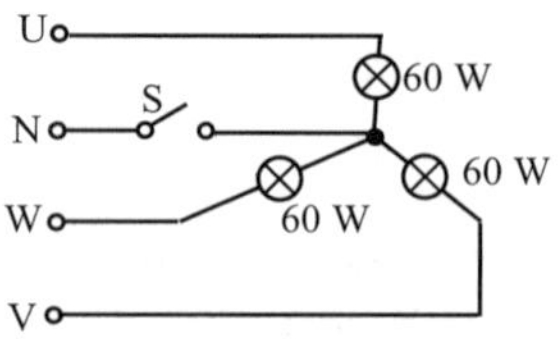

图 7.35

(3)如图 7.35 所示,3 个电灯的额定电压等于相电压,若开关 S 断开,下列说法正确的是(　　)。

A.3 个电灯仍正常工作

B.U 相电灯异常亮,W 相电灯最亮

C.U 相电灯最暗,V 相电灯常亮

D.V 相电灯最暗,U 相电灯最暗,W 相电灯异常亮

(4)如图 7.36 所示,$i_1=6\sqrt{2}\sin(100\pi t+30°)$A,$i_2=8\sqrt{2}\sin(100\pi t-60°)$A,则电流表的读数为(　　)。

A.14.14 A　　B.14 A　　C.10 A　　D.8 A

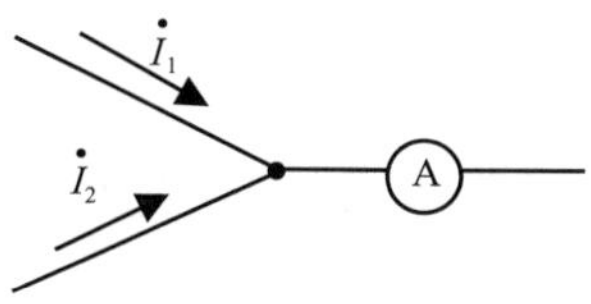

图 7.36

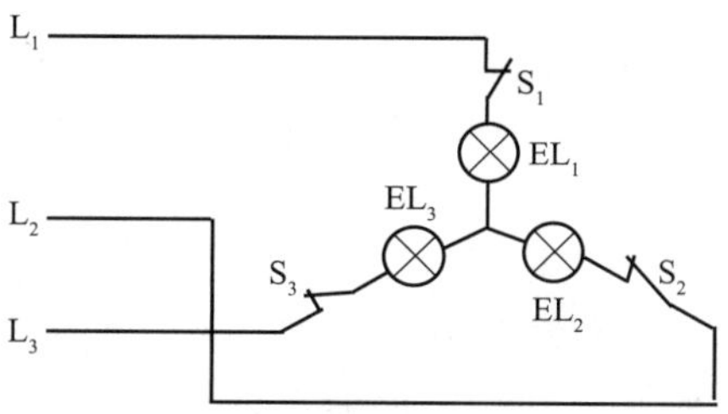

图 7.37

(5)已知某三相发电机绕组连接成星形时的相电压 $u_u=220\sqrt{2}\sin(314t+30°)$V,$u_v=220\sqrt{2}\sin(314t-90°)$V,$u_w=220\sqrt{2}\sin(314t+150°)$V,则当 t=10 s 时,它们之和为(　　)V。

A.380　　B.0　　C.$380\sqrt{2}$　　D.$\frac{380\sqrt{2}}{\sqrt{3}}$

(6)三盏规格相同的白炽灯按图 7.36 所示接在三相交流电路中都能正常发光,现将开关 S_3 断开,则 EL_1、EL_2 将(　　)。

A. 烧毁其中一个或都烧毁　　B. 不受影响,仍正常发光

C. 都略微变亮些　　D. 都略微变暗些

(7)如图 7.38 所示,若电压表 V_1 的读数为 380 V,则电压表 V_2 的读数为______;若电流表 A_1 的读数为 10 A,则电流表 A_2 的读数______。(　　)

A.380 V,17.3 A　　B.380 V,20.3 A　　C.220 V,17.3 A　　D.220 V,20.3 A

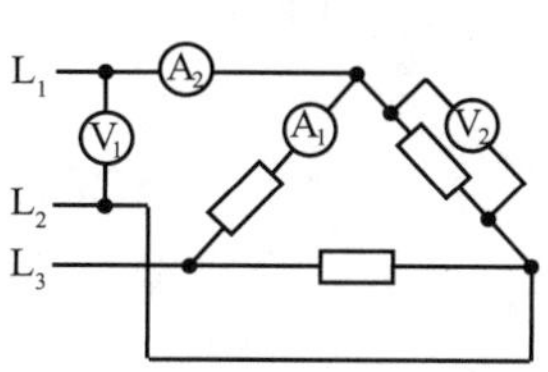

图 7.38

(8)同一对称三相负载接在同一电源中,进行三角形连接时,三相电路的相电流、线电流、有功功率分别是星形连接时的(　　)倍。

A. $\sqrt{3}$、$\sqrt{3}$、$\sqrt{3}$　　B. $\sqrt{3}$、$\sqrt{3}$、3　　C. $\sqrt{3}$、3、$\sqrt{3}$　　D. $\sqrt{3}$、3、3

(9)下列关于保护接地和保护接零的说法,错误的是(　　)。

A. 保护接零适用于三相四线制中性点接地系统中的电气设备

B. 同一供电电路上不允许部分设备保护接地、部分设备保护接零

C. 保护接地就是将设备金属外壳和中性线一起接入埋在地下的接地装置

D. 保护接地适用于三相三线制中性点不接地系统中的电气设备

(10)在三相四线制中，当三相负载不平衡时，三相电压相等，中性线电流(　　)。

A. 等于零　　B. 不等于零　　C. 增大　　D. 减小

(11)下列关于减小远距离输电线上的功率损耗的说法，正确的是(　　)。

A. 由 $P=U^2/R$，应降低输电电压，增大导线电阻

B. 由 $P=IU$，应低电压、小电流输电

C. 由 $P=I^2R$，应减小导线电阻或减小输电电流

D. 以上说法均不对

(12)关于三相正弦交流电路，下列结论正确的是(　　)。

A. 中性线的作用在于使星形连接的三相不对称负载承受对称的相电压

B. 凡三相负载作星形连接时，其线电压均等于相电压的 $\sqrt{3}$ 倍

C. 凡三相负载作三角形连接时，其线电流均等于相电流的 $\sqrt{3}$ 倍

D. 对称三相电路的总功率 P 与三相负载的连接方式无关

(13)关于电气设备发生火灾，下列说法错误的是(　　)。

A. 应先切断电源，再进行其他救援活动

B. 对于明火，应迅速用大量的水扑灭

C. 对于电视机等易爆电器，可以用湿棉被、湿地毯等遮盖，以防止爆炸

D. 当不能确定电源是否切断时，可以用盖土、盖沙等手段灭火

(14)如果将额定电压为 110 V/36 V 的变压器接入 110 V 的直流电源，则(　　)。

A. 输出电压低于 36 V　　B. 输出 36 V 的直流电压

C. 输出 36 V 的电压，原绕组过热　　D. 没有电压输出，原绕组因严重过热而烧坏

2. 多选题

(1)三相电源的连接方法可分为(　　)。

A. 星形连接　　B. 串联连接　　C. 三角形连接　　D. 并联连接

(2)如图 7.39 所示电路，三相交流发电机 A 相的电压为 $u=311\sin(100\pi t)$V，接在 AO 间的电阻 $R=100\ \Omega$，则(　　)。

A. 此交流电的周期为 0.02 s　　B. 流过 R 的电流方向每秒改变 50 次

C. 流过 R 的电流为 2.2 A　　D. B、C 两端线间的电压为 380 V

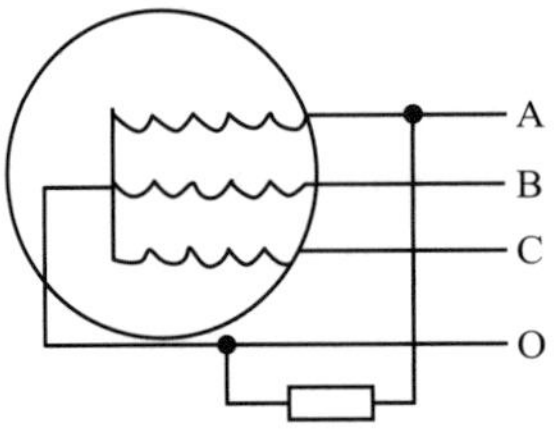

图 7.39

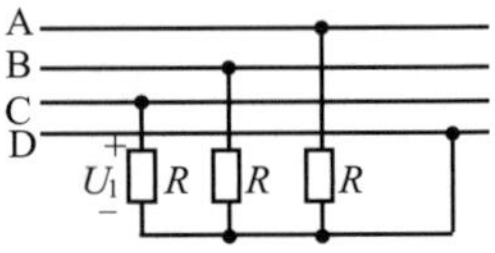

图 7.40

（3）如图 7.40 所示电路为（　　）。

A. 星形连接　B. 三相四线制　C. 三角形连接　D. 三相三线制

（4）在三相正弦交流电路中，对称星形连接电路具有（　　）。

A. 线电压等于相电压　B. 线电压等于相电压的 $\sqrt{3}$ 倍

C. 线电流等于相电流　D. 线电流等于相电流的 $\sqrt{3}$ 倍

（5）当远距离高压输送一定电功率时，输电线上损耗的功率与电路中的（　　）。

A. 输送电压的平方成正比　B. 输送电压的平方成反比

C. 输电线中电流的平方成正比　D. 输电线中电流的平方成反比

（6）有关三相交流电，下列说法正确的是（　　）。

A. 三相电压分别达到最大值的时刻不同

B. 在三相四线制供电线路中，线电压是相电压的 $\sqrt{2}$ 倍

C. 三只标称值均为"220 V，100 W"的灯泡可按 Y 形连接，接入线电压为 380 V 的三相四线制电路，此时可省去中性线

D. 家用的单相用电器可接入三相四线制电路中的任意两根导线之间

3. 判断题

（1）对称三相电动势任一瞬间的代数和为零。（　　）

（2）两相线间的电压称为相电压。（　　）

（3）一个三相四线制供电线路中，若相电压为 220 V，则电路线电压为 311 V。（　　）

（4）负载作星形连接时，线电流必等于相电流。（　　）

（5）三相三线制电路中，三个相电流之和必等于零。（　　）

（6）对称三相负载三相电压、电流的瞬时值或相量之和不为零。（　　）

（7）功率因数在数值上是有功功率和无功功率之比。（　　）

（8）当通过人体的工频电流超过 50 mA 时，就有生命危险。（　　）

4. 简答和计算题

（1）常见的触电方式有哪些？各有何特点？

（2）如图 7.41 所示，一台三相交流异步电动机和定子绕组采用星形连接，并接于 U_L=380 V 的对称三相电源上，其线电流 I_L=2.2 A，$\cos\varphi$=0.8，试求每相绕组的阻抗 $|Z|$。

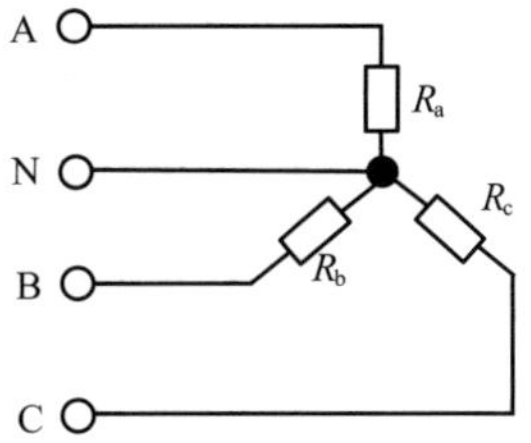

图 7.41

（3）有一台三相电动机，绕组接成三角形后，并接于线电压 U_L=380 V 的电源上，电源供给的有功功率 P=8.2 kW，功率因数 $\cos\varphi = 0.38$。试求电动机接成三角形时的相电流、线电流。

（4）对于对称三相负载，每相的电阻 R=8 Ω，感抗 X_L=6，分别接成星形、三角形后，接到线电压为 380 V 的对称三相电源上，如图 7.42 所示。试求：

（1）负载作星形连接时的相电流、线电流和有功功率；

（2）负载作三角形连接时的相电流、线电流和有功功率。

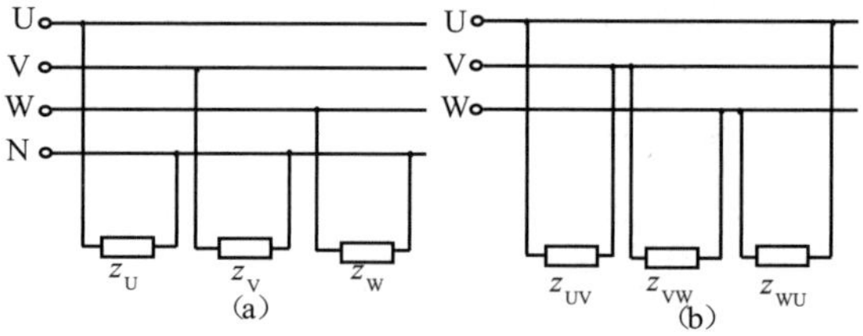

图 7.42

（5）如图 7.43 所示三相四线制电路，三相负载作星形连接，已知电源线电压为 380 V，负载电阻 R_a=11 Ω，R_b=R_c=22 Ω，试求：

（1）负载的各相电压、相电流、线电流和三相总功率；

（2）中性线断开、A 相短路时的各相电流和线电流；

（3）中性线断开、A 相断开时的各线电流和相电压。

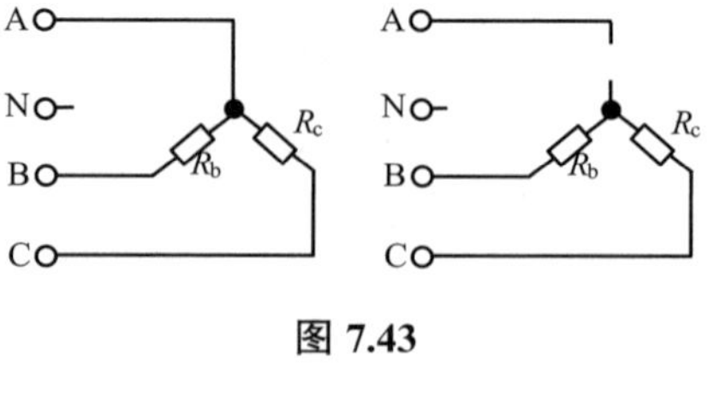

图 7.43

任务 7.10　质量检测

1. 单选题(每小题 2 分,共 20 分)

(1)相序是一个十分重要的概念,为使电力系统能够安全可靠地运行,通常统一规定技术标准,一般在配电盘上 U 相用(　　)。

A. 黄色　　B. 绿色　　C. 红色　　D. 蓝色

(2)对称三相电路是指(　　)。

A. 三相电源对称的电路　　B. 三相负载对称的电路

C. 三相电源和三相负载均对称的电路　　D. 以上说法都不对

(3)星形连接的对称三相电源的线电压 U_{AB} 与其相电压 U_A 的关系是(　　)。

A. $U_{AB}=U_A$　　B. $U_{AB}=\sqrt{2}U_A$　　C. $U_{AB}=\sqrt{3}U_A$　　D. $U_A=\sqrt{3}U_{AB}$

(4)星形连接的三相负载采用三相四线制供电方式,电源频率为 50 Hz,线电压为 380 V,则(　　)。

A. 线电压有效值为相电压有效值的 $\sqrt{3}$ 倍　　B. 线电压的最大值为 380 V

C. 相电压的瞬时值为 220 V　　D. 交流电的周期为 0.2 s

(5)三相动力供电线路的电压是 380 V,则任意两根相线之间的电压称为(　　)。

A. 相电压,有效值是 380 V　　B. 相电压,有效值是 220 V

C. 线电压,有效值是 380 V　　D. 线电压,有效值是 220 V

(6)关于一般三相交流发电机的三个线圈中的电动势,下列说法正确的是(　　)。

A. 它们的最大值不同

B. 它们同时达到最大值

C. 它们的周期不同

D. 它们达到最大值的时间依次落后 1/3 周期

(7)下列关于对称负载的三角形连接的三相电路的说法,正确的是(　　)。

A. 线电压是相电压的 $\sqrt{3}$ 倍,线电流等于相电流

B. 线电压是相电压的 $\sqrt{3}$ 倍,线电流是相电流的 $\sqrt{3}$ 倍

C. 线电压等于相电压,线电流等于相电流

D. 线电压等于相电压,线电流是相电流的 $\sqrt{3}$ 倍

(8)在对称三相电路中,对称三相负载三角形连接,则电路的相电流与线电流的关系为(　　)。

A. 线电流与相电流相等

B. 线电流是相电流的 $\sqrt{3}$ 倍,并超前 30°

C. 线电流是相电流的 $\sqrt{3}$ 倍,并滞后 30°

D. 线电流与相电流数值相等,并且线电流超前相电流 30°

(9)三相交流发电机中的三个线圈作星形连接,三相负载中每相负载相同,则(　　)。

A. 三相负载作三角形连接时,每相负载的电压等于 U_L

B. 三相负载作三角形连接时，每相负载的电流等于 I_L

C. 三相负载作星形连接时，每相负载的电压等于 U_L

D. 三相负载作星形连接时，每相负载的电流是 $\frac{1}{\sqrt{3}}I_L$

（10）如果将额定电压为 110 V/36 V 的变压器接入 110 V 的直流电源，则（　　）。

A. 输出电压低于 36 V

B. 输出 36 V 的直流电压

C. 输出 36 V 的电压，原绕组过热

D. 没有电压输出，原绕组因严重过热而烧坏

2. 多选题（每小题 3 分，共 18 分）

（1）电流对人体伤害的程度与（　　）有关。

A. 人体自身的体质、健康、情绪　　B. 电流的大小与频率的高低

C. 电流通过人体的路径　　D. 电流通过人体的时间长短

（2）三相交流电与单相交流电相比，优点是（　　）。

A. 三相发电机比尺寸相同的单相发电机输出的功率要大

B. 三相发电机运转时比单相发电机的振动小

C. 三相发电机比单相发电机的检修周期更短

D. 三相输电线比单相输电线节省更多的材料

（3）对称三相电路总有功功率为 $P=\sqrt{3}U_1I_1\cos\varphi$，关于其中的 φ 角，下列说法错误的是（　　）。

A. 线电压与线电流之间的相位差角　　B. 相电压与相电流之间的相位差角

C. 线电压与相电流之间的相位差角　　D. 相电压与线电流之间的相位差角

（4）在对称三相电路中，电源线电压为 380 V，下列说法正确的是（　　）。

A. 对于照明负载，应采用三相四线制

B. 对于电动机负载，应采用三相四线制

C. 对于相电压为 380 V 的电动机，应采用△形连接

D. 对于相电压为 220 V 的电动机，应采用 Y 形连接

（5）有一对称三相负载作星形连接，每相阻抗均为 22 Ω，功率因数为 0.8，测出负载中的电流为 10 A，那么（　　）。

A. 三相电路的有功功率为 5 280 W　　B. 无功功率为 3 960 var

C. 视在功率为 6 600 V·A　　D. 中性线电流为 0

（6）防止触电的技术措施有（　　）。

A. 绝缘　　B. 采用安全电压　　C. 装设漏电保护器　　D. 接地和接零

3. 判断题（每小题 2 分，共 12 分）

（1）中性线的作用就是使不对称 Y 形连接负载的端电压保持对称。（　　）

（2）相线上的电流称为线电流。（　　）

（3）在三相电路中，负载的连接方法有星形连接和三角形连接两种。（　　）

（4）在三相四线制供电系统中，中性线不允许断开，因此不能在中性线上安装保险丝或开关，并且中性线比火线粗。（　　）

（5）由三相交流功率计算公式 $P=\sqrt{3}U_1I_1\cos\varphi$ 可知，在用同一电源时，一个负载对称地接成星形或三角形，其总功率是相同的。（　　）

（6）变压器可以变换各种电压。（　　）

4. 填空题（共 20 分）

（1）安全电压是指________以下的电压。

（2）为防止发生触电事故，应注意开关一定要接在________上。此外，电气设备还常采用两种防护措施，即__________和__________。

（3）对称三相负载作星形连接，并接在 380 V 的三相四线制电源上。此时，负载两端的相电压等于_______倍的线电压，相电流等于________倍的线电流，中线电流等于________。

（4）有一对称三相负载作星形连接，每相阻抗均为 22 Ω，功率因数为 0.8，又测出负载中的电流为 10 A，则三相电路的有功功率为________W，无功功率为________var，视在功率为________V·A。

5. 综合分析题（共 30 分）

（1）线电压为 380 V 的三相四线制电网中，接有 R=40 Ω，X_L=30 Ω 的对称三相负载，并作星形连接。试求：①每相负载的电压；②每相负载的电流；③线电流；④三相有功功率。（8 分）

（2）某三层大楼照明电灯由三相四线制电网供电，线电压为 380 V，每层楼均有 220 V，40 W 的白炽灯 242 只，三层楼分别使用 U、V、W 三相，试求：

①当第一层楼电灯全部熄灭，另两层楼电灯全部亮时的线电流和中线电流；

②当第一层楼电灯全部熄灭，且中线断掉，第二、三层楼电灯全亮时，灯泡两端电压为多少，若再关掉第三层楼的一半电灯，情况又如何。（6 分）

（3）某一对称三相负载，每相负载的电阻为 80 Ω，感抗为 60 Ω，接于线电压为 380 V 的三相电源上。在下列两种情况下，试求负载通过的电流、相线上的电流和负载消耗的功率：

①负载连成星形；

③负载连成三角形。（6 分）

（4）如图 7.44 所示三相四线制电路，三相负载作星形连接，已知电源线电压为 380 V，负载电阻 R_a=11 Ω，R_b=R_c=22 Ω。试求：

①负载的各相电压、相电流、线电流和三相总功率；

②中性线断开，A 相短路时的各相电流和线电流；

③中性线断开，A 相断开时的各线电流和相电流。（10 分）

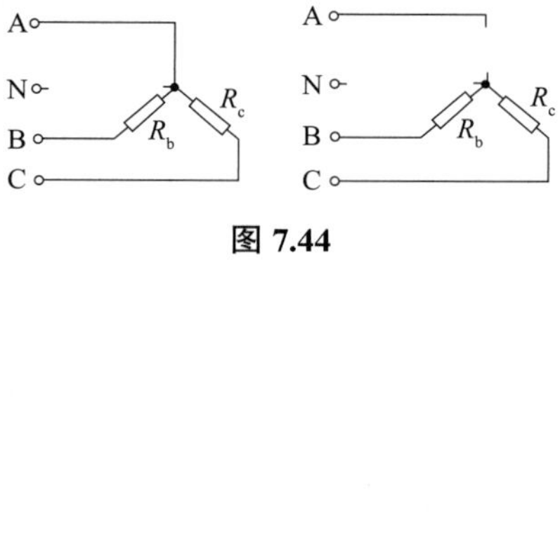

图 7.44

*项目八　谐振电路

【学习目标】

本部分是选学内容，考纲没有要求，且近几年甘肃省对口招生考试出现的题目极少，为了学生全面掌握电工知识，有必要介绍和学习，从而为以后的学习打下坚实的专业基础。

（1）串联谐振的定义、条件、特点、应用和选择性。

（2）并联谐振的特点和应用。

【知识梳理】

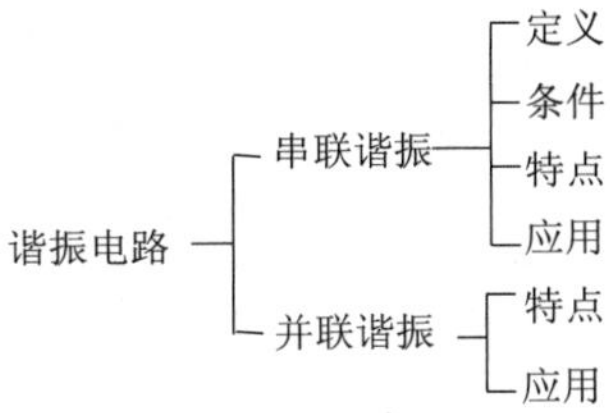

任务 8.1　认识谐振电路

【内容提要】

1. 串联谐振

1）串联谐振的定义、条件和实现

在如图 8.1 所示 *RLC* 串联电路中，当电路端电压和电流同相时，电路呈电阻性，电路的这种状态称为串联谐振。

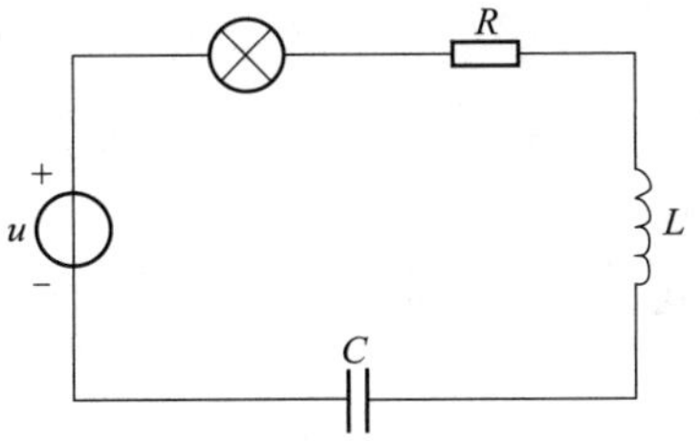

图 8.1

串联谐振的条件：

$$I=\frac{U}{|Z|},|Z|=\sqrt{R^2+(X_L^2-X_C^2)}$$

$$X_L = X_C, \omega_0 L = \frac{1}{\omega_0 C}$$

$$\omega_0 = \frac{1}{\sqrt{LC}}, f_0 = \frac{1}{2\pi\sqrt{LC}}$$

电路实现谐振的方法：

（1）电源频率一定，可调节 L 或 C 的大小实现谐振；

（2）当电路参数 L、C 一定时，可改变电源频率。

2）串联谐振的特点

（1）阻抗最小，且为纯电阻，$|Z_0| = R$。

（2）电路中电流最大，并与电源电压同相，$I_0 = \frac{U}{|Z_0|} = \frac{U}{R}$。

（3）电感和电容两端的电压相等，且相位相反，其大小为总电压的 Q 倍（电压谐振）。

$$U_L = I_0 X_L = \frac{U}{R} X_L = \frac{\omega_0 L}{R} U = QU$$

$$U_C = I_0 X_C = \frac{U}{R} X_C = \frac{1}{R\omega_0 C} u = QU$$

$$U_R = I_0 R = \frac{U}{R} R = U$$

$$U_L = U_C = QU$$

其中，$Q = \frac{\omega_0 L}{R} = \frac{1}{\omega_0 CR}$，$Q$ 为串联谐振电路的品质因数。

①减小电阻，则电路消耗的能量减少，电路品质因数提高。

②增大线圈的电感量 L，线圈储存的能量变多，在损耗一定时，说明电路品质好。

（4）谐振时，电能仅供给电路中的电阻消耗，电源与电路间不发生能量转换，而电感与电容间进行磁场能和电场能的转换。

3）串联谐振的应用

串联谐振可用于收音机中的调谐接收回路，具体调谐方法是改变 C 或 L 的值。

4）谐振电路的选择性

谐振电路的选择性指电路选择信号的能力，也即电路的选频本领。

影响谐振电路选择性因素的讨论方法是先作谐振曲线，再得到结论。

谐振曲线即把 f（或 ω）作为自变量，把回路电流 i 作为它的函数，而绘成的函数曲线，如图 8.2 所示。

由图 8.2 可得到以下结论：Q 值越大，谐振曲线越陡，电路的选择性越好。那么，电路的 Q 值是不是越高越好呢？

分析谐振曲线可知，当回路外加电压的幅值不变时，回路中产生的电流不小于谐振值的 0.707 的一段频率范围，简称带宽或通频带，用 Δf 表示，如图 8.3 所示。

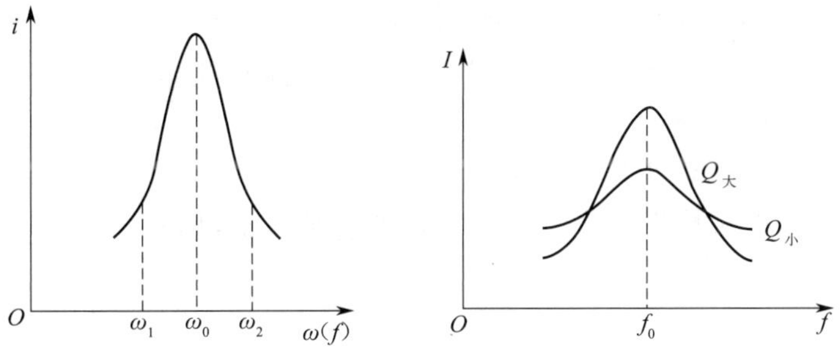

图 8.2

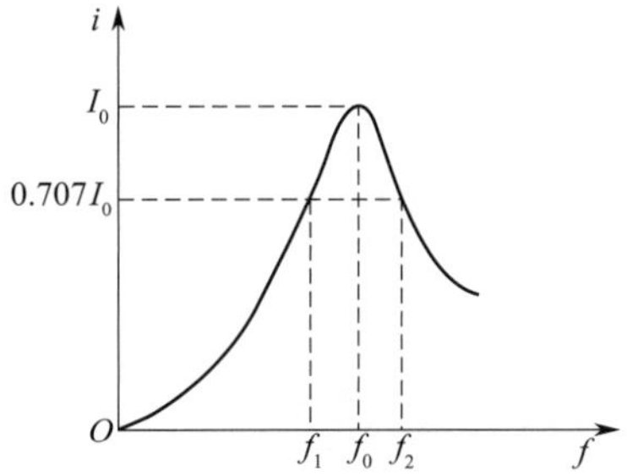

图 8.3

$$\Delta f=f_2-f_1, \Delta f=\frac{f_0}{Q}$$

Q 值越大，电路的选择性越好，但电路传送信号的频率范围越窄（即通频带 Δf 越窄），因此 Q 值过大容易造成信号失真。可知，Q 和 Δf 是辩证统一的，在实际应用中可根据具体情况，两者各有所侧重，如普及型收音机和收录机就各有侧重。

2. 并联谐振

1）电感线圈和电容器的并联电路

电感线圈和电容器的并联电路如图 8.4 所示，以端电压为参考矢量的矢量图如图 8.5 所示。

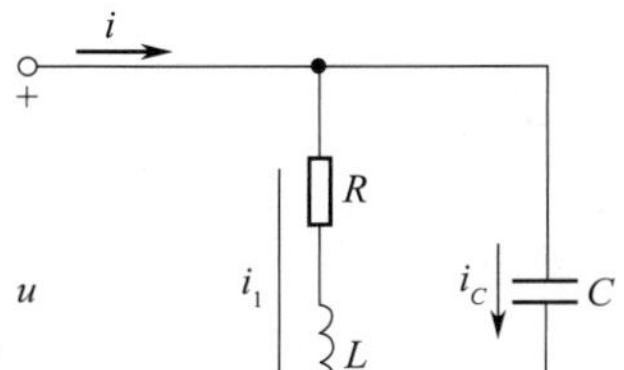

图 8.4

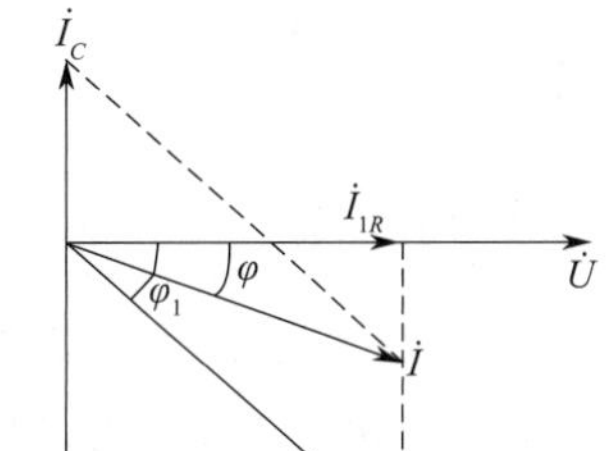

图 8.5

当电源频率很低时，电感支路中阻抗较小，则电路中电流较大。当电源频率很高时，电容支路中阻抗较小,则电路中电流仍较大。在上述频率之间总会有一个频率使电感支路中的电流与电容支路中的电流大小近似相等,相位近似相反,则电路中电流很小,且与端电压同相,这种情况称为并联谐振。

2)电感线圈和电容器的并联谐振电路

电感线圈和电容器的并联电路谐振时的矢量图如图 8.6 所示。

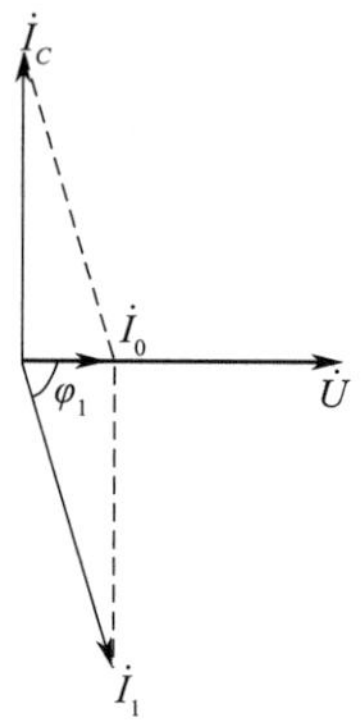

图 8.6

电感线圈和电容器的并联电路谐振的条件推导如下。

由图 8.6 可知,$I_C = I_{RL}\sin\varphi$,则

$$\frac{U}{X_C} = \frac{U}{\sqrt{R^2 + X_L{}^2}}\frac{X_L}{\sqrt{R^2 + X_L{}^2}}$$

整理后可得电路发生谐振的条件为

$$\omega_0 C = \frac{\omega_0 L}{R^2 + \omega_0{}^2 L^2}$$

当 $\omega_0 L >> R$ 时,可得

$$X_L \approx X_C$$

则谐振频率为

$$\omega_0 = \sqrt{\frac{1}{LC} - \frac{R^2}{L^2}}$$

当 $\omega_0 L >> R$ 时

$$\omega_0 \approx \frac{1}{\sqrt{LC}}, f_0 \approx \frac{1}{2\pi\sqrt{LC}}$$

3)电感线圈和电容器的并联谐振电路的特点

(1)电路的阻抗最大,且为纯电阻,即

$$|Z_0| = \frac{L}{RC}$$

(2)电路中电流最小,且与端电压同相,即

$$I_0 = \frac{U}{|Z_0|} = \frac{URC}{L}$$

（3）电感和电容上的电流接近相等，并为总电流的 Q 倍。一般情况下，$\omega_0 L >> R$，R 可忽略不计，则

$$I_C \approx I_{RL} \approx \frac{U}{X_L} = \frac{U}{\omega_0{}^2 L^2}\frac{\omega_0 L}{R}R = \frac{\omega_0 L}{R}\frac{U}{\dfrac{L^2}{LCR}} = \frac{\omega_0 L}{R}\frac{U}{\dfrac{L}{RC}} = QI_0$$

$$Q = \frac{\omega_0 L}{R}$$

并联谐振和串联谐振的谐振曲线形状相同，选择性和通频带也一样。

3. 并联谐振的应用

要使 LC 回路两端得到 f_0 的信号电压，则必须调节回路中的电容 C，使 LC 回路在频率 f_0 处谐振，这样 LC 回路对 f_0 信号呈现阻抗最大，并为纯电阻性，所以各电路上的电压与电阻大小成正比，故 f_0 信号的电压将在 LC 回路两端有最大值，而其他频率信号的电压由于 LC 回路失谐后的阻抗小于谐振时的阻抗，故在其两端所分配的电压将小于 f_0 信号的电压。

【例题解析】

例 8.1　处于谐振状态的 RLC 串联电路，当电源频率升高时，电路呈（　　）。

A. 电感性　　B. 电容性　　C. 电阻性　　D. 无法确定

【解析】依据所学的知识，串联谐振电路的特点是阻抗最小，在电源电压一定时，电流最大，电路呈电阻性。

【答案】A

例 8.2　在 RLC 串联电路中，已知电源电压 $u = 0.1\sqrt{2}\sin(\omega t)$V，当 ω=10^4 rad/s 时，电路中电流达到最大值，其有效值为 1 A，此时电感两端电压 U_L=10 V，试求 R、L、C 和品质因数 Q 以及 u_C 的瞬时值。

【解析】考查 RLC 串联电路呈电阻性时的特点，利用 X_L=X_C（U_L=U_C）解决相关的问题。

当 RLC 串联电路电流达到最大值时，电路即处于谐振状态，有

$$I_0 = \frac{U}{|Z_0|} = \frac{U}{R}$$

$$U_C = U_L$$

$$X_C = X_L = \frac{U_L}{I_0}$$

所以，电路的参数 R、L、C 分别为

$$R = \frac{U}{I_0} = \frac{0.1}{1}\Omega = 0.1\,\Omega$$

$$L = \frac{X_L}{\omega} = \frac{U_L}{I_0\omega} = \frac{10}{1\times10^4}\text{H} = 1\text{ mH}$$

$$C = \frac{1}{X_C\omega} = \frac{I_0}{U_C\omega} = \frac{1}{10\times10^4}\text{F} = 10\,\mu\text{F}$$

电路的品质因数为

$$Q=\frac{\omega_0 L}{R}=\frac{10^4\times 10^{-3}}{0.1}=100$$

RLC 串联电路谐振时电流与电源电压同相，电容上电压的瞬时值滞后电流 90°，则

$$u_C=10\sqrt{2}\sin(\omega t-90^\circ)\ \text{V}$$

【要点归纳】

在具有电感和电容元件的电路中，电路两端的电压与其中的电流一般不同相，如果调节参数或电源频率使它们同相，这时电路中就发生谐振现象，研究谐振的目的是认识这种客观现象，并在生产、生活上充分利用谐振的特点，同时又要预防它所产生的危害。

本部分内容在甘肃省对口招生考试中占比非常少，因此只需掌握串、并联谐振电路的条件和特点，以及谐振电路的选择性、品质因数和通频带之间的关系。

任务 8.2　实训：串联谐振电路

1. 实训目标

（1）验证串联谐振电路的特点。

（2）测绘串联谐振电路的谐振曲线。

2. 实训器材

（1）低频信号发生器 1 台。

（2）晶体管毫伏表 1 块。

（3）电阻器（100 Ω）1 只。

（4）电感器（30 mH）1 只。

（4）电容器（0.033 μF）1 只。

（5）交流电流表 3 块。

（6）导线若干。

3. 实训步骤

（1）寻找谐振频率，验证串联谐振电路的特点。

①按图 8.7 连接串联谐振电路。

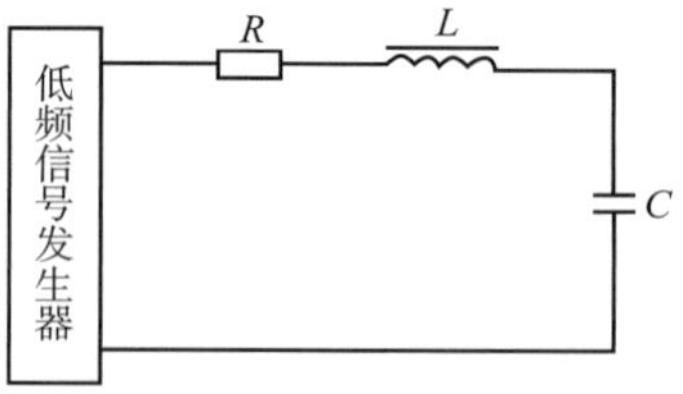

图 8.7

②将信号发生器接通工作电源并预热，调节输出电压为 5 V，且在试验过程中一直保持不变。

③用晶体管毫伏表测量电阻 *R* 上的电压 U_R，并连续调节信号发生器输出电压的频率，

使 U_R 为最大，这时电路即达到谐振（想想这是什么道理），信号发生器输出电压的频率即电路的谐振频率 f_0，并将 U_R 和 f_0 的值填入表 8.1 中。

表 8.1　测定谐振频率试验数据

R/Ω		L/mH		C/μF	
U_R/V		U_L/V		U_C/V	
f_0/Hz		$I_0=\dfrac{U_R}{R}$ /A		Q	

④用万用表交流电压挡分别测两只普通照明灯两端的电压，并将数据填入表 8.1 中。

⑤计算谐振电流 I_0 和电路的品质因数 Q。

（2）测绘谐振曲线。

①按图 8.7 连接串联谐振电路，信号发生器输出电压仍为 5 V。

②在谐振频率两侧调节信号发生器输出电压的频率，在 2~10 kHz 可选取 9 个点（包括 f_0 在内），分别测量各频率点的 U_R 值，并将数据填入表 8.2 中，且在谐振频率点附近要多测几组数据。

表 8.2　测定谐振频率试验数据

f/Hz					f_0				
U_R/mV									
I/mA									
I/I_0									
f/f_0									

③计算 I、I/I_0、f/f_0 的值，并填入表 8.2 中。

④绘出串联谐振电路的谐振曲线。

4. 实训小结

将本实训的评价与收获填入表 8.3 中

表 8.3　实训的评价与收获

实训过程评价					
评价内容	参与程度	仪器仪表使用	安全文明操作	团队协作	任务完成
评价等级					

续表

收获与体会	

任务 8.3 强化训练

1. 单选题

(1)对于 RLC 串联电路发生谐振,下列说法正确的是(　　)。

A.Q 值越大,通频带越宽　　B. 端电压是电容两端电压的 Q 倍

C. 电路的电抗为零,则感抗和容抗也为零　　D. 总阻抗最小,总电流最大

(2)处于谐振状态的 RLC 串联电路,当电源频率升高时,电路呈(　　)。

A. 电感性　　B. 电容性　　C. 电阻性　　D. 无法确定

(3)RLC 串联电路谐振的条件是(　　)。

A.$\omega L=\omega C$　　B.$L=C$　　C. $\omega L=\dfrac{1}{\omega C}$　　D. $C=\dfrac{1}{L}$

(4)在 RLC 串联电路中,当端电压与电流同相时,下列关系正确的是(　　)。

A. $\omega L^2C=1$　　B. $\omega^2LC=1$　　C. $\omega LC=1$　　D. $\omega=LC$

(5)在电感线圈与电容器并联的电路中,当 R、L 不变,增大电容 C 时,谐振频率 f_0 将(　　)。

A. 增大　　B. 减小　　C. 不变　　D. 不能确定

2. 判断题

(1)在 RLC 串联电路中,若 $R=X_L=X_C=100\ \Omega$,则该电路处于谐振状态。(　　)

(2)RLC 串联谐振又称为电流谐振。(　　)

(3)串联谐振时,感抗等于容抗,此时电路中的电流最大。(　　)

(4)谐振电路的功率因数大于 1。(　　)

(5)谐振电路的选择性越好,频带宽度就越宽。(　　)

3. 填空题

(1)RLC 串联电路的谐振频率仅由电路参数________和________决定,而与电阻 R 的大小________,它反映了电路本身的固有特性。

(2)串联谐振时,电阻上的电压等于________,电感和电容上的电压________,并为端电压的________倍,因此串联谐振又称为________。

(3)电路品质因数 Q 的大小是电路品质优劣的重要指标。Q 值越高,谐振曲线就________,电路选择性________,通频带________,所以在广播通信中,既要考虑

________，又要考虑________，因此品质因数要选择适当。

（4）在 RLC 串联电路中，电路端电压 U=20 V，ω=100 rad/s，R=10 Ω，L=2 H，调节电容 C 使电路发生谐振，此时 C=________μF，电容两端的电压为________V。

（5）在电感线圈与电容器并联的谐振电路中，线圈电阻越大，电路的品质因数越________，电路的选择性就越________。

*项目九　瞬态过程

【学习目标】

本部分和上一部分一样都是选学内容，考纲没有要求，但瞬态过程也是电工知识中的重要内容之一，讨论具有一个动态元件的线性电路中出现的从一种稳定状态转变为另一种稳定状态的瞬态过程时电压、电流的变化规律，为了学生全面掌握机电技术应用专业知识的完整性，有必要介绍和学习，从而为以后的学习打下坚实的专业基础。

（1）瞬态过程的概念。

（2）换路定律。

【知识梳理】

瞬态过程
- 换路定律
- RC电路的瞬态过程

【内容提要】

1. 换路定律

1）瞬态过程的概念

含有动态元件（储能元件）L 和 C 的电路称为动态电路。电路从一种稳定状态变到另一种稳定状态的中间过程称为电路的瞬态过程。

引起瞬态过程的原因有外因和内因之分。

（1）外因：电路的接通或断开，电源的变化，电路参数的变化，电路的改变等。

（2）内因：电路中必须含有储能元件（或称动态元件）。

引起瞬态过程的电路变化称为换路。

2）换路定律

Ⅰ. 具有电感的电路

在换路后的一瞬间，如果电感两端的电压保持为有限值，则电感中的电流应当保持换路前一瞬间的原有值而不能跃变，即

$$i_L(0_+)=i_L(0_-)$$

对于一个原来没有储能的电感，在换路一瞬间，有

$$i_L(0_+)=i_L(0_-)=0$$

故电感相当于开路。

Ⅱ.具有电容的电路

在换路后的一瞬间,如果流入(或流出)电容的电流保持为有限值,则电容上的电压应保持换路前一瞬间的原有值而不能跃变,即

$$u_C(0_+)=u_C(0_-)$$

对于一个原来不带电压(即未充电)的电容,在换路的一瞬间,有

$$u_C(0_+)=u_C(0_-)=0$$

故电容相当于短路。

若设 $t=0$ 为换路瞬间,则 $t=0_-$ 表示换路前的终了瞬间, $t=0_+$ 表示换路后的初始瞬间,从 $t=0_-$ 到 $t=0_+$ 的瞬间,电容元件上的电压和电感元件中的电流不能跃变,即称为换路定律。

3)电压、电流初始值的计算

(1)根据换路定律求出 $u_C(0_+)$ 和 $i_L(0_+)$。

(2)作出 $t=0_+$ 时的等效电路。

(3)在 $t=0_+$ 瞬时,根据基尔霍夫定律及欧姆定律求出其他有关的初始值。

2.*RC* 电路的瞬态过程

1)*RC* 电路的充电

按图 9.1 连接电路,电路的初始值和稳态值见表 9.1。

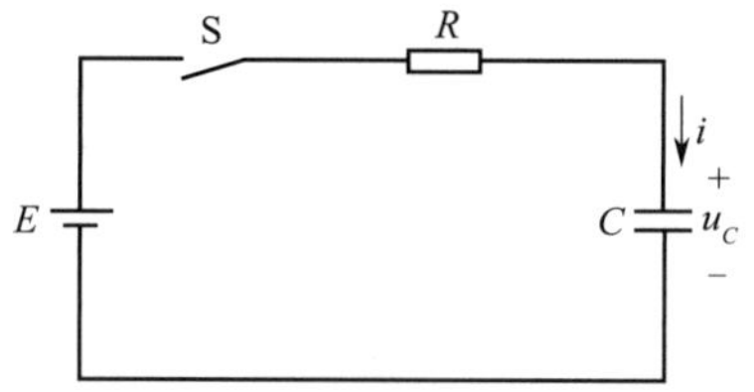

图 9.1

表 9.1　*RC* 串联电路的初始值和稳态值

初始值	稳态值
$u_C(0_+)=0$	$u_C(\infty)=E$
$u_R(0_+)=E$	$u_R(\infty)=0$
$i(0_+)=E/R$	$i(\infty)=0$

电路中电压、电流的变化规律为

$$i=\frac{E}{R}e^{-t/RC}$$

$$u_C=E(1-e^{-t/RC})$$

电路中电压、电流的变化曲线如图 9.2 所示。

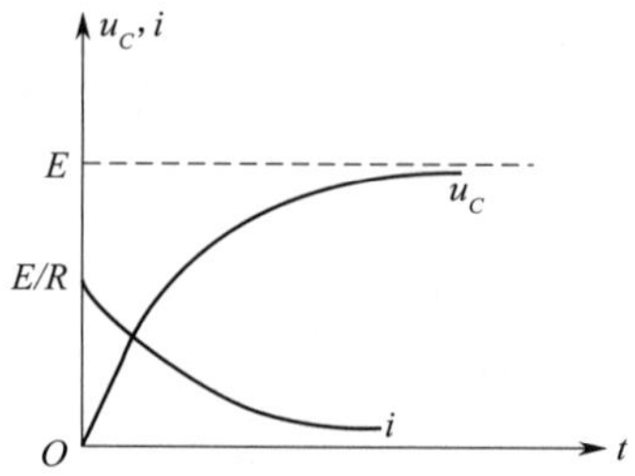

图 9.2

定义时间常数 $\tau=RC$,其中 R 为电容两端的输入电阻，τ 的意义是瞬态过程已经变化总变化量的 63%(剩余 37%)所经过的时间。τ 越大,则充放电的速度越慢,瞬态过程越长。当 $t=(3\sim5)\tau$ 时,电路进入稳态。

2)RC 电路的放电

按图 9.3 连接电路。

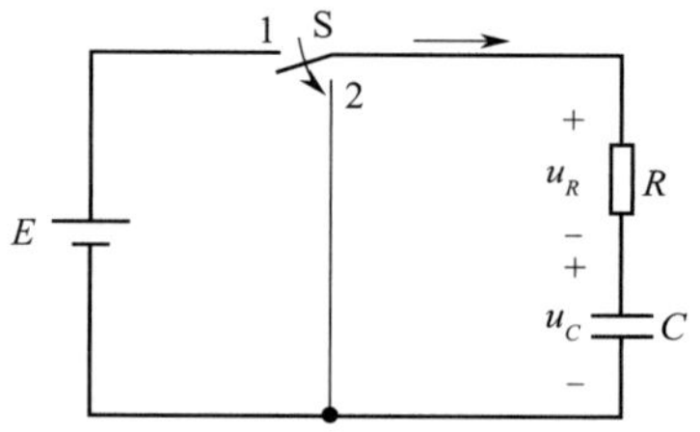

图 9.3

电路中电压、电流的变化规律为

$$u_C=Ee^{-t/\tau}$$

$$u_R=-Ee^{-t/\tau}$$

$$i=-\frac{E}{R}e^{-t/\tau}$$

电路中电压、电流的变化曲线如图 9.4 所示。

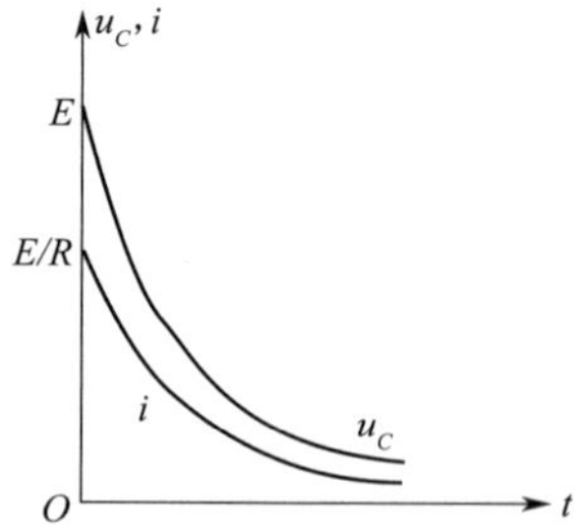

图 9.4

附　录

2014 年甘肃省普通高等教育
对口招收中等职业学校学生招生考试（工业类）专业基础试卷

《电工基础》部分（90 分）

一、单选题（每小题 2 分，共 20 分）

1. 当导体两端电压为 50 V 时，通过的电流是 1 A；当电压增加到 100 V 时，导体中的电流是（　　）。

A.1 A　　B.2 A　　C.3 A　　D.0.5 A

2. 已知 R_1 和 R_2 两个电阻串联，当 $R_1=4R_2$ 时，在 R_1 上消耗的功率是 1 W，则在 R_2 上消耗的功率为（　　）。

A.2 W　　B.0.5 W　　C.1 W　　D.0.25 W

3. 用 MF-47F 型万用表的“R × 1 k”挡检测一个标示容量为 470 μF 电容器的质量时，指针偏转后停在刻度某处，说明（　　）。

A. 电容器是正常的　　B. 电容器内部有短路

C. 电容器内部有开路　　D. 电容器的漏电量较大

4. 如图 1 所示 N_1 和 N_2 两个二端网络连接图，如果 I_1=10 A，则 I_2=（　　）。

A.5 A　　B.10 A　　C.−10 A　　D.-5 A

5. 在 A、B 两段导体中通过如图 2 所示方向的电流时，导体 A 受到的磁场力的方向为（　　）。

A. 水平向左　　B. 水平向右　　C. 不受力　　D. 方向不确定

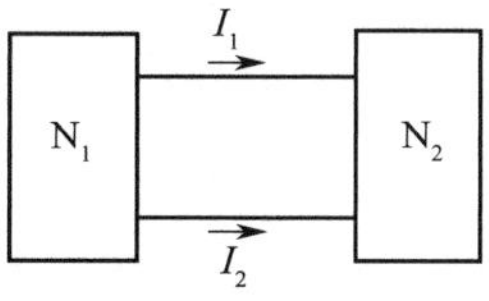

图 1

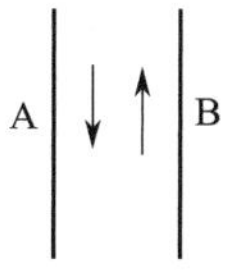

图 2

6. 下列关于变压器功能的说法，错误的是（　　）。

A. 变压器能变换交流电的电流　　B. 变压器能改变交流电的频率

C. 变压器能改变交流电的相位　　D. 变压器能变换交流电路的阻抗

7. 已知某一交流电路加上 $u=220\sqrt{2}\sin(314t+30°)$V 的电压时，通过的电流是 $i=10\sqrt{2}\sin(314t+120°)$A，该电路的性质是（　　）。

A. 纯电阻性　　B. 纯电感性　　C. 纯电容性　　D. 不能确定

8. 把一台铭牌上标有“10 kW，220 V，50 Hz”字样的三相异步电动机接在线电压为380 V的三相电源上，该电动机应接成(　　)。

A. 三角形　　B. 既可接成三角形，也可接成星形

C. 星形　　D. 可以采用并联的方法连接

9. 节点 A 上的电流方向如图3所示，其中 I_1=3 A，I_2=4 A，U=10 V，R=5 Ω，则 I 为(　　)。

A.−1 A　　B.3 A　　C.9 A　　D.5 A

10. 如图4所示电路，当 R=12 Ω 时，R_{ab}=(　　)。

A.12 Ω　　B.48 Ω　　C.16 Ω　　D.3 Ω

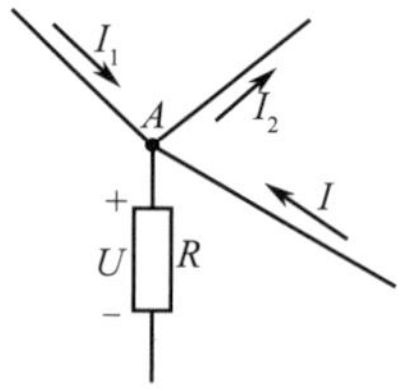

图 3

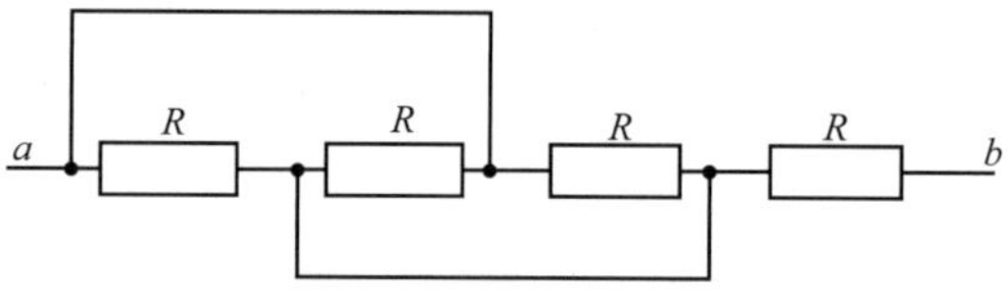

图 4

二、判断题（正确的打“√”，错误的打“×”，每小题2分，共20分）

1. 当电路发生短路故障时，电路中的电流为零。(　　)

2. 因为所有电阻元件的伏安特性曲线都是过原点的直线，所以电阻元件均为线性元件。(　　)

3. 改变零电位点，电路中各点的电位会发生变化，但电路中任意两点间的电压不会改变。(　　)

4. 基尔霍夫定律是电路的基本定律，它不仅适用于直流电路，也适用于交流电路。(　　)

5. 通电导体在磁场中受到的作用力的大小为 $F=BIL\sin\theta$（其中 B 为磁感应强度，I 为通过导体的电流强度，L 为处在磁场中的导线的长度，θ 为磁场方向与电流方向的夹角），其方向可以用右手定则确定。(　　)

6. 电感镇流式日光灯的镇流器和变压器都是利用互感现象工作的。(　　)

7. 一些用电器的铭牌上标有字母“AC”，说明该用电器使用的是交流电源，据此可区分直流用电器和交流用电器。(　　)

8. 用万用表测得家中电源插座上的电压为240 V，则说明交流电源电压的最大值为240 V。(　　)

9. 在 RLC 串联电路中，当 $X_L=X_C$ 时，电路中的电流与端电压相位相同，电路呈电阻性，电路中的电流最大，此时电路会出现谐振现象。(　　)

10. 对称三相交流电源三个瞬时电动势的最大值相等、频率相同、相位相差120°。(　　)

三、多选题（多选、少选、错选均不得分，每小题 3 分，共 24 分）

1. 下列关于电动势的说法，正确的是（　　）。

A. 干电池上标示的 1.5 V 就是它的电动势

B. 干电池电动势的方向由正极指向负极

C. 电动势与电压是同一个概念的两种不同的表述

D. 电动势是标量

2. 闭合电路欧姆定律 $I=\dfrac{E}{R+R_0}$ 说明（　　）。

A. 闭合电路中电能是守恒的

B. 电源内部也会消耗电能

C. 当 R 发生变化时，电路中的电流、电压会发生变化，但功率分配不会发生变化

D. 闭合电路中的电流大小与内电路和外电路都有关系

3. 对一个复杂电路来说，下列说法正确的是（　　）。

A. 节点数就是支路数

B. 网孔数和回路数相同

C. 若有 b 条支路、n 个节点，就可列出（$n-1$）个独立的节点方程和（$b-n+1$）个独立的回路方程

D. 对电路中的任一节点，在任一时刻 $\sum I=0$ 都成立

4. 影响平行板电容器电容量的主要因素有（　　）。

A. 两极板间介质的介电常数　　B. 两极板间的间距

C. 两极板间电压的高低　　D. 两极板的正对面积

5. 常用的安全用电措施主要有（　　）。

A. 电气设备采用保护接地

B. 在中性点直接接地的三相四线制供电系统中，可以把电气设备的外壳用导线与中性线连接起来

C. 在三相四线制供电系统中的中性线上安装熔断器或开关设备

D. 可以使用漏电保护装置

6. 下列关于功率因数的说法，正确的是（　　）。

A. 功率因数 $\cos\varphi$ 是有功功率与视在功率的比值

B. 可以采用在电感性负载两端并联适当容量电容器的方法提高功率因数

C. 功率因数的大小表示电源功率的利用程度

D. 在电力系统中最好使功率因数 $\cos\varphi=1$，以达到最佳运行状态

7. 如图 5 所示电路，已知 $u=220\sqrt{2}\sin(314t)$V，在电路结构和电压不变的情况下，电源频率减小时，各灯泡的亮度变化情况是（　　）。

A. 灯 L_1 亮度不变　　B. 灯 L_2 变暗

C. 灯 L_3 变亮　　D. 灯 L_1 亮度不变，L_2 和 L_3 均变亮

8. 如图 6 所示对称三相电源和对称三相负载连接电路，下列说法正确的是（　　）。

A. 三相电源是星形连接

B. 三相负载上的线电压与相电压相等

C. 三相电源的三个电动势的瞬时值之和 $e_U + e_V + e_W = 0$

D. 三相电源可以提供线电压和相电压两种电压

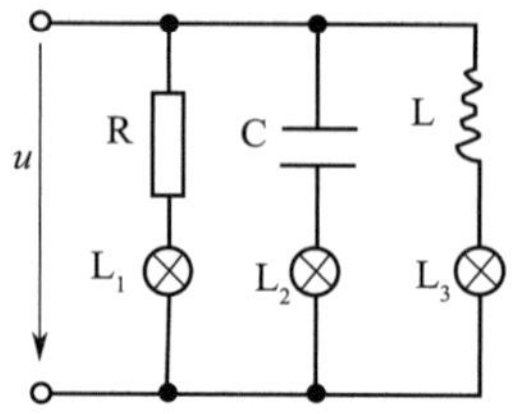

图 5

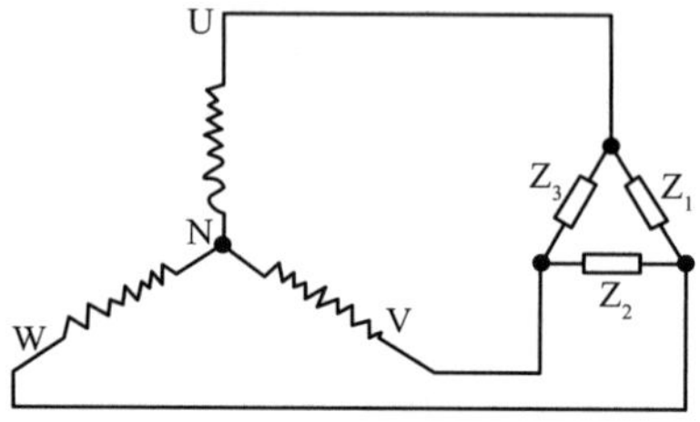

图 6

四、综合应用题（共 26 分）

1. 一个最简单的电路应由哪几部分组成？各部分的作用是什么？（4 分）

2. 荧光灯电路可看成是一个 RL 串联电路，若灯管的电阻 R=60 Ω，镇流器的电感量 L=255 mH，电源电压 $u=220\sqrt{2}\sin(314t)$V，试：

（1）正确连接图 7 的荧光灯电路；（4 分）

（2）求电路中的电流；（3 分）

（3）求灯管和镇流器两端的电压 U_d 和 U_z 的有效值。（2 分）

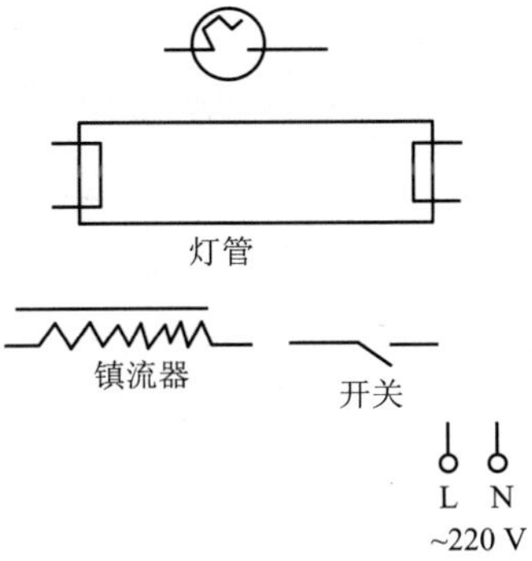

图 7

3. 如图 8 所示电路，已知 E_1=20 V，E_2=45 V，R_1=10 Ω，R_2=20 Ω，R_3=5 Ω，用支路电流法计算各支路的电流强度（各支路电流的参考方向及回路绕行方向如图所示）。（9 分）

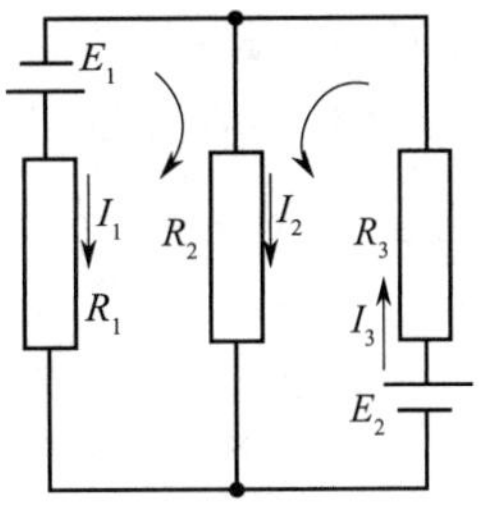

图 8

4. 某交流电流的波形如图 9 所示，试：

（1）写出该电流的瞬时值表达式；（2 分）

（2）画出该电流的矢量图。（2 分）

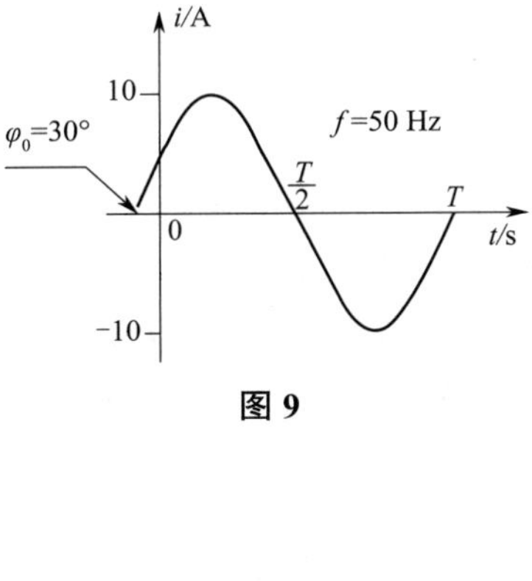

图 9

《电子基础》部分(90 分)

一、单选题(每小题 2 分,共 20 分)

1. 二极管能正向导通是因为(　　)。

A.PN 结的结构具有特殊性　　B.PN 结上加了正向电压

C.PN 结上加了反向电压　　D.PN 结的电阻非常小

2. 一个工作在放大区的三极管,当 I_B 从 22 μA 增大到 32 μA 时, I_C 就从 2 mA 增大到 3 mA,则这个三极管的电流放大系数 β 是(　　)。

A.67　　B.108　　C.100　　D.110

3. 如图 1 所示逻辑符号表示(　　)。

A. 与非门　　B. 或非门

C. 异或门　　D. 同或门

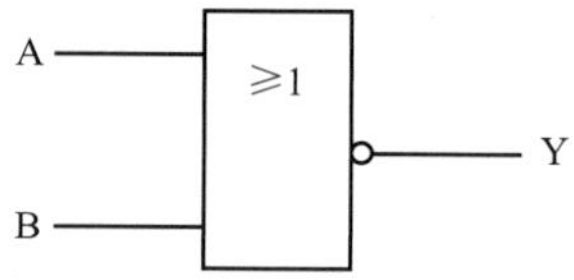

图 1

4. 集成运算放大器主要由输入级、中间级、输出级和偏置电路四部分组成,其中偏置电路的作用是(　　)。

A. 提高集成运算放大器的输出功率和带负载能力

B. 为各级提供稳定的静态工作电流,确保静态工作点的稳定

C. 提供高的放大倍数

D. 解决零点漂移的问题

5. 如图 2 所示多级放大电路的耦合方式是(　　)。

A. 变压器耦合　　B. 阻容耦合　　C. 直接耦合　　D. 光电耦合

6. 有一位同学设计了如图 3 所示的 JK 触发器的逻辑电路,当 $J=K=1$ 时,它具有(　　)功能。

A. 保持　　B. 置 1　　C. 翻转　　D. 置 0

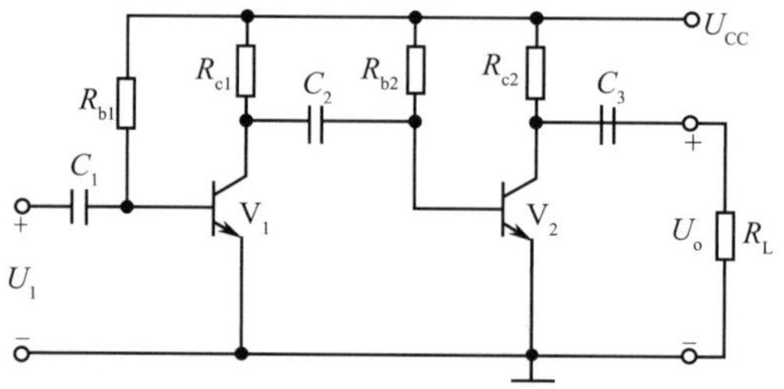

图 2

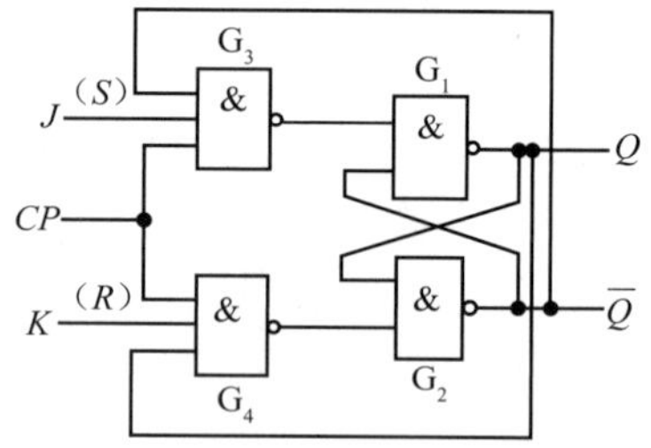

图 3

7. 在晚会上为了让扬声器发出优质的声音,常采用功率放大器给扬声器提供最小失真和最高效率的声音信号,一般组成低频功率放大电路的核心元器件是(　　)。

A. 电容、电阻和变压器　　B. 二极管

C. 电容和电阻　　D. 三极管

8. 进行二进制数计算时,$(10101)_2+(1101)_2=(\quad)_2$。

A.10010　　B.100010　　C.101111　　D.100011

9. 时序逻辑电路广泛用于自动控制和自动计数、计时电路方面，主要由(　　)两部分电路组成。

A. 门电路和减法器　　B. 门电路和触发器

C. 门电路和加法器　　D. 门电路和比较器

10. 三位二进制加法计数器每输入(　　)个计数脉冲就循环一次。

A.3　　B.4　　C.8　　D.10

二、判断题(正确的打"√"，错误的打"×"，每小题 2 分，共 20 分)

1. 三极管的电流放大作用就是将小电流变成大电流。(　　)

2. 如图 4 所示电路，从逻辑电路的角度分析其是一个或逻辑关系。(　　)

3. 如图 5 所示电路是用于给电池充电的电路，当充电电压超过 14 V 时，稳压二极管被击穿，对电池起过充保护，这只稳压二极管应工作在反向击穿状态。(　　)

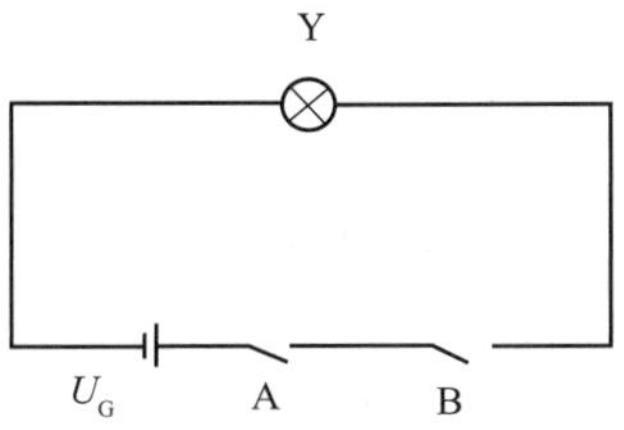

图 4

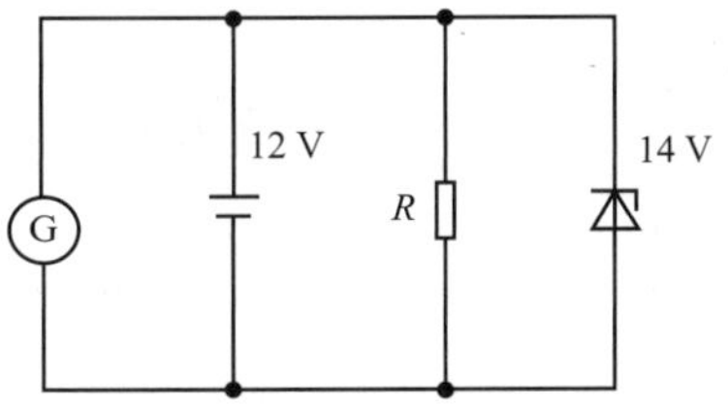

图 5

4. 桥式整流电路输出的电压采用电容滤波后，虽然波动减小了，但电压却降低了。(　　)

5. 从共发射极放大电路的输出曲线来看，当发射结正偏且集电结反偏时，三极管处于放大状态。(　　)

6. 在 OCL 电路中，为减小交越失真，可在两放大管的基极之间并联二极管和电阻。(　　)

7. 为了使三极管放大电路的静态工作点稳定，可以采用分压偏置式放大电路。(　　)

8.CMOS 集成逻辑门电路由 PNP 和 NPN 型三极管构成。(　　)

9. 组合逻辑电路具有反馈环节，而时序逻辑电路没有反馈环节。(　　)

10. 触发器是一种具有记忆和存储功能的逻辑部件。(　　)

三、多选题(多选、少选、错选均不得分，每小题 3 分，共 24 分)

1. 影响半导体导电能力的外界因素主要有(　　)。

A. 湿度　　B. 光照　　C. 掺入杂质　　D. 温度

2. 在放大电路中引入负反馈后，对放大电路的影响主要是(　　)。

A. 提高了放大电路的稳定性　　B. 减小了放大电路的非线性失真

C. 改变了输入、输出电阻　　D. 提高了放大倍数

3. 由于组合逻辑电路在任意时刻的输出状态只取决于该时刻的输入信号，与电路原来

的状态无关,故可在(　　)中得到应用。

A. 编码器　　B. 寄存器　　C. 译码器　　D. 计数器

4. 在设计和选用功率放大器时,对功率放大器的基本要求是(　　)。

A. 非线性失真尽可能小　　B. 效率尽可能高

C. 体积尽可能小　　D. 输出功率尽可能大

5. 集成运算放大器主要应用于(　　)等方面。

A. 加法运算器　　B. 电压跟随器　　C. 功率放大器　　D. 减法运算器

6. 在实际工作中,选用三极管时主要考虑(　　)。

A. 三极管的工作频率　　B. 三极管体积的大小

C. 三极管的工作电流　　D. 三极管的工作功率

7. 下列关于数字电路的说法,正确的是(　　)。

A. 数字电路采用了以输入信号为“条件”,以输出信号为“结果”的逻辑门电路

B. 数字电路通常用电位的高、低表示逻辑状态

C. 数字电路中的“0”和“1”只表示逻辑状态

D. 数字电路在结构上与模拟电路是完全不同的

8. 用于表示 1 位十进制数的 4 位二进制代码称为 BCD 码,常见的 BCD 码有(　　)。

A.8421 码　　B.5421 码　　C.ASCII 码　　D. 余 3 码

四、综合应用题(共 26 分)

1. 用万用表检测电子元件。(每空 1 分,共 12 分)

(1)如图 6(a)所示,用数字万用表检测二极管,应将数字万用表置于________挡,两表笔分别接二极管的两个电极,若显示“1”以下的数字,说明二极管处于________状态,此时红表笔接的是________极,黑表笔接的是________极;若显示的数字为“1”,则说明二极管处于________状态,红表笔接的是________极,黑表笔接的是________极;若正反两次测量显示的数字都为“1”,则二极管两极已________(开路、短路)。

(2)如图 6(b)所示,用指针式万用表检测三极管时,应将指针式万用表置于________欧姆挡,依次用一表笔接三极管的一个引脚,另一表笔分别接另外两个引脚。当黑表笔接某引脚,而红表笔先后接另外两个引脚时,电阻值都较小,说明黑表笔接的是________极(b、c、e),该三极管为________型(NPN、PNP);当正反向测得的所有阻值都较小时,说明该三极管已________(开路、短路)。

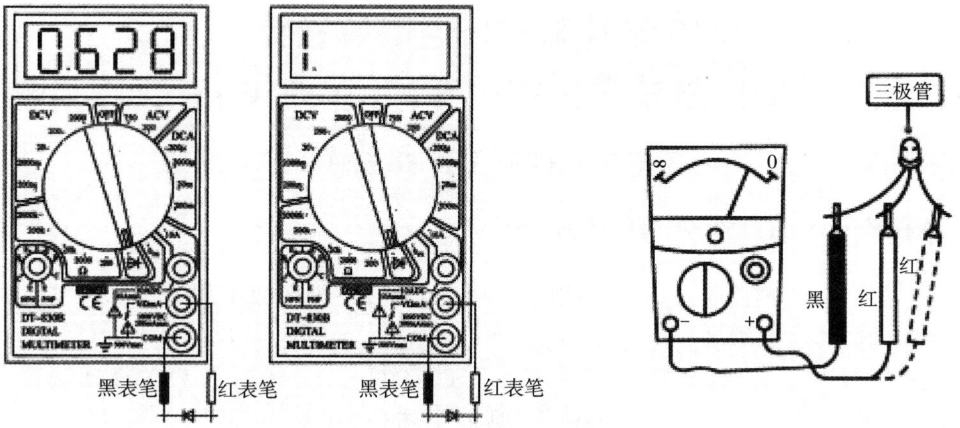

（a）　　（b）

图 6

2. 写出如图 7 所示逻辑图的表达式，并化为最简式。（4 分）

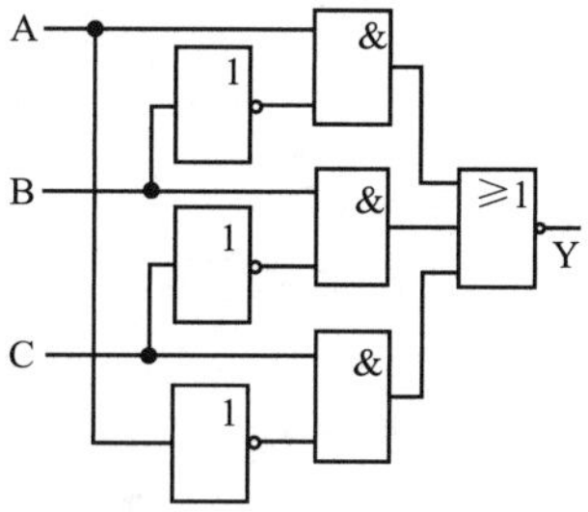

图 7

3. 如图 8 所示基本放大电路，已知 V_{CC}=12 V，R_B=300 kΩ，R_C=4 kΩ，R_s=100 Ω，β=40。试：

（1）画出该放大电路的直流通路和交流通路；（4 分）

（2）计算静态工作值，即 I_{BQ}、I_{CQ}、U_{CEQ}（可认为 U_{BEQ} 很小）。（6 分）

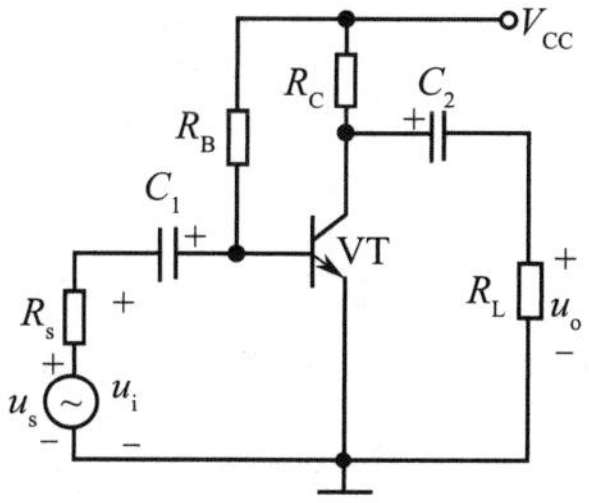

图 8

2015年甘肃省普通高等教育
对口招收中等职业学校学生招生考试(工业类)专业基础试卷

《电工基础》部分(70分)

一、单选题(每小题3分,共18分)

1. 有一只微安表,内阻为3 kΩ,满偏电流为200 μA,要改装成量程为3 A的电流表,应并联的电阻阻值为(　　)。

A.20 Ω　　B.2 Ω　　C.0.2 Ω　　D.0.02 Ω

2. 如图1所示,若假设A点为零电位点,则D点电位为(　　)。

A.0 V　　B.15 V　　C.20 V　　D.25 V

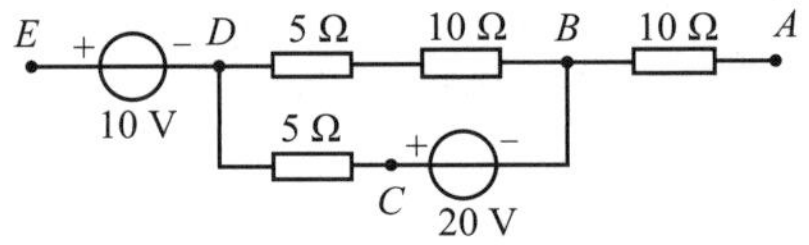

图1

3. 两个电容器,C_1=20 μF,耐压10 V,C_2=30 μF,耐压10 V,将它们串联起来后接到15 V的电源上,则(　　)。

A. 两个电容器都能正常工作　　B.C_1被击穿,C_2正常工作

C.C_2被击穿,C_1正常工作　　D. 两个电容器都被击穿

4. 若正弦交流电流$i=4\sqrt{2}\sin(314t-\pi/4)$A,则该正弦交流电流的有效值、频率、初相分别为(　　)。

A.$4\sqrt{2}$ A、50 Hz、π/4　　B.$4\sqrt{2}$ A、314 rad/s、−π/4

C.4 A、314 rad/s、−π/4　　D.4 A、50 Hz、−π/4

5. 某正弦交流电压$u=14.1\sin(314t+\pi/4)$V,当t=0.01 s时,其值为(　　)。

A.10 V　　B.−10 V　　C.14.1 V　　D.−14.1 V

6. 如图2所示三相异步电动机启动控制电路,下列说法正确的是(　　)。

A. 该电路是三相异步电动机全压点动控制电路图

B. 该电路是三相异步电动机全压长动控制电路图

C. 该电路是时间继电器自动控制的Y-△降压启动控制电路图

D. 该电路是接触器自动控制的Y-△降压启动控制电路图

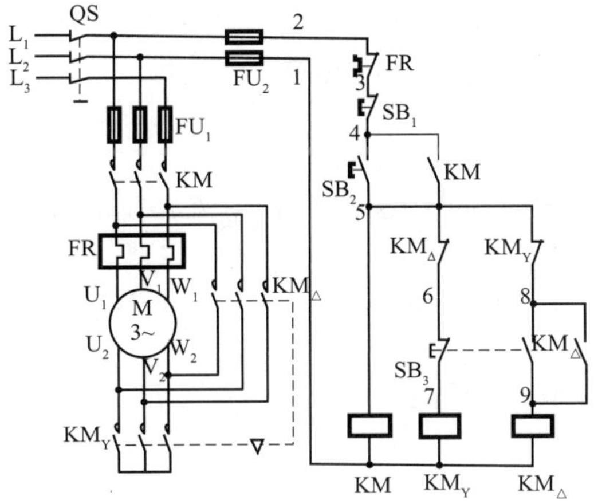

图 2

二、判断题(正确的打"√",错误的打"×",每小题 2 分,共 12 分)

1. 电动势是一个标量,但它和电流一样有规定的方向,即规定自电源的负极通过电源内部到电源的正极。(　　)

2. 在万用表测量电阻过程中,每次更换量程时都应对万用表进行机械调零。(　　)

3. 电压源与电流源相互之间可以进行等效变换,但等效是对外电路而言,电源内部不存在等效关系。(　　)

4. 对称三相电源星形连接时,线电压的有效值是 380 V。(　　)

5. 在三相四线制供电线路中,中性线中的电流始终为零。(　　)

6. 视在功率表示电源提供总功率的能力,即交流电源的容量。(　　)

三、多选题(多选、少选、错选均不得分,每小题 4 分,共 20 分)

1. 下列关于串并联电路的说法,正确的是(　　)。

A. 串联电路中电流处处相等

B. 串联电路中各用电器两端的电压与电阻成正比

C. 并联电路的等效电阻比其中任意一个电阻的阻值都要小

D. 并联电路中各用电器中的电流与电阻成正比

2. 下列说法正确的是(　　)。

A. 基尔霍夫电流定律适用于线性电路,但不适用于非线性电路

B. 基尔霍夫电压定律实质上体现了能量守恒的原理

C. 叠加定理是线性电路计算的重要定理,不仅适用于电流或电压的叠加,也适用于电功率的叠加

D. 戴维宁定理可将一个含源二端线性网络简化为一个电压源

3. 下列关于楞次定律的说法,正确的是(　　)。

A. 感应电流的磁场方向总是与引起感应电流的磁场方向相同

B. 感应电流的磁场方向总是与引起感应电流的磁场方向相反

C. 感应电流的磁场总是要阻碍原磁场的磁通的变化

D. 当原磁场的磁通增加时，感应电流的磁场方向与原磁场方向相反；当原磁场的磁通减少时，感应电流的磁场方向与原磁场方向相同

4. 若某电路的端电压 $u=15\sin(10\pi t+25°)$V，电流 $i=3\sin(10\pi t-25°)$A，u、i 为关联方向，则该电路不可能是(　　)。

A. 纯电感电路　　B. 电感性电路　　C. 纯电容电路　　D. 电容性电路

5. 正弦交流电路对称三相负载作三角形连接时，(　　)。

A. $I_L=I_P$　　B. $I_L=\sqrt{3}I_P$　　C. $U_L=U_P$　　D. $U_L=\sqrt{3}U_P$

四、作图题（共 6 分）

以 $\dot{U}_R$ 为参考矢量，画出 RL 串联、RC 串联、RLC 串联电路（$X_L>X_C$）的电压矢量图及对应的阻抗三角形。

五、计算题（第 1 小题 6 分，第 2 小题 8 分，共 14 分）

1. 如图 2 所示电路，已知 $U_{s1}=10$ V，$U_{s2}=15$ V，$U_{s3}=5$ V，$R_1=20\ \Omega$，$R_3=40\ \Omega$，试用支路电流法求各支路电流 I_1、I_2、I_3。

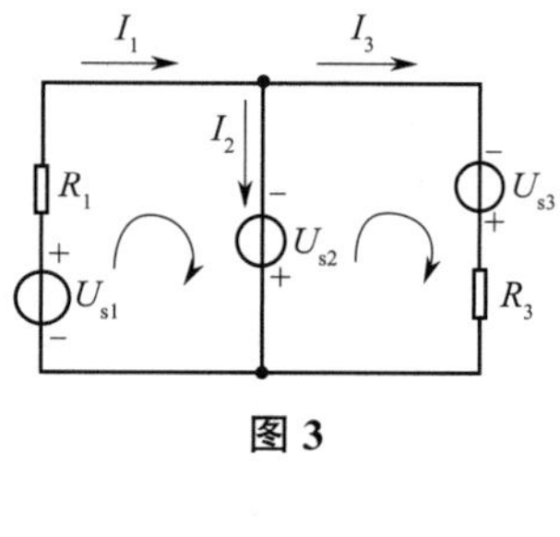

图 3

2. 在 RLC 串联电路中，已知 I=5 A，R=8 Ω，X_L=24 Ω，X_C=16 Ω，电源的频率 f=50 Hz，试求：

（1）$|Z|$、U；

（2）电路参数 L、C；

（3）端电压与电流的相位差、功率因数。

2016年甘肃省普通高等教育
对口招收中等职业学校学生招生考试(工业类)专业基础试卷

《电工电子技术与技能》部分(140分)

一、单选题(每小题2分,共28分)

1. 能够直接为电气设备提供能源的设备是(　　)。
A. 电动机　　B. 电炉　　C. 蓄电池　　D. 白炽灯
2. 某用电设备,当其电流减小为原来的一半时,其功率为原来的(　　)。
A.1/2　　B.2倍　　C.1/4　　D.4倍
3. 触发器由门电路组合而成,其主要功能是(　　)。
A. 具有记忆功能　　B. 与或非门一样　　C. 没有记忆功能　　D. 和与非门一样
4. 在电工术语中,所谓"负载的大小"是指(　　)。
A. 实际电压　　B. 实际功率　　C. 负载电压　　D. 负载电流
5. 判定通电导体或通电线圈产生的磁场方向采用(　　)。
A. 楞次定律　　B. 右手螺旋法则　　C. 左手定则　　D. 右手定则
6. 在日常工作中,人们常说的220 V或380 V是指交流电压的(　　)。
A. 瞬时值　　B. 有效值　　C. 最大值　　D. 平均值
7. 对称三相交流电相位的相互关系是(　　)。
A. 相位互差120°　　B. 相位差为零　　C. 相位差相同　　D. 相位差无法比较
8.P型半导体以(　　)载流子导电为主。
A. 电压　　B. 离子　　C. 空穴　　D. 电子
9. 下列元器件中,能将电信号转变成光信号的元件是(　　)。
A. 发光二极管　　B. 三极管　　C. 二极管　　D. 光电二极管
10. 二极管整流电路的作用是(　　)。
A. 将交流电变为直流电　　B. 将高频变为低频
C. 将正弦波变为方波　　D. 将电压变为电流
11. 三极管工作在放大区的特点是(　　)。
A. 发射结正向偏置,集电结正向偏置　　B. 发射结正向偏置,集电结反向偏置
C. 发射结反向偏置,集电结反向偏置　　D. 发射结反向偏置,集电结正向偏置
12. 直流放大电路的主要放大对象是(　　)。
A. 变化缓慢的直流信号　　B. 高频信号
C. 大电压信号　　D. 大电流信号
13. 要获得+12 V的稳定电压,应选用的集成稳压器型号是(　　)。
A.CW7806　　B.CW7906　　C.CW7812　　D.CW7912
14. 在数值和时间上间断变化的信号,即只有高低电平的矩形脉冲信号称为(　　)。
A. 模拟信号　　B. 直流信号　　C. 数字信号　　D. 电流信号

二、判断题（正确的打"√"，错误的打"×"，每小题 2 分，共 32 分）

1. 电路图是根据各种理想元器件的符号按需要连接而成的。（ ）

2. 电阻值分别为 50 Ω 和 15 Ω 的两个电阻串联，由于电阻小对电流的阻碍作用小，故 15 Ω 电阻中的电流比 50 Ω 电阻中的电流大些。（ ）

3. 叠加定理不仅能叠加线性电路中的电流和电压，也能对功率进行叠加。（ ）

4. 理想电流源输出的电流和电压都是恒定的，是不随负载的改变而变化的。（ ）

5. 磁体的两个极，一个称为 N 极，一个称为 S 极，若把磁体分成两段，则一段为 N 极，一段为 S 极。（ ）

6. 通常照明用交流电压的有效值是 220 V，其最大值为 311 V。（ ）

7. 整流电路的作用是将正弦交流电变为脉动直流电。（ ）

8. 滤波电路的主要作用是将脉动直流中的交流成分滤除掉。（ ）

9. 稳压管工作在击穿区，在电路中主要起稳压作用。（ ）

10. 交流放大器只能放大交流信号，直流放大器只能放大直流信号。（ ）

11. 三极管的集电区和发射区的半导体材料相同，因此发射极和集电极可以互换使用。（ ）

12. 同相运算放大器的输出信号与输入信号在相位上相同。（ ）

13. 单极性的场效应管工作时只有一种载流子参与导电，并有 N 沟道和 P 沟道之分。（ ）

14. 放大器加入负反馈后，放大倍数减小越多，放大倍数的稳定性就越好。（ ）

15. 在数字电路中，高电平和低电平分别代表 1 和 0。（ ）

16. 门电路及组合门电路没有记忆功能，时序电路具有记忆功能。（ ）

三、多选题（多选、少选、错选均不得分，每小题 3 分，共 30 分）

1. 下列属于电路状态的是（ ）。

A. 开路　B. 通路　C. 电阻　D. 短路

2. 下列适用于电路参数计算的是（ ）。

A. 节点电压法　B. 数制转换　C. 回路电流法　D. 叠加定理

3. 电容器和电阻器都是电路中的基本元件，但在电路中的作用不同，从能量角度看，它们的作用分别是（ ）。

A. 存储电能　B. 增加磁场　C. 消耗电能　D. 有放大能力

4. 变压器的作用具体有（ ）。

A. 变电压　B. 变相位角度　C. 变电流　D. 变阻抗

5. 在正弦交流电路的分析计算过程中，有几个直角三角形代表了各物理量之间的参数关系，它们分别是（ ）。

A. 电压三角形　B. 电流三角形与星形转换

C. 阻抗三角形　D. 功率三角形

6. 集成运放同相放大器，当 R_f=0 时，构成电压跟随器，其电路简单、性能优越，所具有的功能有(　　)。

A. 输入电阻很高　　B. 输出电阻很小

C. 电压放大倍数非常稳定　　D. 输出与输入信号相位相同

7. 负反馈对改善放大器性能有非常重要的作用,放大器加入负反馈后,性能得到改善的是(　　)。

A. 提高输入电阻　　B. 提高放大倍数稳定性

C. 展宽通频带　　D. 降低放大倍数

8. 三极管放大器和集成运放都能很方便灵活地加入负反馈,负反馈的类型有(　　)。

A. 电压串联负反馈　B. 电压并联负反馈　C. 电流串联负反馈　D. 电流并联负反馈

9.CMOS 电路是一种应用广泛、前景广阔的集成电路,它的主要组成有(　　)。

A. 三极管　B.PMOS　C. 门电路　D.NMOS

10.D 触发器是边沿触发器,性能优异,D 触发器功能包括(　　)。

A. 置 0　B. 触发　C. 置 1　D. 移位

四、综合应用题(共 50 分)

1. 一个 2 200 W、220 V 的电炉,工作时电流为多大?不计温度的影响,把它接在 110 V 的电源上,功率是多少?(10 分)

2. 如图 1 所示由集成运放构成的反相放大器, $A_{uf}=-R_f/R_1$,已知 $R_1=10\ \Omega$,要求 $A_{uf}=100$,试:(15 分)

(1)计算 R_f 的值;(4 分)

(2)计算平衡电阻 R_2 的值;(3 分)

(3)分析该放大器属于哪种反馈类型;(4 分)

(4)负号说明什么问题。(4 分)

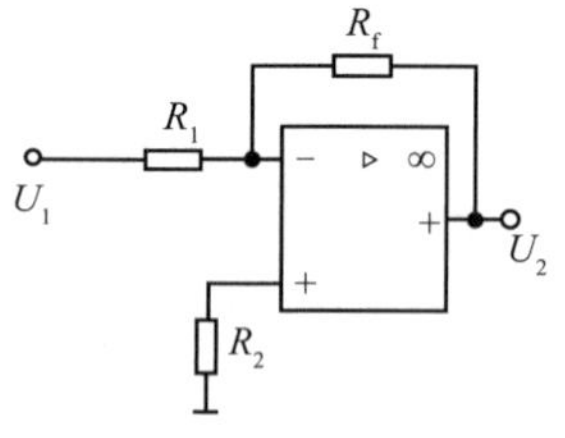

图 1

3. 如图 2 所示电路，已知 $R_1=R_2=20\ \Omega$，$I_s=3$ A，$U_s=40$ V，试求：（15 分）

（1）U_{ab}；（5 分）

（2）I_1；（5 分）

（3）I_2；（5 分）

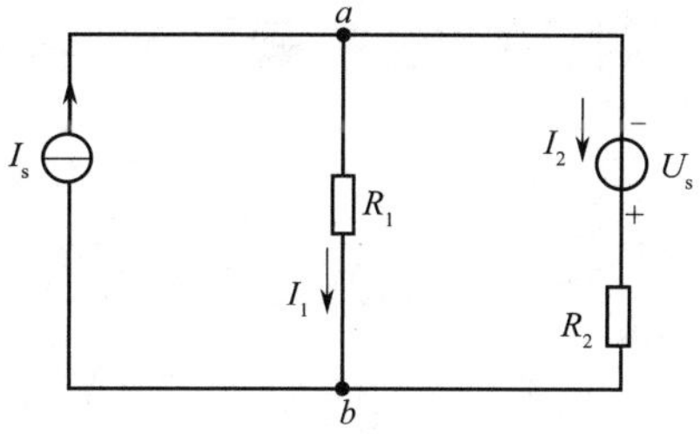

图 2

4. 如图 3 所示电路，试画出在 *CP* 作用下，各触发器的输出波形。（10 分）

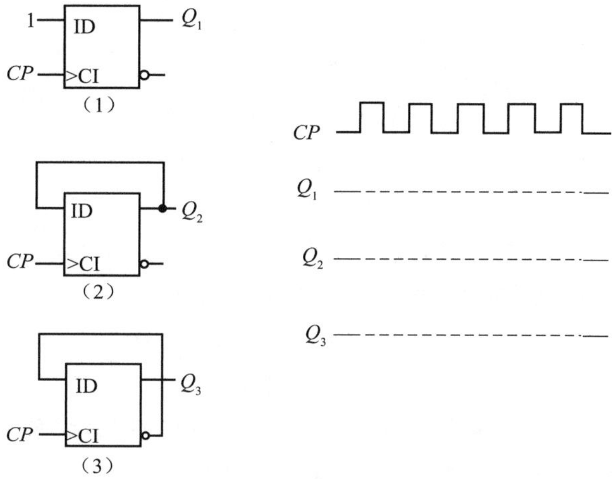

图 3

2017年甘肃省普通高等教育
对口招收中等职业学校学生招生考试(工业类)专业基础试卷

《电工电子技术与技能》部分(120分)

一、单选题(每小题2分,共30分)

1. 某电路中负载两端被导线直接连接,电源输出的电流经过连接导线直接流回电源,该电路的状态是(　　)。

A. 通路　　B. 开路　　C. 短路　　D. 断路

2. 已知 U_{AB}=60 V,B 点电位 V_B=−10 V,则 A 点电位 V_A 为(　　)。

A.70 V　　B.−50 V　　C.−70 V　　D.50 V

3. 或门的逻辑功能可归纳为(　　)。

A. 入0出1,入1出0　　B. 有1出1,全0出0

C. 同出1,异出0　　D. 全1出1,有0出0

4. 三相交流电源星形连接时,线电压和相应的相电压的关系是(　　)。

A. 线电压和相电压相等　　B. 线电压是相电压的 $\sqrt{2}$ 倍

C. 线电压是相电压的 $\sqrt{3}$ 倍　　D. 相电压是线电压的 $\sqrt{3}$ 倍

5. 相对磁导率 μ_r 是媒介质的磁导率与真空磁导率的比值,μ_r >>1 的物质属于(　　)。

A. 顺磁物质　　B. 反磁物质　　C. 铁磁性物质　　D. 无磁物质

6. 硅二极管的导通电压是(　　)。

A.0.7 V　　B.0.2 V　　C.0.3 V　　D.1.7 V

7. 在纯电容电路中,电压、电流的相量关系是(　　)。

A. 电压超前电流 90°　　B. 电流超前电压 90°　　C. 同向　　D. 反向

8. 设计一个能输出+5V 直流电压的稳压电路,可选择的稳压器是(　　)。

A.CW7809　　B.CW7909　　C.CW7805　　D.CW7905

9. 某三极管在正常工作时,其电极上的电流关系为 $\Delta i_C=\beta\Delta i_B$,此时三极管(　　)。

A. 发射结正偏,集电结正偏　　B. 发射结正偏,集电结反偏

C. 发射结反偏,集电结正偏　　D. 发射结反偏,集电结反偏

10. 集成运放采用多级直接耦合的放大电路,前级的零点漂移会被逐级放大,这可能使电路无法正常工作,应(　　)解决。

A. 输入级采用差分放大电路　　B. 中间级采用差分放大电路

C. 输入级采用功率放大电路　　D. 中间级采用功率放大电路

11. 下列芯片中属于集成功率放大器芯片的是(　　)。

A.LM386　　B.74LS160　　C.CW317　　D.LM324

12. 十进制数394转换成8421BCD码为(　　)。

A.010110010100　　B.001100010100　　C.001110010100　　D.001110010101

13. 用来累计和寄存输入脉冲个数的数字电路称为(　　)。

A. 编码器　　B. 寄存器　　C. 译码器　　D. 计数器

14. 在 RLC 串联电路中,电路发生串联谐振时,(　　)。

A. $X_L=X_C$ 电路呈阻性　　B. $X_L<X_C$ 电路呈容性

C. $X_L>X_C$ 电路呈感性　　D. $X_L<X_C$ 电路呈阻性

15. 使用指针式万用表"R×100"欧姆挡测量某二极管,两表笔任意测量二极管两引脚间的阻值,交换表笔再次测量,若二极管性能良好,测量结果必定一大一小,那么(　　)。

A. 阻值大的一次,黑表笔接二极管正极　　B. 阻值大的一次,红表笔接二极管负极

C. 阻值小的一次,黑表笔接二极管正极　　D. 阻值小的一次,红表笔接二极管正极

二、判断题(正确的打"√",错误的打"×",每小题 2 分,共 28 分)

1. 使用万用表测量电路中的电流时,万用表应并联接入被测电路。(　　)

2. 在极低温状态下,有些金属电阻阻值突然变为无穷大,这种现象称为超导现象。(　　)

3. 分压式偏置放大电路能够稳定静态工作点。(　　)

4. 在三相四线制中,中性线上可以安装熔断器和开关。(　　)

5. 相线与相线之间的电压称为相电压。(　　)

6. 电路中任意一个节点上,在任一时刻,流入节点的电流之和等于流出该节点的电流之和。(　　)

7. 逻辑代数式 $A+AB=A$ 成立。(　　)

8. JK 触发器的 J、K 输入端同时为 1,且触发信号到来时,状态翻转。(　　)

9. 铁磁性物质的反复交变磁化会损耗一定的能量,这种损耗称为磁滞损耗。(　　)

10. 理想集成运放的共模抑制比为零。(　　)

11. 边沿触发器是指在 CP 脉冲上升或下降沿到来时进行触发的触发器。(　　)

12. 滤波电路的作用是使输出的交流电压变得平滑。(　　)

13. 流经理想集成运放两输入端的电流 $i_i=0$,相当于两输入端断开,称为"虚断"。(　　)

14. 变压器可以变换交流电压,其变压比 $K=\dfrac{N_1}{N_2}$。(　　)

三、多选题(多选、少选、错选均不得分,每小题 3 分,共 21 分)

1. 理想电压源的特点是(　　)。

A. 电流恒定不变　　B. 电压取决于负载的大小

C. 电压恒定不变　　D. 电流取决于负载的大小

2. 三相交流电源的三个相电压是对称的,其相同的要素有(　　)。

A. 周期　　B. 最大值　　C. 角频率　　D. 初相位

3. 电容器并联电路具有的特点包括(　　)。

A. 每个电容器上通过的电流相等

B. 每个电容器两端的电压相等

C. 并联电路的总电容量大于最大电容器的电容量

D. 并联电路的等效电容量等于各个电容器的容量之和

4. 负反馈放大器以减小放大器的放大倍数为代价，获得(　　)。

A. 电路增益的稳定性　　B. 减小非线性失真

C. 扩展频带宽度　　D. 改变放大器的输入、输出电阻

5.555 时基电路可组成的应用电路有(　　)。

A. 数码选择器　　B. 单稳态触发器　　C. 施密特触发器　　D. 多谐振荡器

6. 关于使用指针式万用表测量直流电压，下列说法正确的是(　　)。

A. 把万用表转换开关放在 AC 电压挡

B. 把万用表转换开关放在 DC 电压挡

C. 红表笔接低电位点，黑表笔接高电位点

D. 红表笔接高电位点，黑表笔接低电位点

7. 关于电阻器的色环标识法，下列说法正确的是(　　)。

A. 常用的色环标识法有四环、五环标识法　　B. 四色环标识中前三环为有效数字

C. 在电阻的色环标注中，黄代表 5　　D. 在电阻的色环标注中，红代表 2

四、综合应用题(共 41 分)

1. 已知某正弦交流电的电压瞬时值为 $u_1 = 200\sqrt{2}\sin(314t + 45°)$ V，试求：(9 分)

(1)电压最大值、有效值；(2 分)

(2)周期、频率、角频率；(3 分)

(3)初相位；(2 分)

(4)当 $u_2 = 200\sqrt{2}\sin(314t + 30°)$ V 时，u_1 与 u_2 的相位差。(2 分)

2. 如图 1 所示电路，已知 E_1=20 V，E_2=30 V，电源内阻不计，R_1=4 Ω，R_2=2 Ω，R_3=12 Ω，试用支路电流法求各支路电流 I_1、I_2、I_3。（9 分）

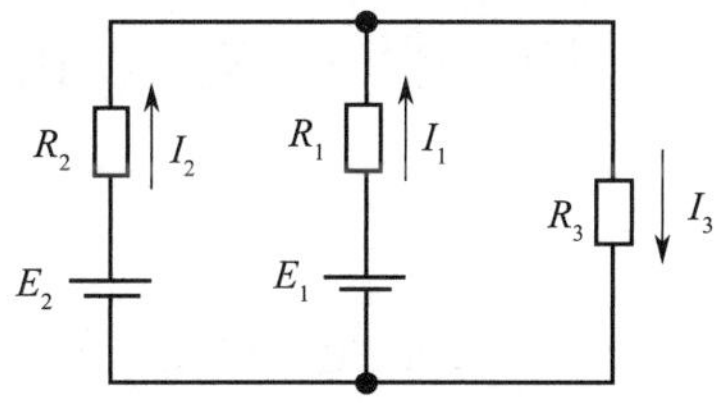

图 1

3. 如图 2 所示共射极放大电路，已知 V_{CC}=12 V，R_b=200 kΩ，R_c=3 kΩ，R_L=3 kΩ，U_{BE} 忽略不计，三极管的放大倍数 β=30。试：（13 分）

（1）估算静态工作点 I_{BQ}、I_{CQ}、V_{CEQ}；（6 分）

（2）计算电压放大倍数 A_v；（3 分）

（3）计算输入电阻 R_i 和输出电阻 R_o。（4 分）

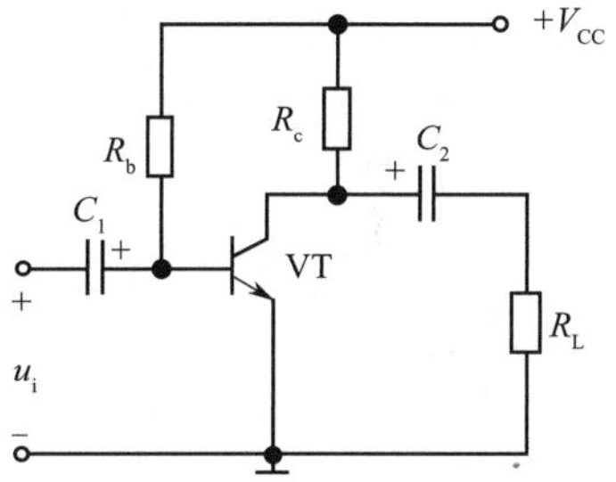

图 2

4. 某技能测试共设置 A、B、C 三个测试项目，规定每位学生至少保证两个测试项目成绩合格，方可认定该学生通过技能测试。试用与非门设计一个能满足测试要求的逻辑电路，并：（10 分）

（1）根据逻辑关系写出真值表；（4 分）

（2）写出逻辑函数表达式，并化简为与非表达式；（3 分）

（3）根据化简后的表达式画出逻辑电路图。（3 分）

2018 年甘肃省普通高等教育
对口招收中等职业学校学生招生考试(工业类)专业基础试卷

《电工电子技术与技能》部分(120 分)

一、填空题(每空 1 分,共 10 分)

1. 我国居民生活、工农业生产用的交流电频率为__________Hz,习惯上称为工频交流电。

2. 实验室有一个 100 V 的电源(内阻不计),用其为一段阻值为 100 Ω 的电炉丝供电,通过 1 A 的电流,则 10 min 内可产生的热量为__________。

3. 纯电阻电路的功率因数为__________。

4. 常见的触电方式有__________和__________。

5. 当温度升高时,二极管的反向饱和电流将__________。

6. 串联负反馈可以__________放大器输入电阻,并联负反馈可以__________放大器输入电阻。

7. 三极管的开关功能,对应三极管工作的__________状态和__________状态。

二、单选题(每小题 2 分,共 26 分)

1. 万用表使用完毕后,应把转换开关旋至(　　)挡的最大量程。

A. 直流电压　　B. 交流电压　　C. 直流电流　　D. 交流电流

2. 某同学用万用表交流电压挡测得家中插座电压为 220 V,其是交流电压的(　　)。

A. 有效值　　B. 平均值　　C. 最大值　　D. 瞬时值

3. 标有“220 V、100 W”的白炽灯正常发光(　　),消耗的电能为 2 kW·h。

A.20 h　　B.40 h　　C.45 h　　D.25 h

4. 在 *RLC* 电路中,端电压与电流的相量图为 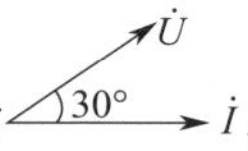

,则这个电路是(　　)。

A. 纯电阻电路　　B. 电感性电路　　C. 电容性电路　　D. 纯电容电路

5. 变压器一、二次绕组中不能改变的物理量是(　　)。

A. 电压　　B. 阻抗　　C. 电流　　D. 频率

6. 某同学组装完桥式整流电路并检查后,输入端加上 10 V 交流电,然后用万用表直流电压挡测量输出电压,输出电压只有 4.5 V,说明(　　)。

A. 电路完全正常　　B. 有一只二极管虚焊开路

C. 有三只二极管虚焊开路　　D. 以上说法都不对

7. 实训室组装 OTL 电路时,该电路的全称是(　　)。

A. 双电源互补对称功率放大器　　B. 单电源互补对称功率放大器

C. 双电源对称功率放大器　　D. 单电源对称功率放大器

8. 在测试三极管工作状态的实训中,某同学测得各电极的电位分别为 U_C=8 V,U_B=5 V,

U_E=4.3 V,从而可以判断该三极管工作在(　　)。

A. 放大状态　B. 饱和状态　C. 截止状态　D. 开关状态

9. 甲类功率放大器的效率,在工作过程中最高可达到(　　)。

A.65%　B.78.5%　C.90%　D.50%

10. 与门电路的逻辑功能是(　　)。

A. 有 1 出 0,全 1 出 0　B. 有 0 出 1,全 1 出 1

C. 有 1 出 0,全 0 出 1　D. 有 0 出 0,全 1 出 1

11. 逻辑符号为 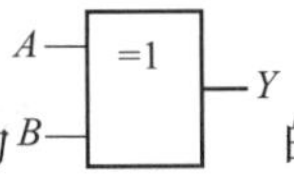

的门电路是(　　)。

A. 非门　B. 与门　C. 异或门　D. 或门

12. 以 NPN 管组成的放大电路,当输入的正半周信号过强时,会出现(　　)。

A. 截止失真　B. 双向失真　C. 饱和失真　D. 以上都不对

13. 画放大电路的交流通路时,其原则是(　　)。

A. 所有耦合电容视为通路

B. 电源电压视为对地短路

C. 所有耦合电容视为开路,电源电压视为开路

D. 所有耦合电容视为通路,电源电压视为对地短路

三、判断题(正确的打"√",错误的打"×",每小题 2 分,共 22 分)

1. 当外电路开路时,电源端电压等于零。(　　)

2. $R=\frac{U}{I}$ 中的 R 是元件参数,它的值是由电压和电流的大小决定的。(　　)

3. 电路中某两点的电位都很高,则这两点间的电压也一定很高。(　　)

4. 在识读色环电阻阻值时,最后一个色环颜色代表该电阻的误差。(　　)

5.2AP、2BP 系列二极管是由锗半导体材料制成的。(　　)

6. 二极管正偏导通,硅二极管加上 0.3 V 的正向电压即导通。(　　)

7.P 型半导体的导电粒子有空穴和自由电子,但空穴是多数载流子。(　　)

8. 在电子制作中,CW317 是一种输出负电压的可调式三端集成稳压器。(　　)

9.A_{uc} 是指集成运放的共模电压放大倍数,理想情况下 A_{uc}=0。(　　)

10. 组合逻辑电路的特点是在结构上输入和输出之间只有信号的正向传输通路。(　　)

11. 理想运放工作在线性放大状态时,有虚短和虚断两个特点。(　　)

四、多选题(多选、少选、错选均不得分,每小题 3 分,共 21 分)

1. 电压的方向为(　　)。

A. 从高电位指向低电位

B. 从低电位指向高电位

C. 如果计算结果为正,则与参考方向一致

D. 如果计算结果为负,则与参考方向相反

2. 为防止触电事故的发生,除应注意开关必须安装在相线上以及合理选择导线与熔体外,还必须采取的防护措施是(　　)。

A. 正确安装用电设备　　B. 电气设备要保护接地
C. 电气设备要保护接零　　D. 使用漏电保护装置

3. 导线常用的剥线工具有(　　)。

A. 剥线钳　　B. 电工刀　　C. 打火机　　D. 裁纸刀

4. 用万用表欧姆挡判断二极管极性时,选用的挡位是(　　)。

A.R × 1　　B.R × 100　　C.R × 1 k　　D.R × 10 k

5. 组装集成稳压器电路时,需要输出 0.1 A 的电流,能选用的三端稳压器是(　　)。

A.CW78M05　　B.CW317　　C.CW78L05　　D.CW317 L

6. 交流负反馈放大器的组态有(　　)。

A. 电压串联负反馈　　B. 电流并联负反馈　　C. 电流串联负反馈　　D. 电压并联负反馈

7. 共集电极放大电路的特点是(　　)。

A. 电压放大倍数略小于 1　　B. 输入电阻大
C. 输出电阻小　　D. 输出电阻大

五、综合应用题(共 41 分)

1. 如图 1 所示电路,已知 R_1=30 kΩ, R_2=60 kΩ, R_3=90 kΩ, R_4=R_5=R_6=30 kΩ, u_{i1}=1 V, u_{i2}=2 V,试求输出电压 u_o。(11 分)

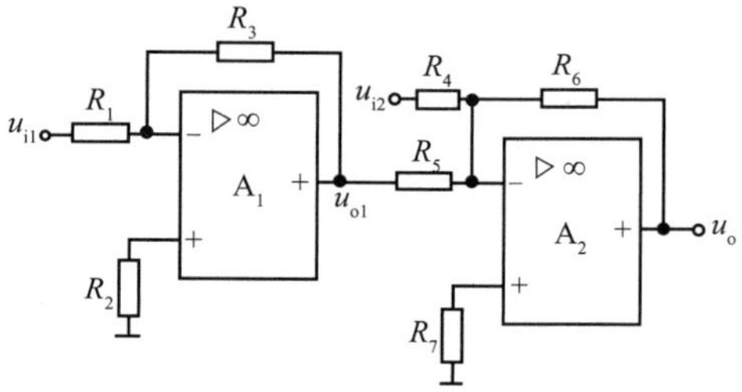

图 1

2. 如图 2 所示电路,已知 R_{b1}=47 kΩ, R_{b2}=10 kΩ, R_c=3 kΩ, R_e=500 Ω, R_L=3 kΩ, V_{CC}=12 V, β=40, U_{BEQ}=0.7 V,且三极管为 NPN 型硅管。试:(13 分)

(1)求静态工作点 I_{BQ}, I_{CQ}, U_{CEQ};(6 分)

（2）求电压放大倍数 A_u 和输出电阻 R_o；（5 分）

（3）如果将三极管更换成 PNP 型硅管，则电路应该如何改动才能正常工作。（2 分）

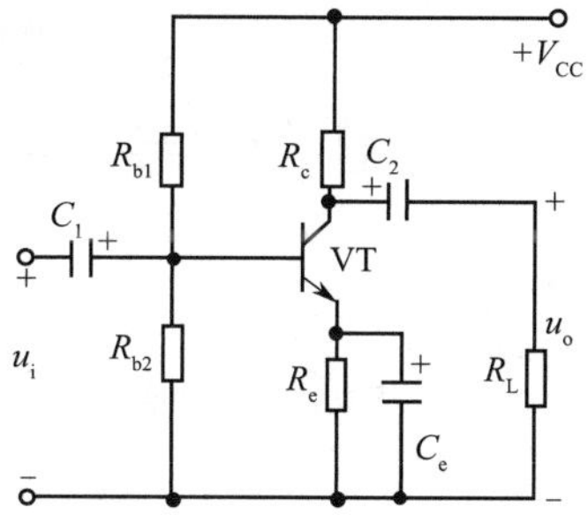

图 2

3. 在 RLC 串联电路中，已知 I=5 A，R=8 Ω，X_L=28 Ω，X_C=20 Ω，电源的频率 f=50 Hz。试求：（9 分）

（1）阻抗 $|Z|$，端电压 U；（3 分）

（2）电路参数 L、C 的值；（3 分）

（3）功率因数、端电压与电流的相位差。（3 分）

4. 某油泵用一台三相异步电动机提供动力，该电动机每相负载的电阻 R=60 Ω，X_L=80 Ω，其连接方式为星形，接在线电压为 380 V 的对称三相电源上。试求该电路的线电压、线电流以及电动机工作时的相电压、相电流和有功功率；如果要将该电动机工作时的功率因数提高为 1，该怎样实现。（8 分）

2019年甘肃省普通高等教育
对口招收中等职业学校学生招生考试(工业类)专业基础试卷

《电工电子技术与技能》部分(120分)

一、单选题(每小题2分,共26分)

1. 下列能组成电路的是(　　)。

A. 电源、负载、开关、导线　　B. 发动机、负载、开关、保险

C. 电动机、负载、开关、指示灯　　D. 电源、导线、开关、保险

2. 电阻所标的色环为“黄紫金银”,则该电阻的阻值为(　　)。

A.470 Ω　　B.4.7 Ω　　C.47 Ω　　D.0.47 Ω

3. 有两个电容器 C_1、C_2,若两极板间的电势差之比为2∶3,带电量之比为3∶2,则容量之比为(　　)。

A.2∶3　　B.3∶2　　C.4∶9　　D.9∶4

4. 在匀强磁场中,原来载流导线所受的磁场力为 F,若电流增加到原来的2倍,导线的长度减小一半,这时载流导线所受的磁场力为(　　)。

A.F　　B.$F/2$　　C.$2F$　　D.$4F$

5. 下列不影响平行板电容器电容大小的是(　　)。

A. 两极板端电压　　B. 两极板正对面积

C. 两极板电介质的介电常数　　D. 两极板间距离

6. 对称三相交流负载三角形连接时,线电流的有效值为相电流有效值的(　　)。

A. $\sqrt{3}$倍　　B. $\sqrt{2}$倍　　C. $\frac{1}{\sqrt{3}}$　　D. $\frac{1}{\sqrt{2}}$

7. 在纯电感电路中,电流滞后电压(　　)。

A.$\pi/2$　　B.π　　C.$-\pi$　　D.$\pi/4$

8. 发光二极管工作在(　　)。

A. 正向偏置状态　　B. 反向偏置状态　　C. 反向击穿状态　　D. 以上都不是

9. 交流负反馈主要用于(　　)。

A. 稳定静态工作点　　B. 改善放大器的动态性能

C. 振荡电路　　D. 以上都不对

10. 固定偏置放大电路产生非线性失真,但在增大 R_b 后发现失真消失,这个失真肯定是(　　)。

A. 饱和失真　　B. 截止失真　　C. 双重失真　　D. 交越失真

11. 乙类功率放大器的效率最高可达到(　　)。

A.68.5%　　B.88.5%　　C.78.5%　　D.58.5%

12. 在数字信号中,高电平用“1”表示,低电平用“0”表示,称为(　　)。

A.0逻辑　　B.1逻辑　　C. 正逻辑　　D. 负逻辑

13. 下列触发器功能最全的是(　　)。

A.RS 触发器　B.D 触发器　C.JK 触发器　D. 主从 RS 触发器

二、多选题(多选、少选、错选均不得分,每小题 3 分,共 21 分)

1. 下列与电阻值大小有关的是(　　)。

A. 电流　B. 导体长度　C. 导体横截面面积　D. 导体电阻率

2. 磁场的主要物理量有(　　)。

A. 磁通　B. 磁场强度　C. 磁感应强度　D. 磁导率

3. 下列不是矢量三角形的是(　　)。

A. 阻抗三角形　B. 电压三角形　C. 功率三角形　D. 以上都不是

4. 二极管的反向电流大,该二极管(　　)。

A. 单向导电性好　B. 受温度的影响小　C. 受温度的影响大　D. 单向导电性差

5. 下列输出电流能达到 0.5 A 的三端稳压器是(　　)。

A.CW78M05　B.CW317　C.CW78L05　D.CW317L

6. 利用 555 定时器可组成(　　)。

A. 数码选择器　B. 单稳态触发器　C. 施密特触发器　D. 多谐振荡器

7. 下列数制转换中,正确的是(　　)。

A.$(110011)_2=(51)_{10}$　B.$(110011)_2=(63)_8$

C.$(110011)_2=(31)_{16}$　D.$(119)_{10}=(1110111)_2$

三、判断题(正确的打"√",错误的打"×",每小题 2 分,共 22 分)

1. 使用万用表测量电阻时,手指可以抓在被测电阻引脚的两端。(　　)
2. 兆欧表可用于测量绝缘电阻值很大的场合。(　　)
3. 外电路的电阻等于内电路的电阻时,称为负载与电源匹配。(　　)
4. 用伏安法测电阻,如果待测电阻的阻值比电压表的内阻小很多,可用电流表内接法。(　　)
5. 无功功率的单位是 var(乏),视在功率的单位是 V·A(伏安)。(　　)
6. 稳压二极管的正向电阻要比普通二极管的正向电阻大一些。(　　)
7. 差分放大电路对共模信号没有放大作用。(　　)
8. 74LS161 芯片是 4 位同步二进制加法计数器。(　　)
9. 三极管是利用电压控制电流大小的。(　　)
10. 闭环电路就是有反馈通路的电路。(　　)
11. 半导体数码显示器内部的 7 个发光二极管,其引脚有共阳极和共阴极两种接法。(　　)

四、填空题(每空 1 分,共 10 分)

1. 我国居民照明用交流电的频率为__________,电压是__________。
2. 电阻器常用的三个参数是__________、__________和__________。

3. 硅二极管的导通电压约为___________V，锗二极管的导通电压约为___________V。

4. 放大电路的输入电阻越___________越好。

5. 异或门的逻辑功能为“___________”。

6. 能实现某种逻辑关系（即条件与结果之间的因果关系）的数字电路称为___________电路。

五、综合应用题（共 41 分）

1. 如图 1（a）所示电路，已知 E_1=36 V，E_2=28 V，R_1=2 Ω，R_2=2 Ω，R_3=7 Ω。试：（10 分）

（1）用戴维宁定理计算电阻 R_3 中的电流；（6 分）

（2）根据伏安法测量电阻的原理，选用合适的电流表和电压表，如图 1（b）所示，绘制测量 R_3 中电流和 R_3 两端电压的电路原理图。（4 分）

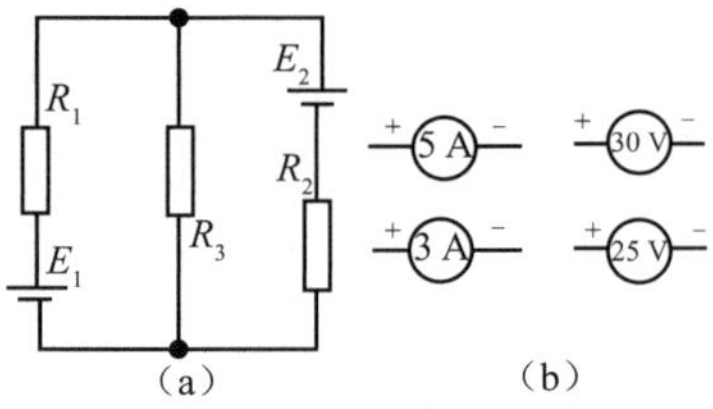

图 1

2. 某农村卫生院备用发电机组的额定电压为 220 V，视在功率为 880 kV · A，用该发电机组向额定电压为 220 V，有功功率为 8.8 kW 的用电器供电。（7 分）

（1）现要求为功率因数为 0.5 的用电器供电，则能给多少个此类用电器供电；（4 分）

（2）通过线路改造，将功率因数提高到 0.8，此时可增加多少个用电器。（3 分）

3. 按照要求完成下列任务。（13 分）

（1）按图 2 所给器件，搭建具有降压、桥式整流和滤波功能的电源电路，所带负载为 R_L，要求在 u_2 的正半周时 VD_1 和 VD_2 导通，在 u_2 的负半周时 VD_3 和 VD_4 导通。（3 分）

（2）若 U_2=10 V，R_L=1 kΩ，则 U_L 和 I_L 各为多少。（4 分）

（3）若 U_2=10 V，在电路器件连接完好的情况下，用电压表在负载上测得电压有可能为

0 V、4.5 V、9 V、10 V、12 V 或 14 V，试分析出现以上不同电压的原因。（6 分）

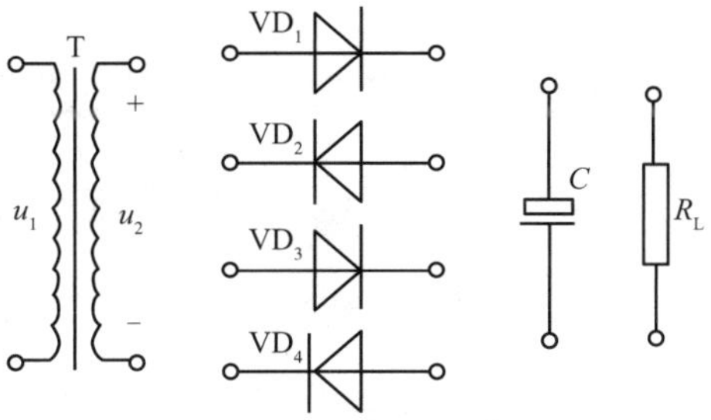

图 2

4. 已知逻辑函数表达式 $Y = A\overline{B} + C + \overline{A}D\overline{C} + B\overline{C}D$，试将其化简为最简与非逻辑表达式，并画出逻辑电路图。（11 分）

2020年甘肃省普通高等教育

对口招收中等职业学校学生招生考试(工业类)专业基础试卷

《电工电子技术与技能》部分(120分)

一、单选题(每小题2分,共26分)

1. 下列能够为电气设备提供电源的是(　　)。

A. 白炽灯　　B. 电动机　　C. 蓄电池　　D. 电炉

2. 下列单位是千瓦时(kW·h)的物理量是(　　)。

A. 电压　　B. 电能

C. 电功率　　D. 电位

3. 如图1所示电路,电流 I=(　　)。

A.1 A　　B.2 A

C.3 A　　D.−3 A

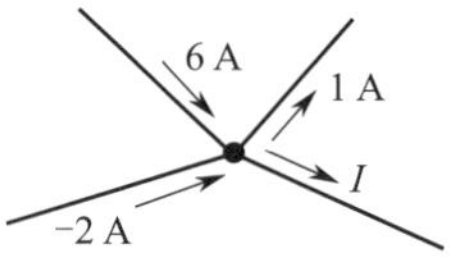

图1

4. 变压器一、二次绕组不能改变的物理量是(　　)。

A. 电压　　B. 电流　　C. 阻抗　　D. 频率

5. 判定通电导线产生磁场的方向采用(　　)。

A. 右手定则　　B. 左手定则　　C. 楞次定律　　D. 右手螺旋法则

6. 目前我国低压三相四线制供电线路供给用户的线电压是(　　)。

A.220 V　　B.380 V　　C.311 V　　D.36 V

7.N型半导体的多数载流子是(　　)。

A. 正离子　　B. 自由电子　　C. 空穴　　D. 负离子

8. 某国产二极管型号为2AW80C,则该二极管属于(　　)。

A.N型锗材料稳压二极管　　B.P型锗材料稳压二极管

C.N型硅材料稳压二极管　　D.P型硅材料稳压二极管

9. 逻辑函数表达式 $Y = A\overline{B} + B + BCD$ 化简的结果是(　　)。

A.A　　B.B　　C.A+B　　D.1

10. 由三极管构成的基本放大电路中只能放大电压、不能放大电流的是(　　)。

A. 共基极电路　　B. 共集电极电路　　C. 共发射极电路　　D. 振荡电路

11. 为解决零点漂移现象,集成运放输入级采用(　　)。

A. 功率放大电路　　B. 差分放大电路　　C. 互补对称电路　　D. 偏置电路

12. 同步RS触发器在满足输入信号 R=1, S=0, CP 脉冲为高电平期间,具有的功能是(　　)。

A. 置0　　B. 置1　　C. 保持　　D. 翻转

13. 下列振荡器具有高稳定度和高精度且被广泛应用的是(　　)。

A.LC 振荡器　　B. 石英晶体振荡器　　C.RC 振荡器　　D.RLC 振荡器

二、多选题(多选、少选、错选均不得分,每小题 3 分,共 21 分)

1. 电源电动势为 3 V,内电阻为 1 Ω,当外电路断路时,电路中的电流和端电压分别为(　　)。

A.0 A　　B.3 A　　C.0 V　　D.3 V

2. 基尔霍夫电流定律适用于(　　)。

A. 线性电路　　B. 非线性电路　　C. 直流电路　　D. 交流电路

3. 电感线圈在电路中具有的特性包括(　　)。

A. 通直流　　B. 通交流　　C. 通高频　　D. 阻高频

4.CMOS 门电路与 TTL 门电路比较,CMOS 门电路具有的显著优点包括(　　)。

A. 工作速度快　　B. 带负载能力强　　C. 抗干扰能力强　　D. 功耗小

5. 单稳态触发器一般应用于(　　)。

A. 定时　　B. 延时

C. 脉冲波形整形　　D. 自激振荡产生脉冲信号

6. 关于理想运放,下列说法正确的是(　　)。

A. 共模抑制比趋于无穷大　　B. 输出电阻趋于无穷大

C. 零点漂移为零　　D. 通频带趋于无穷大

7. 下列芯片不具有记忆功能的是(　　)。

A.74LS00　　B.74LS147　　C.74LS138　　D.74LS42

三、判断题(正确的打“√”,错误的打“×”,每小题 2 分,共 22 分)

1. 在一段时间内,电路产生或消耗的电能与时间的比值称为电功率。(　　)

2. 电容器上所标明的额定工作电压,通常指的是交流电压值。(　　)

3. 叠加定理仅适用于线性电路,可以对电压、电流和功率进行叠加。(　　)

4. 如果只改变线圈中的媒介质,则线圈内的磁场强度和磁感应强度都会改变。(　　)

5. 电压源和电流源相互间的等效变换只对外电路等效,对内电路不等效。(　　)

6. 电气设备的保护接零通常适用于中性点不接地的低压系统。(　　)

7. 稳压二极管是工作于反向击穿状态的二极管,用文字符号 V 或 Vz 表示。(　　)

8. 电容滤波电路适用于负载电流较小的场合。(　　)

9. 多级放大电路的直接耦合方式适用于集成电路,并具有良好的低频响应。(　　)

10. 场效应晶体管是电压控制型器件。(　　)

11. 施密特触发器是常用的波形变换电路,它有一个稳态和一个暂稳态。(　　)

四、填空题(每空 1 分,共 10 分)

1. 测量电压时,万用表必须__________在被测电压的两端。

2. 相线与相线间的电压称为__________。

3.A 点电位 V_A=15 V,B 点电位 V_B=12 V,则 B、A 两点间的电压 U_{BA}=__________ V。

4. 判断大容量电容器的质量时,应将万用表拨到__________挡,倍率可使用 R×100 或__________。

5. 三端固定式集成稳压器 CW7905 的输出电压为__________ V，输出电流为__________ A。

6. 能累计输入脉冲个数的数字电路称为__________。

7. 十进制数 58 转为二进制数为__________。

8.7 位二进制数能表示十进制数的最大值是__________。

五、综合应用题（共 41 分）

1. 如图 2 所示三相四线制照明电路，发电机每相电压为 220 V，每盏白炽灯的额定电压均为 220 V。试指出其连接中的错误，并说明错误的原因。（9 分）

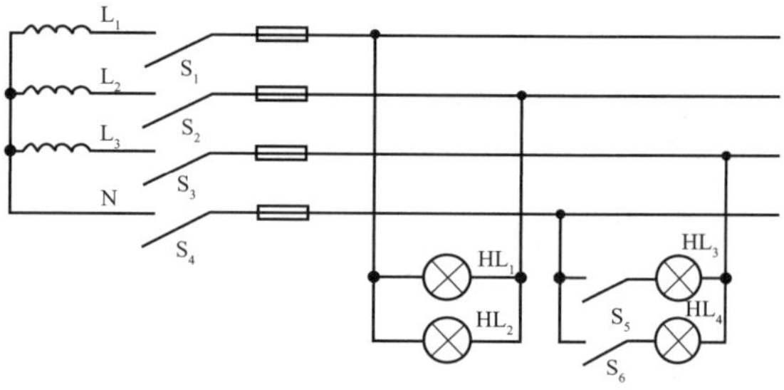

图 2

2. 某线圈的自感系数为 255 mH，电阻可以忽略，把它接在频率为 50 Hz，电压为 220 V 的交流电源上，试：（10 分）

（1）计算线圈的感抗；（2 分）

（2）计算通过线圈电流的有效值；（3 分）

（3）若以电压作为参考正弦量，写出电流瞬时值的表达式，并画出电压和电流关系的矢量图。（5 分）

3. 如图 3 所示电路，已知电源 V_{CC}=12 V，电阻 R_L=2 Ω，试确定：(9 分)

(1)二极管 VD_1、VD_2 有何作用；(4 分)

(2)理想情况下，输出功率 P_{om} 为多少；(3 分)

(3)分析该类功放电路的缺点。(2 分)

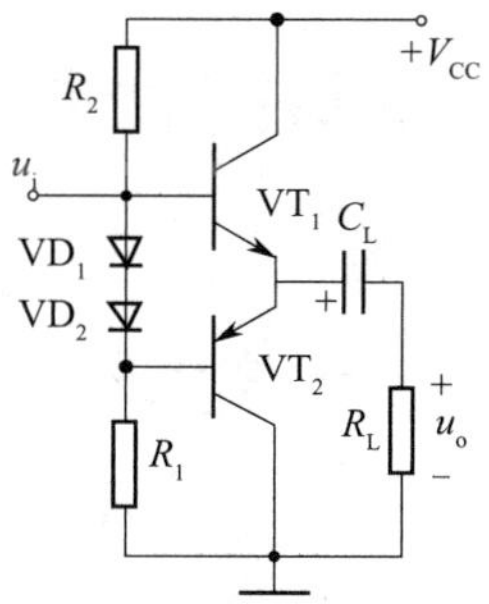

图 3

4. 某设备装有开关 A、B、C 控制其运行情况，要求设备正常工作时，只能是开关 A、开关 B、开关 A 和 C 或开关 B 和 C 接通，其他情况视为设备故障，电路报警，报警输出为 1。试用与非门设计一个能实现设备需求功能的报警控制电路，并：(13 分)

(1)列出真值表；(4 分)

(2)写出报警输出 Y 的逻辑表达式，并化简成与非表达式；(5 分)

(3)根据化简的与非表达式画出逻辑电路图。(4 分)

2021 年甘肃省普通高等教育
对口招收中等职业学校学生招生考试(工业类)专业基础试卷

《电工电子技术与技能》部分(120 分)

一、单选题(每小题 2 分,共 26 分)

1. 某四色环电阻两端电压为 4.7 V,通过的电流为 0.1 A,则这个电阻前三个色环颜色为(　　)。

A. 黄紫棕　　B. 绿紫黑　　C. 黄紫黑　　D. 黄绿棕

2. 下列工具中能用来检测电动机绕组匝间绝缘的是(　　)。

A. 万用表　　B. 兆欧表　　C. 非接触式试电笔　　D. 钳形电流表

3. 某同学测得处于放大状态的三极管各引脚电压为 5 V、4.7 V、3 V,则该三极管的管型为(　　)。

A.NPN 型硅管　　B.PNP 型硅管　　C.NPN 型锗管　　D.PNP 型锗管

4. 如图 1 所示电路,电流 I 的大小为(　　)。

A.12 A　　B.−2 A

C.−12 A　　D.2 A

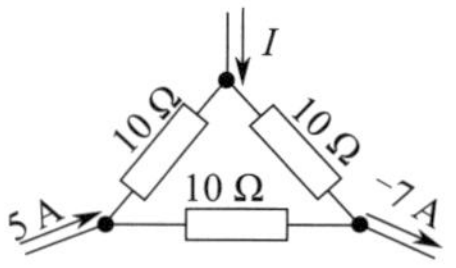

图 1

5. 如图 2 所示电路,已知 U_{ac}=10 V, U_{ab}=3 V,若以 b 点为参考点,则 c 点的电位为(　　)。

A.−3 V　　B.3 V　　C.−7 V　　D.7 V

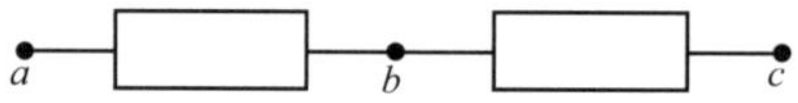

图 2

6. 负反馈的四种组态中,能够增大输入电阻、减小输出电阻、稳定输出电压的为(　　)。

A. 电压串联负反馈　　B. 电压并联负反馈

C. 电流串联负反馈　　D. 电流并联负反馈

7. 将两个相同的电容器串联后,接在电源电压为 220 V 的电路中,总电容等于 10 μF,那么将这样两个电容器并联后,接在电源电压为 110 V 的电路中,总电容等于(　　)。

A.10 μF　　B.20 μF　　C.40 μF　　D.80 μF

8. 下列数制转换为十进制数后,最大的是(　　)。

A.$(101101)_2$　　B.$(01010110)_{8421BCD}$　　C.$(43)_8$　　D.$(4A)_{16}$

9. 用数字万用表的欧姆挡测量某一电阻时,万用表显示为“1”,则下列结论不可能的是(　　)。

A. 电阻的阻值太小　　B. 电阻的阻值非常大

C. 电阻的阻值超过量程　　D. 电阻内部已损坏断开

10. 如图 3 所示，下列说法正确的是(　　)。

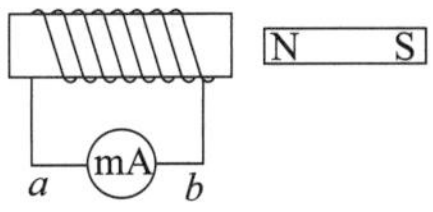

图 3

A. 条形磁铁向左运动时，螺线管的左边为感应磁场的 N 极
B. 条形磁铁向右运动时，感应磁场对条形磁铁有排斥作用
C. 条形磁铁向右运动时，感应电流的方向是从 b 到 a
D. 条形磁铁向左运动时，感应电流的方向是从 b 到 a

11. 在 RLC 串联电路中，若端电压 u 在相位上始终超前电流 i，则这个电路呈现(　　)。
A. 电容性　B. 电感性　C. 电阻性　D. 电抗性

12.JK 触发器的输入 J=0，K=1，当 CP 脉冲作用时，触发器将(　　)。
A. 置 0　B. 翻转　C. 置 1　D. 保持

13. 下列关于集成运放的说法，错误的是(　　)。
A. 虚短、虚断是理想运放的两个重要特点
B. 理想运放的差模输入电压趋于无穷大
C. 虚地是虚短的一个特例
D. 理想运放的共模抑制比趋于无穷大

二、多选题(多选、少选、错选均不得分，每小题 3 分，共 21 分)

1. 下列关于对称三相交流电源的说法，正确的是(　　)。
A. 三相的周期相同
B. 三相的瞬时值相同
C. 三相的最大值相同
D. 三相在相位上相差 120°

2. 功率放大器的基本要求是(　　)。
A. 尽可能大的输出功率
B. 尽可能高的效率
C. 尽可能大的非线性失真
D. 较好的散热装置

3. 下列关于 74LS194 移位寄存器的说法，正确的是(　　)。
A.M_0 和 M_1 是双向移位寄存器的控制端
B.D_{SR} 是右移串行数据输入端
C.D_{SL} 是左移串行数据输入端
D.D_0~D_3 是并行数据输出端

4. 下列关于共集电极放大电路特点的说法，正确的是(　　)。
A. 电压放大倍数略大于 1
B. 输出电压与输入电压同相
C. 输入电阻高
D. 输出电阻低

5. 下列关于低压三相四线制供电系统的说法，正确的是(　　)。
A. 相电压是指相线与相线之间的电压，相电压的有效值为 380 V
B. 线电压是指相线与相线之间的电压，线电压的有效值为 380 V
C. 通常会用黄、绿、红三种颜色导线区分相线
D. 中性线用字母 N 表示，一般用黑色线或浅蓝色线

6. 变压器是一种利用电磁感应原理制成的设备，变压器可以用来(　　)。
A. 改变交流电压　B. 改变交流频率　C. 改变交流电流　D. 改变阻抗

7. 四个触发器连成的计数器可计数的十进制数有(　　)。
A.4　B.8　C.10　D.16

三、判断题(正确的打"√"，错误的打"×"，每小题 2 分，共 22 分)

1. 阻容耦合电路既能放大交流信号，也能放大直流信号和变化缓慢的信号。(　　)

2. 为了用电安全，通常需要在火线和零线上安装熔断器。(　　)
3. 光电二极管可以将光信号转换成电信号，通常工作在反向偏置状态。(　　)
4. 集成运放工作在线性区的特征是引入负反馈。(　　)
5.OCL 单电源互补对称功率放大电路又称无输出变压器功率放大电路。(　　)
6.CW78L05 输出电压为 5 V，输出电流为 0.5 A。(　　)
7. 在输入信号消失后，触发器将保持信号消失前的状态，即具有记忆功能。(　　)
8. 在线圈中通入电流，就会引起自感现象。(　　)
9. 软磁性物质可以制成永久磁铁，硬磁性物质可以制成电磁铁铁芯。(　　)
10. 在串联电路和并联电路中，消耗的总功率都等于各个电阻消耗功率的总和。(　　)
11. 本征半导体具有单向导电性。(　　)

四、填空题(每空 1 分，共 10 分)

1.74LD161 可完成________、________、保持、________等功能。
2. 占空比是指________与________之比。
3. 共发射极放大器的输入电压和输出电压在相位上相差________。
4. 家用电烤箱的额定功率为 2.2 kV，额定电压为 220 V；在额定工作状态下，通过电烤箱的电流为________；若烤制食品半小时，则需耗电________度。
5. 利用 555 定时器可以构成多谐振荡器、____________和____________等电路。

五、综合题(共 41 分)

1. 锗三极管构成的基本放大电路如图 1 所示，已知 V_{CC}=12 V，R_c=2 kΩ，R_b=100 kΩ，β=50，U_{CEO}=4 V。试：(11 分)
(1)分别画出电路的直流通路和交流通路；(4 分)
(2)若用示波器测得输出电压波形如图 2 所示，分析出现该波形的原因，若要消除此种情况，应该怎么做；(3 分)
(3)根据已知条件，确定 R_p 的调定值。(4 分)

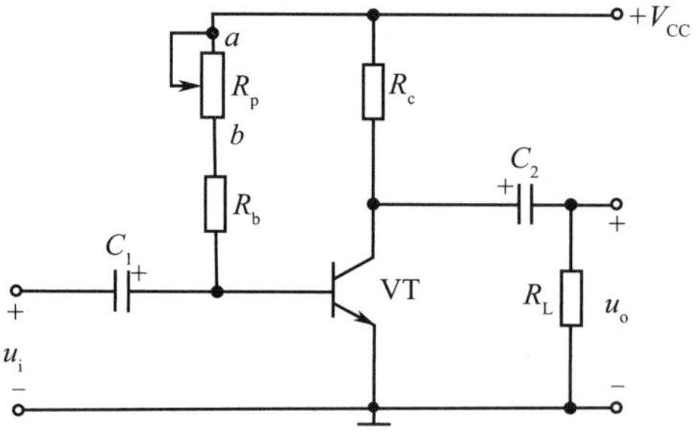

图 1

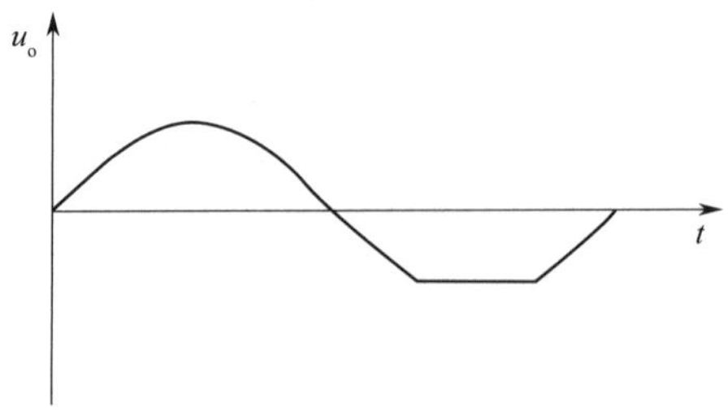

图 2

2. 如图 3 所示电路，已知 E_1=36 V，E_2=12 V，R_1=R_2=R_4=R_5=6 Ω，R_3=18 Ω，试运用戴维宁定理求 R_3 两端电压及流过 R_3 的电流。（8 分）

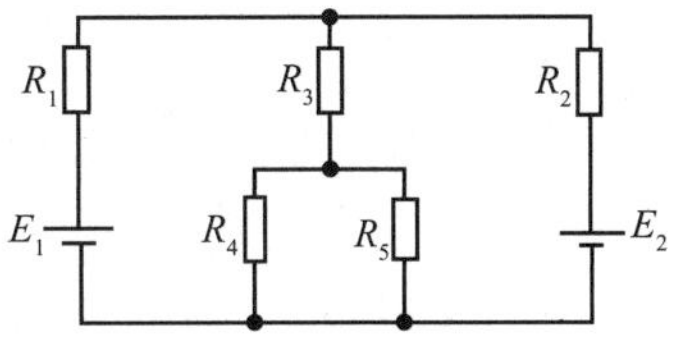

图 3

3. 某综艺节目进行歌手选拔比赛，有三名评委根据选手表现进行投票，评判时遵循少数服从多数的原则，得票过半的选手可以晋级，但主评委有超级晋级权，可以让选手无条件直接晋级，假设 A 为主评委，B、C 为副评委。试：（12 分）

（1）根据条件列出真值表；（4 分）

（2）写出晋级条件 Y 的逻辑表达式并化简；（4 分）

（3）将如图 4 所示的逻辑电路图补充完整。（4 分）

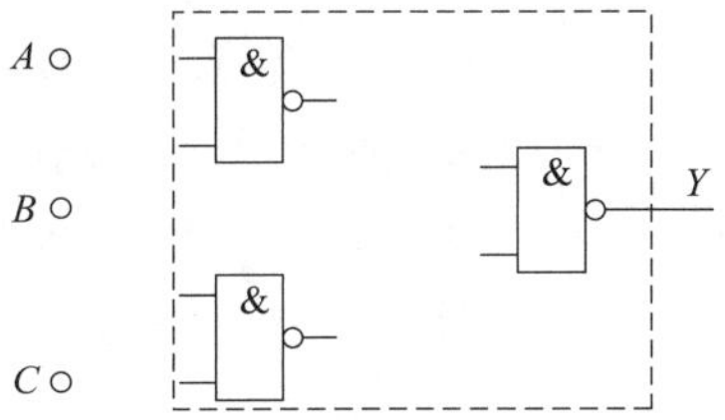

图 4

4. 在 RLC 串联电路中，已知电源电压 $u=10\sqrt{2}\sin(200t)$V，R=8 Ω，L=130 mH，C=250 μF。试：（10 分）

（1）计算阻抗$|Z|$和电流 I；（4 分）

（2）计算有功功率 P、无功功率 Q、视在功率 S 及功率因数；（4 分）

（3）判断电路的性质。（2 分）

2022年甘肃省普通高等教育
对口招收中等职业学校学生招生考试(工业类)专业基础试卷

《电工电子技术与技能》部分(120分)

一、单选题(每小题2分,共20分)

1. 某标识为“470”的贴片元件,其电阻值为(　　)。

A.470 Ω　　B.47 Ω　　C.470 kΩ　　D.47 kΩ

2. 某标识为“220 V, 50 W”的电器,接入交流220 V线路中,使用24小时消耗的电能为(　　)。

A.1 200度　　B.1 200 W　　C.1.2度　　D.1.2焦耳

3. 为防止用电设备绝缘损坏而致使工作人员触电,将用电设备的外壳与变压器的中性线连接起来,这种连接方式是(　　)。

A. 工作接地　　B. 保护接地　　C. 保护接零　　D. 重复接地

4. 乙类功率放大电路特有的失真为(　　)。

A. 饱和失真　　B. 交越失真　　C. 截止失真　　D. 大信号失真

5. 下列电路能对不规则的波形进行整形的是(　　)。

A. 施密特触发器　　B.D触发器　　C.JK触发器　　D. 单稳态电路

6. 放大电路要实现较高的输入电阻和较低的输出电阻,应采用的负反馈为(　　)。

A. 电流反馈　　B. 电流串联　　C. 电压并联　　D. 电压串联

7. 如图1所示,在电磁铁的左侧放置一根条形磁铁,当合上开关K以后,条形磁铁与电磁铁之间(　　)。

A. 互相排斥　　B. 互相吸引

C. 静止不动　　D. 无法判断

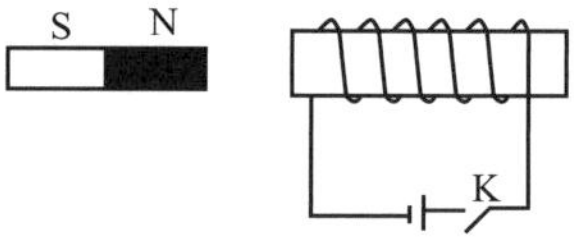

图1

8. 三端集成稳压器CW78M12的额定电压和电流分别为(　　)。

A.+12 V,0.5 A　　B.−12 V,0.5 A

C.+12 V,0.1 A　　D.−12 V,0.1 A

9.*RLC*串联电路,频率为ω_0时呈阻性,当频率$\omega>\omega_0$时,电路性质为(　　)。

A. 阻性　　B. 感性　　C. 容性　　D. 无法确定

10. 下列元器件中,不属于组合逻辑电路的是(　　)。

A.74LS20　　B.74LS00　　C.74LS48　　D.74LS194

二、多选题(多选、少选、错选均不得分,每小题3分,共21分)

1. 常见的触电方式有(　　)。

A. 单相触电　　B. 两相触电　　C. 跨步电压触电　　D. 感应触电

2. 某多级放大电路,第一级带载电压放大倍数为50倍,第二级带载电压放大倍数为20

倍,则该电路总的电压增益为(　　)。

A.1 000 dB　　B.70 dB　　C.60 dB　　D.1 000 倍

3. 如图 2 所示电路,下列说法正确的是(　　)。

A. 此电路为线性电路

B. 可以应用叠加定理计算支路电压和电流

C. 此电路为非线性电路

D. 不可以应用叠加定理计算支路电压和电流

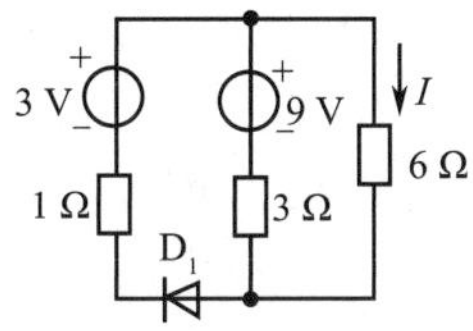

图 2

4. 下列三相电源的相序为逆序的是(　　)。

A.U—V—W—U　　B.V—W—U—V

C.U—W—V—U　　D.W—V—U—W

5. 将指针式万用表置于欧姆挡,黑表笔接三极管的某个电极,红表笔分别接三极管的另外两个电极,测得的电阻都很小,表明该三极管的管型及黑表笔接的电极分别为(　　)。

A.NPN　　B.PNP　　C. 基极　　D. 集电极

6. 应用一片 74L161 元器件可以设计(　　)的计数器。

A.8 进制　　B.12 进制　　C.16 进制　　D.24 进制

7. 如图 3 所示三相四线电路,照明灯 R_1、R_2 的额定电压为 220 V,电动机 D_1、D_2 的额定电压为 380 V,FU_1~FU_4 为熔断器,其中连接错误的元件有(　　)。

A.FU_4　　B.R_1　　C.R_2　　D.D_2

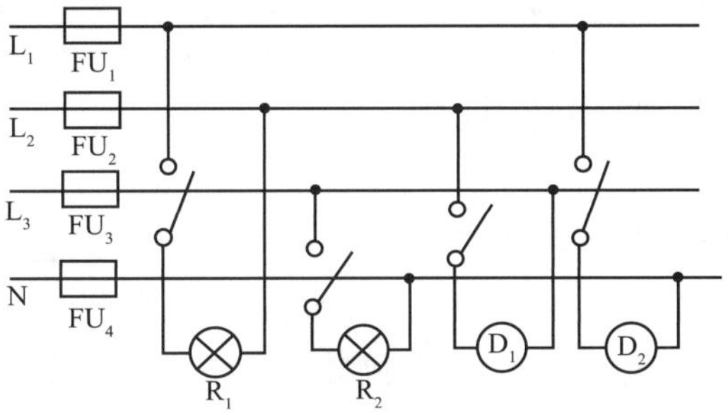

图 3

三、判断题(正确的打“√”,错误的打“×”,每小题 2 分,共 22 分)

1. 电路中选择不同的参考点,则两个节点之间的电压会发生变化。(　　)

2. 某电器设备耐压值为 380 V,可以将它接入交流 220 V 的线路中。(　　)

3. 可以用兆欧表测量线缆的绝缘电阻。(　　)

4. 某正弦交流电路,由阻性元件 A 和感性元件 B 串联接入 220 V 交流线路,检修时用万用表测得 A 元件两端电压有效值 U_A=110 V, B 元件两端电压有效值 U_B=182 V,由于 U_A+U_B>220 V,则判断该电路工作不正常。(　　)

5. 电容元件放电时间的长短与放电电路的等效电阻值和电容容量的乘积成正比。(　　)

6. 标称值分别为“10 μF/25 V”和“20 μF/25 V”的电容器串联后，可以接入直流 50 V 线路中。(　　)

7. 双极型半导体有自由电子和空穴两种载流子，因此导电能力比导体强。(　　)

8. 同相放大器的电压放大倍数不会小于 1。(　　)

9. 放大电路在带载时的电压放大倍数大于在空载时的电压放大倍数。(　　)

10. 应用 555 计时器电路，可以实现占空比可调的矩形波发生器。(　　)

11. 共集电极放大电路，具有功率放大作用。(　　)

四、填空题(每空 1 分，共 16 分)

1. 对称三相电源，当 t=10 s 时，$\dot{U}_U+\dot{U}_V+\dot{U}_W=$ ________。

2. 如图 4 所示电路，已知 V_a=10 V，V_b=2 V，则 c 点电位为________。

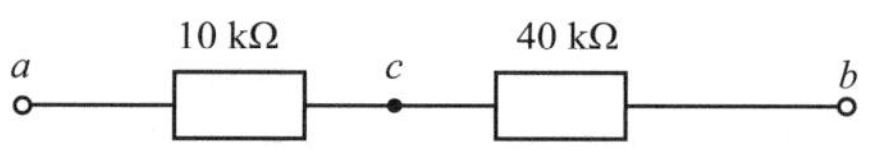

图 4

3. 已知处于放大状态的一只晶体管，1 脚电位为 2 V，2 脚电位为 1.3 V，3 脚电位为 8 V，则该管的管型为______，发射极为______脚，基极为______脚，集电极为______脚。

4. JK 触发器的 J、K 端同时接高电平，可以实现________功能。

5. 为测量含源二端网络从 ab 端看进去的等效电压源及等效电阻值，在 a、b 端接入 3 Ω 电阻，测得 U_{ab}=6 V；在 a、b 端接入 8 Ω 电阻，测得 U_{ab}=8 V；则电压源 U_s=________，等效电阻 R_s=________。

6. 逻辑表达式 $Y=A+\overline{A}B+BC$，化简后的最简式为________。

7. 三相电源采用三相四线制，相电压为 110 V，则线电压等于________。

8. 十六进制数$(AA)_{16}$转换为二进制数为(________)$_2$，转换为十进制数为(________)$_{10}$。

9. 在日光灯管电路中，给镇流器和灯管支路并联电容是为了________。

10. 已知正弦交流电压 $u_1=30\sqrt{2}\sin(314t+30°)$V，$u_2=50\sqrt{2}\sin(314t+120°)$V，则 u_1 超前 u_2 的相位为________。

11. 如图 5 所示电路，电流 $I=$ ________。

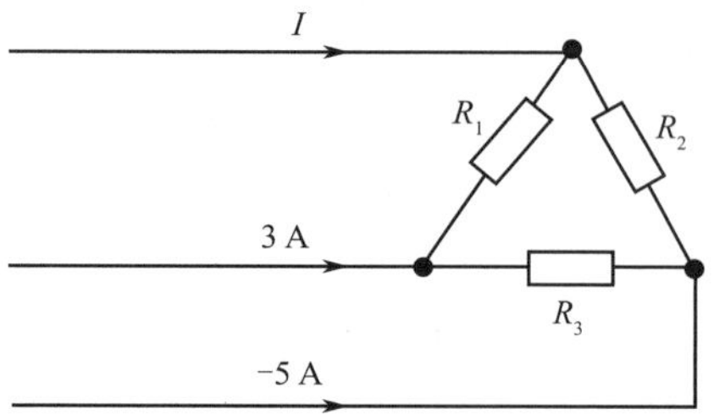

图 5

五、综合应用题(共 41 分)

1. 某同学制作的桥式整流电源电路如图 6 所示,已知变压器次级电压有效值 U_2 为 10 V。(10 分)

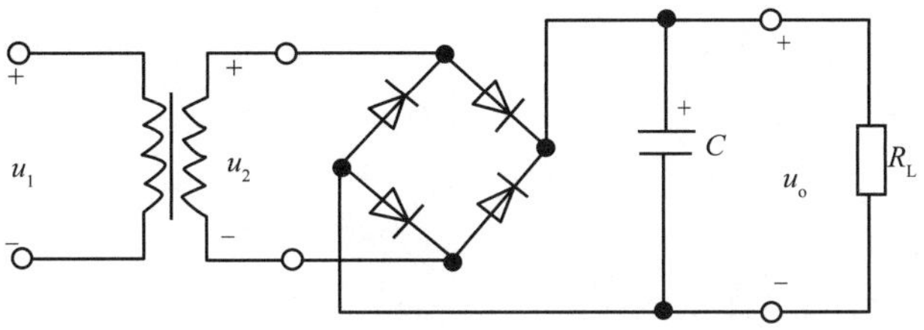

图 6

(1)若电路工作正常,电容连接正常,并带有负载,则输出电压 U_o 应为________V。(2 分)

(2)若整流桥工作正常,电容虚焊,并带有负载,则输出电压 U_o 应为________V。(2 分)

(3)若负载开路,电容连接正常,则输出电压 U_o 应为________V。(2 分)

(4)若某个整流二极管虚焊,电容连接正常,则该电路带载输出电压应为________V。(2 分)

(5)若某个整流二极管虚焊,电容虚焊,则该电路带载输出电压应为________V。(2 分)

2. 如图 7(a)所示分压偏值放大电路,在输入端 u_i 施加正弦信号,用示波器观察到的输出电压 u_o 如图 7(b)所示,试:(9 分)

(1)画出该电路的直流通路;(3 分)

(2)写出该电路出现的非线性失真的失真类型;(2 分)

(3)简述应如何调节电位器 R_p 才能解决失真问题;(2 分)

(4)若该电路 C_e 虚焊,则输出电压 u_o 的幅值会增大还是减小。(2 分)

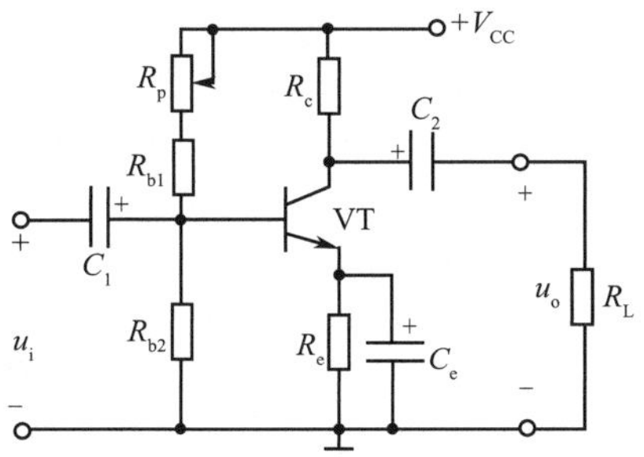

(a)

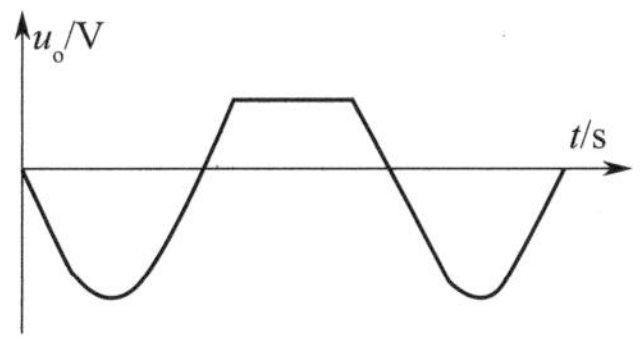

(b)

图 7

3. 如图 8 所示电路,试用支路电流法计算:(12 分)

(1)支路电流 I_1、I_2;(8 分)

(2)节点 B 的电位 V_B;(2 分)

(3)电压源发出的功率。(2 分)

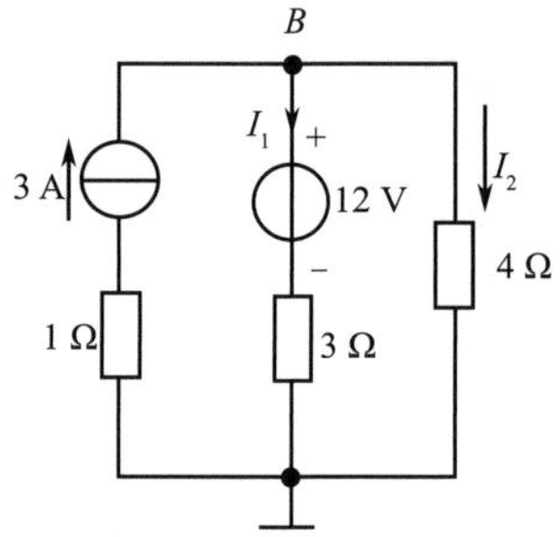

图 8

4. 如图 9 所示 RL 串联电路,已知 $R=40\ \Omega$,电感(忽略引线电阻)的感抗 $X_L=30\ \Omega$,外加有效值为 220 V、频率为 50 Hz 的正弦交流电压。试求:(10 分)

(1)电路的总阻抗$|Z|$;(2 分)

(2)电路的电流有效值;(2 分)

(3)电路的有功功率、无功功率及视在功率和功率因数。(6 分)

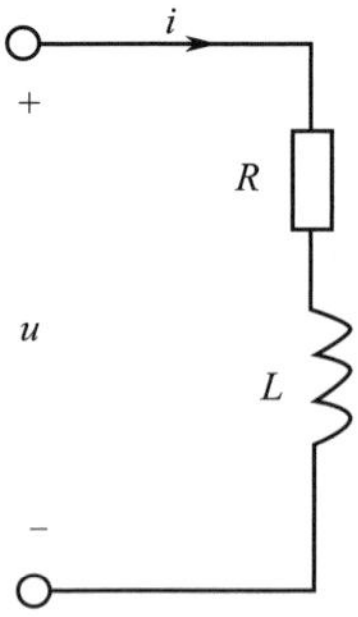

图 9

参考答案

项目一　电路基础知识

任务 1.5　强化训练

1. 单选题

(1)A　(2)C　(3)B　(4)C　(5)D　(6)B　(7)B　(8)B　(9)A　(10)D

2. 多选题

(1)AD　(2)BCD　(3)AC　(4)CD　(5)ABCD　(6)AB

3. 判断题

(1)√　(2)√　(3)×　(4)×　(5)×　(6)×　(7)×　(8)√　(9)√　(10)×

4. 填空题

(1)通路,短路,断路。

(2)标,正电荷定向移动的方向,安培。

(3)0.6。

(4)有电源,有负载,电路形成通路。

(5)温度,正比,反比,有关,$\rho\frac{L}{S}$,电阻率,欧姆·米。

(6)$10\sqrt{5}$,$5\sqrt{5}$。

5. 技能题

(1)电阻的阻值为 810 Ω。

(2)R×100。

6. 综合分析题

(1)U=100 V,I=5 mA。

(2)① R=806.7 Ω;② I=0.27 A;③ 27.54 元。

(3)20 V,0.1 A。

(4)2 Ω。

(5)600 Ω。

(6)只开 10 盏灯时,582.2 W,5.32 V,14.15 W;20 盏灯全开时,1 143.4 W,10.4 V,54 W。

任务 1.6　质量检测

1. 单选题(每小题 2 分,共 20 分)

(1)B　(2)B　(3)D　(4)A　(5)C　(6)C　(7)D　(8)C　(9)A　(10)A

2. 多选题(每小题 3 分,共 18 分)

(1)BD　(2)AB　(3)ACD　(4)ABC　(5)AC　(6)AC

3. 判断题(每小题 2 分,共 12 分)

(1)× (2)√ (3)√ (4)× (5)√ (6)×

4. 填空题(每空 2 分,共 20 分)

(1)1.8×10^{-4},180。

(2)正电荷。

(3)数字部分,倍率,误差。

(4)1,3.6×10^{6}。

(5)1.75×10^{-2},7×10^{-2}。

5. 综合分析题(共 30 分)

(1)0.01 A。

(2)10 A,1.4 Ω,10 V。

(3)1。

(4)串联时 40 W 的灯泡亮些,并联时 100 W 的灯泡亮些。

(5)1.44×10^{5} J,34.56 千卡。

项目二　简单直流电路

任务 2.6　强化训练

1. 单选题

(1)D (2)B (3)A (4)D (5)D (6)A (7)B (8)C (9)C (10)B (11)D (12)D (13)B (14)C (15)B

2. 多选题

(1)AC (2)AD (3)BC (4)AC (5)ABC (6)BD (7)ABCD

3. 判断题

(1)√ (2)× (3)√ (4)× (5)× (6)√ (7)√ (8)× (9)√ (10)√

4. 填空题

(1)其他形式的能量,电能,负,正,正,负。

(2)电流,和,和,和。

(3)串,1.5 kΩ;并,0.1 Ω。

(4)220 V,0,S_1。

(5)R。

5. 分析计算题

(1)以 e 点为零电位点,V_c=3 V,V_d=1 V,V_e=0 V,$U_{ed}=V_e-V_d$=0−1=−1 V;以 c 点为零电位点,V_c=0 V,V_d=−2 V,V_e=−3 V,$U_{ed}=V_e-V_d$=−3−(−2)=−1 V。

(2)① 0.4 A,0.2 A,0.2 A;② 4.8 V,0.8 V,0.8 V;③ 1.92 W,0.16 W,0.16 W。

(3)6∶5。

任务 2.7　质量检测

1. 单选题（每小题 2 分，共 20 分）

（1）B　（2）C　（3）A　（4）B　（5）C　（6）A　（7）C　（8）B　（9）A　（10）D

2. 多选题（每小题 3 分，共 18 分）

（1）AC　（2）AD　（3）AC　（4）ABCD　（5）CD　（6）ABC

3. 判断题（每小题 2 分，共 12 分）

（1）×　（2）×　（3）√　（4）×　（5）×　（6）×

4. 填空题（每空 2 分，共 20 分）

（1）无穷大，0，E。

（2）2 V，-7 V，0。

（3）串，$(n-1)R_g$。

（4）1 ∶ 3，2 ∶ 3。

5. 综合分析题（共 30 分）

（1）50 Ω，0.8 A，32 W。

（2）297 kΩ。

（3）电流 10 A，电流表过流损坏，指针被打折。

电流表使用注意事项：①选择合适的量程；②串联在电路中测量；③无法估计测量电流时，先用大量程粗测，再选用合适的量程精测；④直流电流表测量中要注意正负极不能接反。

（4）-6.5 V。

（5）① I_1=0.75 A，I_2=I_3=0.375 A；② U_1=4 V，U_2=U_3=0。

项目三　复杂直流电路

任务 3.3　强化训练

1. 单选题

（1）B　（2）A　（3）C　（4）A　（5）C　（6）D　（7）A　（8）D　（9）B　（10）A

2. 多选题

（1）ABD　（2）BC　（3）C　（4）ABD　（5）CD

3. 判断题

（1）√　（2）×　（3）×　（4）√　（5）×　（6）×　（7）×

4. 填空题

（1）电流代数和，$\sum I=0$；电压代数和，$\sum U=0$。

（2）线性，电压，电流。

（3）提供恒定电压，0；提供恒定电流，无穷大。

5. 简答与计算题

（1）基尔霍夫定律包含基尔霍夫电流定律（KCL）和基尔霍夫电压定律（KVL）两部分。

①基尔霍夫电流定律（KCL）的内容：电路中任意一个节点上，在任一时刻，流入节点的电流之和等于流出节点的电流之和。

②基尔霍夫电压定律（KVL）的内容：在任一时刻，一个闭合回路中，各段电阻上电压降

的代数和等于各电源电动势的代数和。

(2)I_1=4 A,I_2=5 A,I_3=−1 A。

(3)I_1=3 A,I_2=1 A,I_3=2 A;P=144 W。

任务 3.4 质量检测

1. 单选题(每小题 2 分,共 20 分)

(1)C (2)B (3)C (4)A (5)A (6)A (7)A (8)D (9)A (10)B

2. 多选题(每小题 3 分,共 18 分)

(1)AC (2)ABD (3)ACD (4)AD (5)BC (6)AC

3. 判断题(每小题 2 分,共 12 分)

(1)√ (2)√ (3)× (4)√ (5)√ (6)√

4. 填空题(每空 2 分,共 20 分)

(1)节点,回路。

(2)6,6。

(3)等效电压源 E_0,内阻 R_0。

(4)实际,参考。

(5)短路,开路。

5. 综合分析题(共 30 分)

(1)6 V。

(2)1 A。

(3)选择向下的方向,得出 I_1=2 A,I_2=I_3=−1 A,I_3 方向向左。

项目四 电容器

任务 4.4 强化训练

1. 单选题

(1)D (2)A (3)A (4)D (5)D (6)A (7)B (8)C (9)D (10)C

2. 多选题

(1)ABCD (2)CD (3)ACD (4)CD (5)AC

3. 判断题

(1)× (2)√ (3)× (4)× (5)√

4. 填空题

(1)F(法拉),μF(微法),pF(皮法),1 F=10^6 μF=10^{12} pF。

(2)两极板间距离,小于。

(3)储能,c,u^2,电压。

(4)R×100,R×1 k,性能完好,短路,开路。

(5)0,5 V,1.25×10^{-3} J。

5. 计算题

(1)220 V;在这个过程中,电容器的电容量没有变化,电容为 0.05 μF。

(2)28.7 μF。

（3）0.4 μF。

（4）① 3 V；②均为 2×10^{-6} C；③ 1 V，2 V。

任务 4.5 质量检测

1. 单选题（每小题 2 分，共 20 分）

（1）A （2）B （3）D （4）C （5）A （6）D （7）D （8）A （9）C （10）D

2. 多选题（每小题 3 分，共 18 分）

（1）BCD （2）CD （3）AB （4）AC （5）BC （6）ABC

3. 判断题（每小题 2 分，共 12 分）

（1）× （2）× （3）√ （4）√ （5）× （6）√

4. 填空题（每空 2 分，共 20 分）

（1）两极板正对面积，两极板间距离，两极板间介质；是否带电，两端电压。

（2）$\frac{4C}{3}$，$\frac{3C}{2}$。

（3）2×10^{-3} μF，4 V，6 V。

5. 综合分析题（共 30 分）

（1）①测量电解电容任意两极间的漏电阻；②交换红、黑表笔，再一次测量电解电容的漏电阻；③如果电解电容性能良好，在两次测量结果中，阻值大的一次便是正向接法，即红表笔接电解电容的负极，黑表笔接正极。

（2）2×10^{-8} C，U=50 V。

（3）①不安全；② 540 V。

（4）①不能；② 300 V。

（5）1.2×10^{-6} C，7×10^{-7} C。

项目五 电感器

任务 5.3 强化训练

1. 单选题

（1）D （2）C （3）D （4）B （5）B （6）C （7）C （8）B （9）C （10）B （11）B

2. 多选题

（1）AC （2）ABC （3）BD （4）CD （5）ABD （6）ABCD

3. 判断题

（1）√ （2）× （3）√ （4）√ （5）× （6）× （7）× （8）√ （9）√ （10）√

4. 填空题

（1）铁、钴、镍，磁性，磁性，不可分割，南，北，S，N，排斥，吸引。

（2）磁场，电流，感应电动势，感应电压，感应电流。

（3）方向，普遍，方向，自己，磁通，引发，原磁通，变化。

（4）相反，相同，楞次定律。

（5）磁感线的条数，$\Phi=BS$，$\Phi=BS\sin\theta$。

5. 计算题

（1）① 0.5 T；② 0.3 N。

（2）① 10^{-4} H；② 2×10^{-6} Wb。

（3）99 J。

任务 5.4 质量检测 A

1. 单选题（每小题 2 分，共 20 分）

（1）B （2）B （3）D （4）C （5）C （6）C （7）D （8）D （9）A （10）B

2. 多选题（每小题 3 分，共 18 分）

（1）ABC （2）AD （3）BD （4）CD （5）ABC （6）AD

3. 判断题（每小题 2 分，共 12 分）

（1）× （2）√ （3）× （4）√ （5）× （6）×

4. 填空题（每空 2 分，共 20 分）

（1）右手螺旋法则。

（2）顺磁性物质，反磁性物质，铁磁性物质。

（3）杂乱无章，磁性，有序整齐，磁性。

（4）穿过磁场中某一面积的磁感线条数。

5. 综合分析题（共 30 分）

（1）6.28×10^{-2} T。

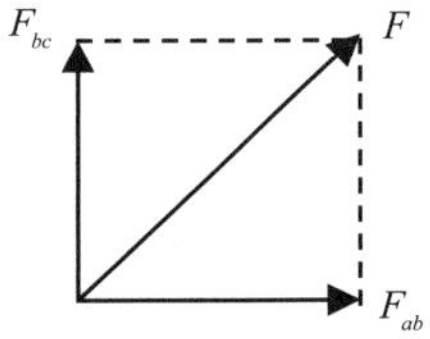

（2）方法一：ab 段所受的电磁力大小 $F_{ab}=BIL$，方向向右；bc 段所受的电磁力大小 $F_{bc}=BIL$，方向向上，所以该导线所受电磁力为这两个力的合力，如右图所示，$F=\sqrt{2}BIL$，方向沿∠ abc 的角平分线向上。

方法二：把导线 abc 等效成直导线 ac，则等效长度 $ac=\sqrt{2}L$，故电磁力 $F=BI\sqrt{2}L=\sqrt{2}BIL$，方向垂直于 ac，即沿∠ abc 的角平分线向上。

（3）

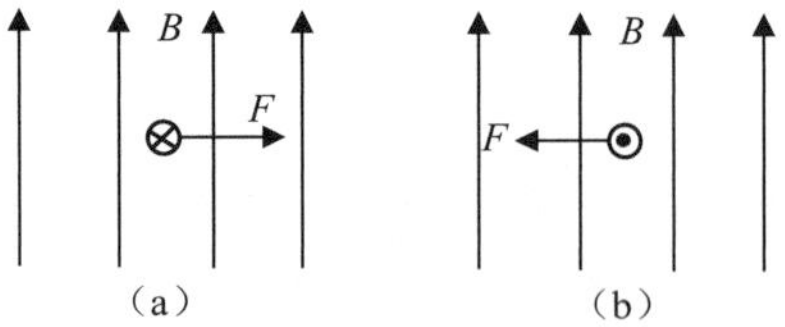

（4）$F=G=mg=0.02\times9.8\text{ N}=0.196\text{ N}$，$B=\dfrac{F}{IL}=\dfrac{0.196}{2\times0.4}\text{T}=0.245\text{ T}$。

任务 5.5 质量检测 B

1. 单选题（每小题 2 分，共 20 分）

（1）D （2）C （3）A （4）C （5）C （6）A （7）B （8）D （9）D （10）D

2. 多选题（每小题 3 分，共 18 分）

（1）ABD （2）ACD （3）AC （4）BC （5）AD （6）AD

3. 判断题(每小题 2 分,共 12 分)

(1)√ (2)√ (3)√ (4)× (5)× (6)√

4. 填空题(每空 2 分,共 20 分)

(1)感应电动势,感应电流。

(2)奥斯特,安培,法拉第,库仑。

(3)电流大小,线圈本身。

(4)空心,铁芯。

5. 综合分析题(共 30 分)

(1)0.8 V。

(2)0.05 V。

(3)0.2 H。

(4)① 0.2 V;② 0.4 A,方向为逆时针;③ 0.016 N,方向向右;④ 0.08 W;⑤ 0.08 W。

项目六 正弦交流电路

任务 6.5 强化训练

1. 单选题

(1)B (2)A (3)B (4)A (5)B (6)C (7)A (8)C (9)C (10)C (11)C (12)D (13)D (14)A (15)C (16)A (17)C (18)D (19)C (20)D

2. 多选题

(1)BD (2)BCD (3)AD (4)CD (5)C (6)AD (7)BD (8)D (9)AD

3. 判断题

(1)× (2)√ (3)× (4)√ (5)× (6)× (7)√ (8)× (9)√ (10)× (11)× (12)× (13)× (14)√ (15)×

4. 计算题

(1)① $I_{1m}=10\sqrt{2}A$,$I_{2m}=20A$;② $T_1=0.02\ s$,$T_2=0.02\ s$;③ $f_1=50\ Hz$,$f_2=50\ Hz$;④图略。

(2)① $X_L\approx 110\ \Omega$;② $I=2A$;③ $i=2\sqrt{2}\sin(100\pi t-30°)A$;④ $Q_L=440\ var$;⑤图略。

(3)① $i=4.4\sqrt{2}\sin(314t+53.1°)A$;② P=580.8 W,Q=774.4 var,S=968 V·A。

(4)$f=5\ Hz$;$\omega=10\pi\ rad/s$;$\varphi=-90°$;$u=100\sin(100\pi t-90°)V$。

(5)① R=18 Ω,L=0.076 H;②电路阻抗呈电容性。

任务 6.6 质量检测

1. 单选题(每小题 2 分,共 20 分)

(1)C (2)A (3)B (4)B (5)A (6)C (7)A (8)D (9)A (10)B

2. 多选题(每小题 3 分,共 18 分)

(1)ABC (2)ABC (3)AB (4)ABCD (5)ABCD (6)AC

3. 判断题(每小题 2 分,共 12 分)

(1)√ (2)√ (3)× (4)√ (5)× (6)×

4. 填空题（每空 2 分，共 20 分）

（1）最大值（或有效值），周期（或频率或角频率），初相位。

（2）频率，大小，几何尺寸，材料的电阻率。

（3）0 V，86.6 V，866 var。

5. 综合分析题（共 30 分）

（1）$i=2\sin(314t+\frac{\pi}{3})$A，波形图略。

（2）0.138 A，i=0.195sin（314t+90°）A，矢量图略。

（3）U_R=RI=10 V，U_L=X_LI=10 V，U_C=X_CI=10 V，$U=\sqrt{U_R^2+(U_L-U_C)^2}$ =10 V，$|Z|=\sqrt{R^2+X^2}$ = 10 Ω。

（4）①$|Z|=\sqrt{R^2+X^2}$ =50 Ω，$\frac{U}{|Z|}=\frac{220}{50}\text{A}=4.4\text{A}$，$i=4.4\sqrt{2}\sin(314t)$A；

② U_R=RI=132 V，U_L=X_LI=396 V，U_C=X_CI=220 V；

③ P=$UI\cos\varphi$ =580.8 W，Q=$UI\sin\varphi$ =774.4 var，S=UI=968 V•A，$\lambda=\cos\varphi=\frac{R}{|Z|}$ =0.6。

项目七　三相正弦交流电路

任务 7.9　强化训练

1. 单选题

（1）A　（2）B　（3）A　（4）C　（5）B　（6）D　（7）A　（8）D　（9）C　（10）B　（11）C　（12）A　（13）B　（14）D

2. 多选题

（1）AC　（2）ACD　（3）AB　（4）BC　（5）BC　（6）AC

3. 判断题

（1）√　（2）×　（3）×　（4）√　（5）√　（6）×　（7）×　（8）√

4. 简答和计算题

（1）常见的触电方式有单相触电和两相触电。单相触电是人体在地面上而触及一根相线，电流通过人体流入大地造成触电。人体同时接触两根相线，形成两相触电，这时人体受到 380 V 的线电压作用。

（2）100 Ω。

（3）8.6 A，15 A。

（4）①$I_{YL}=I_{YP}=22\text{A}$，$P_Y\approx 11.6\text{ kW}$；②$I_{\triangle P}=38\text{A}$，$I_{\triangle L}\approx 66\text{A}$，$P_\triangle\approx 34.7\text{ kW}$。

（5）①$U_P=\frac{U_L}{\sqrt{3}}=\frac{380}{\sqrt{3}}\text{V}\approx 220\text{ V}$，$I_{Pa}=\frac{U_P}{R_a}=\frac{220\text{ V}}{11\,\Omega}=20\text{ A}$，$I_{Pb}=I_{Pc}=\frac{U_P}{R_c}=\frac{220\text{ V}}{22\,\Omega}=10\text{ A}$，$I_{La}=I_{Pa}=20\text{ A}$，$I_{Lb}=I_{Lc}=I_{Pb}=10\text{ A}$，$P=P_a+P_b+P_c=U_PI_{Pa}+U_PI_{Pb}+U_PI_{Pc}=220\text{ V}\times 20\text{ A}+220\text{ V}\times 10\text{ A}+220\text{ V}\times 10\text{ A}=8\,800\text{ W}=8.8\text{ kW}$；

②$I_{Pb}=I_{Lb}=\frac{U_P}{R_b}=\frac{380\text{ V}}{22\,\Omega}\approx 17.3\text{ A}$，$I_{Pc}=I_{Lc}=\frac{U_P}{R_c}=\frac{380\text{ V}}{22\,\Omega}\approx 17.3\text{ A}$；

③$I_{Pb}=I_{Lb}=\dfrac{U_P}{R_b+R_c}=\dfrac{380\ \text{V}}{44\ \Omega}\approx 8.6\ \text{A}$，$I_{Pc}=I_{Lc}=\dfrac{U_P}{R_b+R_c}=\dfrac{380\ \text{V}}{44\ \Omega}\approx 8.6\ \text{A}$。

任务 7.10 质量检测

1. 单选题（每小题 2 分，共 20 分）

（1）A （2）C （3）C （4）A （5）C （6）D （7）D （8）C （9）A （10）D

2. 多选题（每小题 3 分，共 18 分）

（1）ABCD （2）BC （3）ACD （4）ACD （5）ABCD （6）ABCD

3. 判断题（每小题 2 分，共 12 分）

（1）√ （2）√ （3）√ （4）× （5）× （6）×

4. 填空题（每空 1 分，共 20 分）

（1）36 V。

（2）零线，保护接地，保护接零。

（3）$\dfrac{1}{\sqrt{3}}$，1，0。

（4）5 280，3 960，6 600。

5. 综合分析题（共 30 分）

（1）① 220 V；② 44 A；③ 44 A；④ 23 232 W。

（2）① $I_V=I_W$=44 A，I_N=44 A，I_N 与 U_U 反相；②第二、三层楼电灯全亮时灯泡两端电压为 190 V；若关掉第三层的一半，此时 V 相灯泡不能正常工作，W 相灯泡将会烧毁，处于开路状态，则 V 相也将处于断路状态。

（3）① I_P=2.2 A，I_L=2.2 A，P=1 161.5 W；② I_P=3.8 A，I_L=6.6 A，P=3 484 W。

（4）①$U_P=\dfrac{U_L}{\sqrt{3}}=\dfrac{380}{\sqrt{3}}\text{V}\approx 220\ \text{V}$，$I_{Pa}=\dfrac{U_P}{R_a}=\dfrac{220\ \text{V}}{11\ \Omega}=20\ \text{A}$，$I_{Pb}=I_{Pc}=\dfrac{U_P}{R_c}=\dfrac{220\ \text{V}}{22\ \Omega}=10\ \text{A}$，$I_{La}=I_{Pa}=20\ \text{A}$，$I_{Lb}=I_{Lc}=I_{Pb}=10\ \text{A}$，$P=P_a+P_b+P_c=U_PI_{Pa}+U_PI_{Pb}+U_PI_{Pc}=220\ \text{V}\times 20\ \text{A}+220\ \text{V}\times 10\ \text{A}+220\ \text{V}\times 10\ \text{A}=8\ 800\ \text{W}=8.8\ \text{kW}$；

②$I_{Pb}=I_{Lb}=\dfrac{U_P}{R_b}=\dfrac{380\ \text{V}}{22\ \Omega}\approx 17.3\ \text{A}$，$I_{Pc}=I_{Lc}=\dfrac{U_P}{R_c}=\dfrac{380\ \text{V}}{22\ \Omega}\approx 17.3\ \text{A}$；

③$I_{Pb}=I_{Lb}=\dfrac{U_P}{R_b+R_c}=\dfrac{380\ \text{V}}{44\ \Omega}\approx 8.6\ \text{A}$，$I_{Pc}=I_{Lc}=\dfrac{U_P}{R_b+R_c}=\dfrac{380\ \text{V}}{44\ \Omega}\approx 8.6\ \text{A}$。

项目八 谐振电路

任务 8.3 强化训练

1. 单选题

（1）D （2）A （3）C （4）B （5）B

2. 判断题

（1）√ （2）× （3）√ （4）× （5）×

3. 填充题

（1）L，C，无关。

(2)端电压,相等,Q,电压谐振。

(3)越陡,越好,越窄,选择性,通频带宽度。

(4)50,40。

(5)小,差。

2014年甘肃省普通高等教育
对口招收中等职业学校学生招生考试(工业类)专业基础试卷

《电工基础》部分答案与评分标准(90分)

一、单选题(每小题2分,共20分)

1.B 2.D 3.D 4.C 5.A 6.B 7.C 8.C 9.B 10.C

二、判断题(每小题2分,共20分)

1.× 2.× 3.√ 4.√ 5.× 6.× 7.√ 8.× 9.√ 10.√

三、多选题(每小题3分,共24分)

1.AD 2.ABD 3.CD 4.ABD 5.ABD 6.ABC 7.ABC 8.ABCD

四、综合应用题(共26分)

1. 由四部分组成:

(1)电源——提供电能(把其他形式的能转化为电能);

(2)用电器(负载)——消耗电能(把电能转化为其他形式的能);

(3)导线——连接电路,传输电能;

(4)开关——控制电路的通断(接通或断开电路)。

评分标准:

(1)四个要点每一个要点1分,共4分;

(2)只要上述各要点中的关键词出现即可得全分,回答不完整者得0.5分;

(3)出现括号内的关键词也可得全分。

2.(1)正确连接荧光灯电路(4分)。

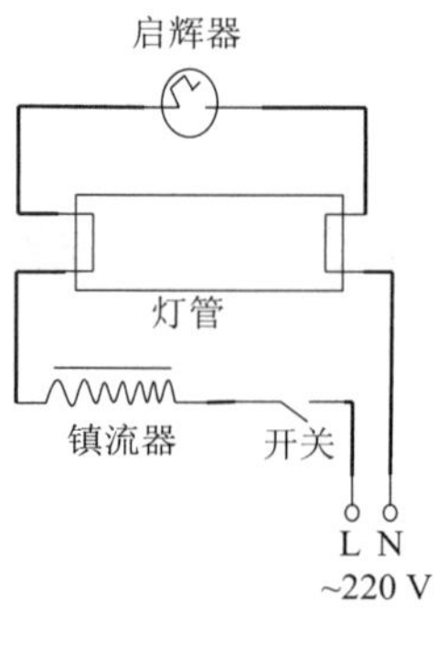

评分要点:

①图中粗线为要连接的电路;

②电源、开关、镇流器、灯管、启辉器是串联结构;

③电源的火线 L 必须接入开关。

按以上要求连接的电路得 4 分,有错误可酌情扣分。

(2)$X_L=2\pi fL=\omega L=314\times255\times10^{-3}\approx80\ \Omega$

$$|Z|=\sqrt{R^2+X_L{}^2}=\sqrt{60^2+80^2}=100\ \Omega$$

$$I=\frac{U}{|Z|}=\frac{220}{100}=2.2\ \text{A}$$

评分要点:每步 1 分,公式、结果正确得全分,公式或结果只有一项正确得 0.5 分。

(3)$U_d=IR=2.2\times60=132\ \text{V}$

$U_z=IX_L=2.2\times80=176\ \text{V}$

评分要点:每步 1 分,公式、结果正确得全分,公式或结果只有一项正确得 0.5 分。

3. 三个方程:$I_3=I_2+I_1$

$I_2R_2-I_1R_1+E_1=0$

$I_2R_2-E_2+I_3R_3=0$

三个电流:

$I_1=4\ \text{A}, I_2=1\ \text{A}, I_3=5\ \text{A}$

评分要点:

(1)列方程,每个方程 2 分,共 6 分;

(2)计算 3 个结果,每个结果 1 分。

4.(1)$i=10\sin(314t+30°)$A;

(2)电流的矢量图为

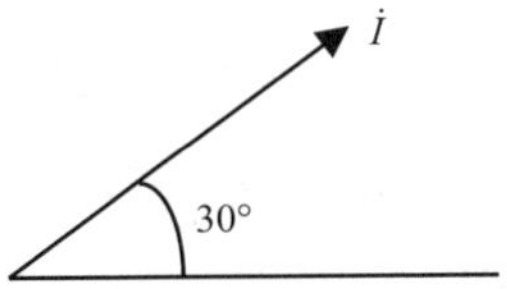

《电子基础》部分答案与评分标准(90 分)

一、单选题(每小题 2 分,共 20 分)

1.B 2.C 3.B 4.B 5.B 6.C 7.D 8.B 9.B 10.C

二、判断题(每小题 2 分,共 20 分)

1.× 2.× 3.√ 4.× 5.√ 6.× 7.√ 8.× 9.× 10.√

三、多选题(每小题 3 分,共 24 分)

1.BCD 2.ABC 3.AC 4.ABD 5.ABD 6.ACD 7.ABC 8.ABD

四、综合应用题(共 26 分)

1.(1)二极管测量(—▷|—),正向导通,正,负,反向截止,负,正,开路。

(2)R×1 k,b,NPN,短路。

评分标准:

(1)每空 1 分,共 12 分;

(2)只要上述各要点中的关键词出现既可得全分。

2. 逻辑表达式:

$Y=\overline{A\overline{B}+B\overline{C}+\overline{A}C}$

化简式:

$Y=ABC+\overline{A}\,\overline{B}\,\overline{C}$

评分标准:正确写出逻辑表达式得 2 分,化简结果正确得 2 分,共 4 分。

3.(1)

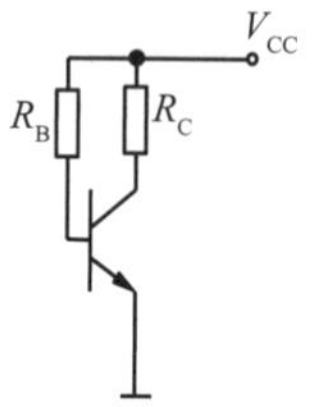

直流通路

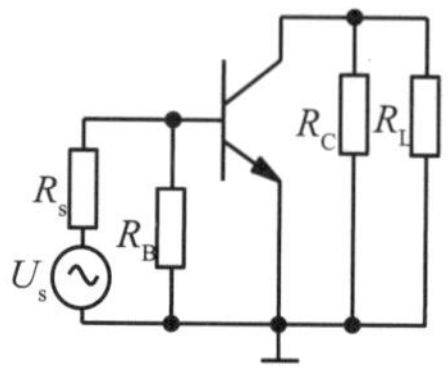

交流通路

(3)$I_{BQ}=\dfrac{V_{CC}-U_{BEQ}}{R_B}\approx\dfrac{V_{CC}}{R_B}=\dfrac{12\ \text{V}}{300\times10^3\,\Omega}=0.04\ \text{mA}$

$I_{CQ}=\beta I_{BQ}=40\times0.04\ \text{mA}=1.6\ \text{mA}$

$U_{CEQ}=V_{CC}-I_{CQ}R_C=12\ \text{V}-1.6\times10^{-3}\times4\times10^3\ \text{V}=5.6\ \text{V}$

评分标准:

(1)画图,每个 2 分,正确得分,不正确不能得分;

(2)计算,每个参数 2 分,公式正确得 1 分,计算结果正确得 1 分。

2015 年甘肃省普通高等教育
对口招收中等职业学校学生招生考试(工业类)专业基础试卷

《电工基础》部分答案(70 分)

一、单选题(每小题 3 分,共 18 分)

1.C 2.B 3.A 4.D 5.B 6.D

二、判断题(每小题 2 分,共 12 分)

1. √ 2. × 3. √ 4. √ 5. × 6. √

三、多选题(每小题 4 分,共 20 分)

1.ABC 2.BD 3.CD 4.ACD 5.BC

四、作图题(共 6 分)

1.*RL* 串联电路的电压矢量图及对应的阻抗三角形:

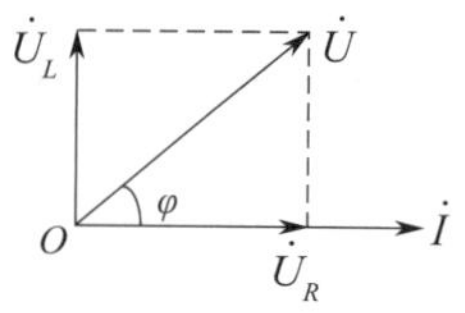

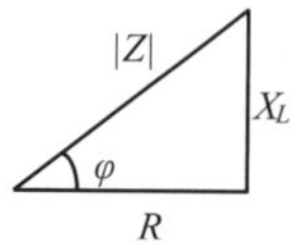

2.*RC* 串联电路的电压矢量图及对应的阻抗三角形:

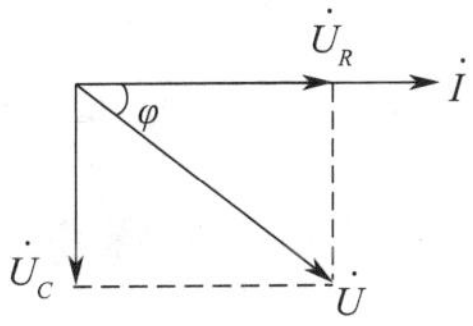

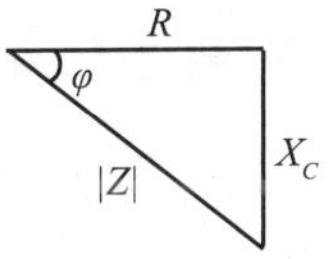

3.*RLC* 串联电路（$X_L>X_C$）的电压矢量图及对应的阻抗三角形：

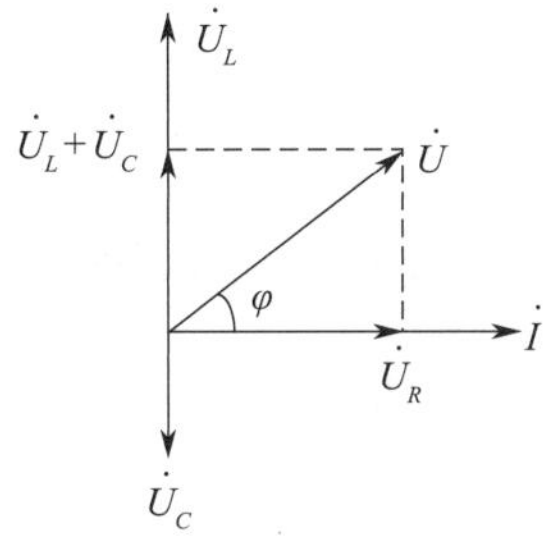

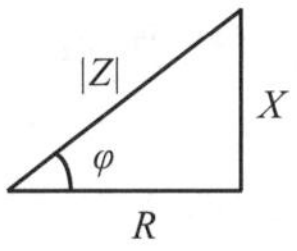

五、计算题（第 1 小题 6 分，第 2 小题 8 分，共 14 分）

1. 依据基尔霍夫电流定律可列方程：

$$I_1-I_2-I_3=0$$

依据基尔霍夫电压定律可列方程：

$$I_1R_1-U_{s1}-U_{s2}=0$$

$$I_3R_3+U_{s2}-U_{s3}=0$$

联立方程组，解得

$$I_1=0.25\ \text{A},I_2=0\ \text{A},I_3=-0.25\ \text{A}$$

2.（1）$|Z|=\sqrt{R^2+(X_L-X_C)^2}=\sqrt{8^2+(24-16)^2}=8\sqrt{2}\ \Omega,\ U=I|Z|=5\times8\sqrt{2}=40\sqrt{2}\ \text{V}$。

（2）由公式$X_L=2\pi fL$可得

$$L=\frac{X_L}{2\pi f}=\frac{24}{2\times3.14\times50}=0.08\ \text{H}$$

由公式$X_C=\dfrac{1}{2\pi fC}$可得

$$C=\frac{1}{2\pi fX_C}=\frac{1}{2\times3.14\times50\times16}\approx199\ \mu\text{F}$$

（3）端电压与电流的相位差、功率因数：

$$\varphi=\arctan\frac{X_L-X_C}{R}=\arctan\frac{24-16}{8}=45°$$

$$\lambda=\cos\theta=\cos45°=\frac{\sqrt{2}}{2}$$

2016年甘肃省普通高等教育
对口招收中等职业学校学生招生考试(工业类)专业基础试卷

《电工电子技术与技能》部分答案与评分标准(140分)

一、单选题(每小题2分,共28分)

1.D 2.C 3.A 4.B 5.B 6.B 7.A 8.C 9.A 10.A 11.B 12.A 13.C 14.C

二、判断题(每小题2分,共32分)

1. √ 2. × 3. × 4. × 5. × 6. √ 7. √ 8. √ 9. √ 10. × 11. × 12. √ 13. √ 14. √ 15. × 16. √

三、多选题(每小题3分,共30分)

1.ABD 2.ACD 3.AC 4.ACD 5.ACD 6.ABD 7.BCD 8.ABCD 9.BD 10.AC

四、综合应用题(共50分)

1.(1)由公式 $P=UI$ 可得

$I=P/U=2\,200/220=10\ \text{A}$

(2)把该电炉接在110 V的电源上,由于电炉的电阻不变,由公式 $P=\dfrac{U^2}{R}$ 可变换得

$$R=\frac{u^2}{p}=\frac{220^2}{2200}=22\ \Omega$$

$$P=\frac{110^2}{22}=550\ \text{W}$$

评分标准:每问5分,共10分。

2.(1)由公式 $A_{\text{uf}}=-\dfrac{R_{\text{f}}}{R_1}$ 可得,

$$R_{\text{f}}=R_1A_{\text{uf}}=10\ \Omega\times100=1\ \text{k}\Omega$$

(2)平衡电阻 R_2 的值为

$$R_2=R_1\,//\,R_{\text{f}}=\frac{R_1R_{\text{f}}}{R_1+R_{\text{f}}}=\frac{10\times1\,000}{10+1\,000}\ \Omega\approx9.9\ \Omega$$

(3)由电路图可知,反馈量取自输出电压,故为电压负反馈;反馈量与输入量以电流方式叠加,故为并联负反馈,故该放大器属于电压并联负反馈。

(4)负号说明输入电压与输出电压相位相反。

3. 利用支路电流法可列一个电流方程和一个电压方程(回路绕行方向取顺时针方向),即

$$I_1+I_2-I_s=0,\ -U_s+I_2R_2-I_1R_1=0$$

代入数据整理得

$$I_1+I_2=3,\ I_1-I_2=-2$$

解得

$$I_1=0.5\ \text{A},\ I_2=2.5\ \text{A},\ U_{ab}=10\ \text{V}$$

4. 各触发器的输出波形如下:

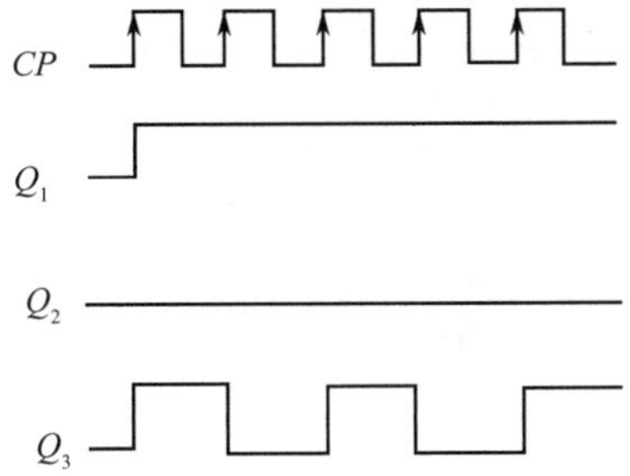

2017 年甘肃省普通高等教育
对口招收中等职业学校学生招生考试（工业类）专业基础试卷

《电工电子技术与技能》部分答案与评分标准（120 分）

一、单选题（每小题 2 分，共 30 分）

1.C 2.D 3.B 4.C 5.C 6.A 7.B 8.C 9.B 10.A 11.A 12.C 13.D 14.A 15.C

二、判断题（每小题 2 分，共 28 分）

1.× 2.× 3.√ 4.× 5.× 6.√ 7.√ 8.√ 9.√ 10.× 11.√ 12.× 13.√ 14.√

三、多选题（每小题 3 分，共 21 分）

1.CD 2.ABC 3.BCD 4.ABCD 5.BCD 6.BD 7.AD

四、综合应用题（共 41 分）

1.（1）$U_m = 200\sqrt{2}$ A，U=200 V；

（2）$T = \dfrac{2\pi}{\omega} = \dfrac{2\pi}{314} = \dfrac{2\pi}{100\pi} = 0.02$ s，$f = \dfrac{1}{T} = \dfrac{1}{0.02} = 50$ Hz，ω=314 rad/s；

（3）初相位 30°；

（4）u_1 与 u_2 的相位差 φ =45° −30° =15° 。

2. 回路绕行方向取顺时针方向，依据基尔霍夫定律列方程组，即

$$\begin{cases} I_1 + I_2 - I_3 = 0 \\ -I_1R_1 + E_1 - E_2 + I_2R_2 = 0 \\ I_3R_3 - E_1 + I_1R_1 = 0 \end{cases}$$

代入已知数据，整理得

$$\begin{cases} I_1 + I_2 - I_3 = 0 \\ 2I_1 - I_2 = -5 \\ I_1 + 3I_3 = 5 \end{cases}$$

解得

$$\begin{cases} I_1 = -1\text{ A} \\ I_2 = 3\text{ A} \\ I_3 = 2\text{ A} \end{cases}$$

其中，I_1=−1 A 为负值，说明实际方向与参考方向相反。

3.（1）直流通路：

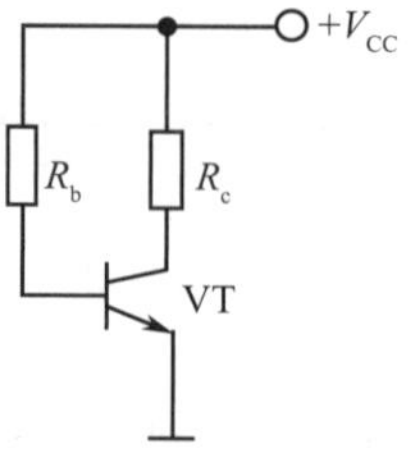

静态工作点：

$$I_{BQ}=\frac{V_{CC}-V_{BEQ}}{R_b}\approx\frac{V_{CC}}{R_b}=\frac{12\text{ V}}{200\text{ k}\Omega}=0.06\text{ mA}=60\ \mu\text{A}$$

$$I_{CQ}=\beta I_{BQ}=30\times0.06\text{ mA}=1.8\text{ mA}$$

$$V_{CEQ}=V_{CC}-I_{CQ}R_c=12\text{ V}-1.8\times3\text{ V}=6.6\text{ V}$$

（2）交流通路：

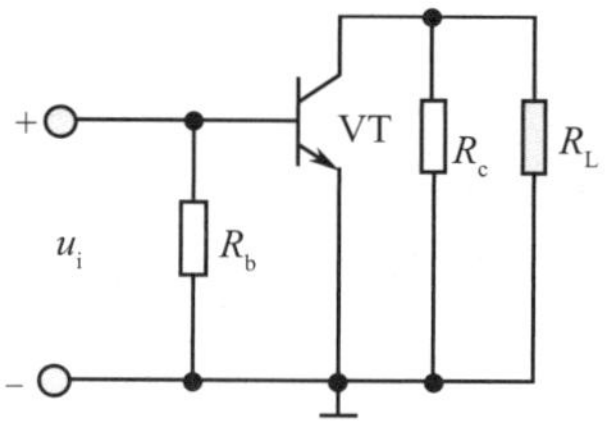

电压放大倍数：

$$R'_L=R_c//R_L=\frac{R_cR_L}{R_c+R_L}=\frac{3\times3}{3+3}\text{ k}\Omega=1.5\text{ k}\Omega$$

$$r_{be}=300\ \Omega+(1+\beta)\frac{26\text{ mV}}{I_{EQ}}=300\ \Omega+31\times\frac{26\text{ mV}}{1.8\text{ mA}}=0.748\text{ k}\Omega$$

$$A_u=-\frac{\beta R'_L}{r_{be}}=-\frac{30\times1.5\text{ k}\Omega}{0.748\text{ k}\Omega}=-60$$

（3）输入电阻：

$$R_i=R_b//r_{be}\approx r_{be}=0.748\text{ k}\Omega$$

输出电阻：

$$R_o=R_c=3\text{ k}\Omega$$

2.（1）设 A、B、C 三个测试项目，合格为 1，否则为 0；输出为 Y，通过为 1，否则为 0。真值表如下：

输入			输出
A	B	C	Y
0	0	0	0
0	0	1	0
0	1	0	0
0	1	1	1
1	0	0	0
1	0	1	1
1	1	0	1
1	1	1	1

（2）写出逻辑函数式，并化简与非表达式：

$$Y=\overline{A}BC+A\overline{B}C+AB\overline{C}+ABC$$
$$=BC+AC+AB$$
$$=\overline{\overline{BC}\cdot\overline{AC}\cdot\overline{AB}}$$

（3）逻辑电路图：

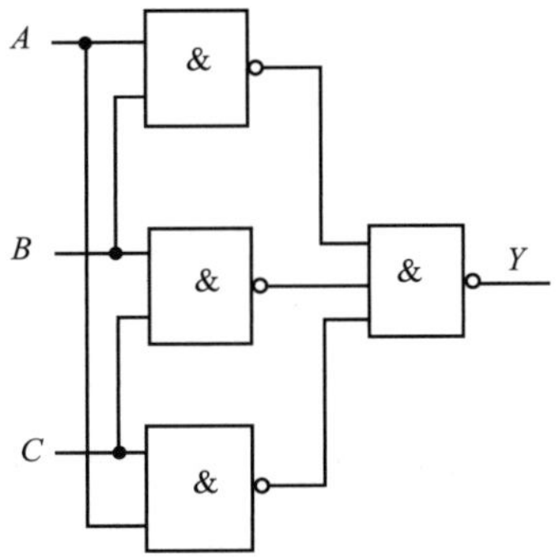

2018年甘肃省普通高等教育
对口招收中等职业学校学生招生考试（工业类）专业基础试卷

《电工电子技术与技能》部分答案与评分标准（120分）

一、填空题（每空1分，共10分）

1.50　2.6×10^4 J　3.1　4.单相触电，两相触电　5.增大　6.增大，减小　7.饱和，截止

二、单选题（每小题2分，共26分）

1.B　2.B　3.A　4.B　5.D　6.B　7.B　8.A　9.D　10.D　11.C　12.C　13.D

三、判断题（每小题2分，共22分）

1.×　2.×　3.×　4.×　5.√　6.×　7.√　8.×　9.√　10.√　11.√

四、多选题(每小题3分,共21分)

1.ACD 2.ABCD 3.AB 4.BC 5.CD 6.ABCD 7.ABC

五、综合应用题(共41分)

1.A_1 构成反相输入放大电路,故

$$U_{o1}=-\frac{R_3}{R_1}\times U_{i1}=-\frac{90\ \text{k}\Omega}{30\ \text{k}\Omega}\times 1\ \text{V}=-3\ \text{V}$$

A_2 构成加法运算电路,故

$$U_o=-\frac{R_6}{R_4}\times U_{o2}+\left(-\frac{R_6}{R_5}\times U_{o1}\right)=-(U_{o2}+U_{o1})=-(2\ \text{V}-3\ \text{V})=1\ \text{V}$$

2.(1)直流通路:

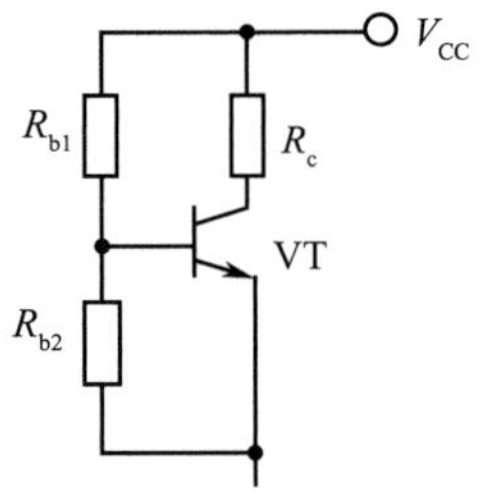

静态工作点:

$$U_{BQ}=\frac{R_{b1}}{R_{b1}+R_{b2}}\times V_{CC}=\frac{10}{47+10}\times 12\ \text{V}\approx 2.1\ \text{V}$$

$$I_{CQ}\approx I_{EQ}=\frac{U_{BQ}-U_{BEQ}}{R_e}=\frac{(2-0.7)\text{V}}{500\ \Omega}\approx 2.8\ \text{mA}$$

$$I_{BQ}=\frac{I_{CQ}}{\beta}=\frac{2.8\ \text{mA}}{40}=0.07\ \text{mA}$$

$$V_{CEQ}=V_{CC}-I_{CQ}(R_c+R_e)=12\ \text{V}-2.8\times(3+0.5)\text{V}=2.2\ \text{V}$$

(2)交流通路:

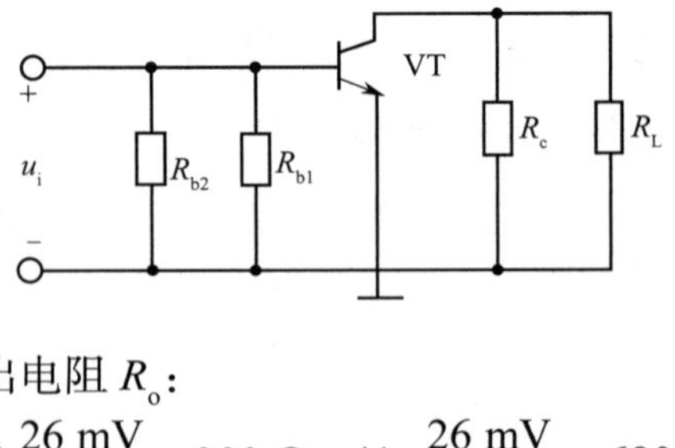

电压放大倍数 A_u 和输出电阻 R_o:

$$r_{be}=300\ \Omega+(1+\beta)\frac{26\ \text{mV}}{I_{EQ}}=300\ \Omega+41\times\frac{26\ \text{mV}}{2.8\ \text{mA}}\approx 680\ \Omega=0.68\ \text{k}\Omega$$

$$R_L'=R_c//R_L=\frac{R_cR_L}{R_c+R_L}=\frac{3\times 3}{3+3}\ \text{k}\Omega=1.5\ \text{k}\Omega$$

$$A_u = -\frac{\beta R'_L}{r_{be}} = -\frac{40\times1.5}{0.68} \approx -88$$

$$R_i = R_{b1}//R_{b2}//r_{be} \approx r_{be} = 0.68\ \text{k}\Omega$$

$$R_o = R_c = 3\ \text{k}\Omega$$

(3)如果将三极管更换成 PNP 型硅管,则电源电压应改为$-V_{CC}$。

3.(1)$|Z| = \sqrt{R^2+(X_L-X_C)^2} = \sqrt{8^2+(28-20)^2} = 8\sqrt{2}\ \Omega$

$$U = I|Z| = 5\times8\sqrt{2} = 40\sqrt{2}\ \text{V}$$

(2)$L = \dfrac{X_L}{2\pi f} = \dfrac{28}{2\times3.14\times50} \approx 89\ \text{mH}$

$$C = \frac{1}{2\pi f X_C} = \frac{1}{2\times3.14\times50\times20} \approx 159\ \mu\text{F}$$

(3)$\cos\theta = \dfrac{R}{|Z|} = \dfrac{8}{8\sqrt{2}} = \dfrac{\sqrt{2}}{2} \approx 0.707$

$$\varphi = \arctan\frac{8}{8\sqrt{2}} = 45°$$

4.(1)$U_L = 380\ \text{V}$,$|Z| = \sqrt{R^2+X_L^2} = \sqrt{60^2+80^2} = 100\ \Omega$

$$U_P = \frac{380}{\sqrt{3}} \approx 220\ \text{V},\quad I_{YL} = I_{YP} = \frac{U_P}{|Z|} = \frac{220}{100} = 2.2\ \text{A}$$

$$P = \sqrt{3}U_L I_L\cos\theta = \sqrt{3}\times380\times2.2\times\frac{\sqrt{2}}{2} = 1\ 023.7\ \text{W}$$

(2)电感性负载两端并联一只电容量适当的电容器。

2019 年甘肃省普通高等教育
对口招收中等职业学校学生招生考试(工业类)专业基础试卷

《电工电子技术与技能》部分答案与评分标准(120 分)

一、单选题(每小题 2 分,共 26 分)

1.A 2.B 3.D 4.A 5.A 6.A 7.A 8.A 9.B 10.A 11.C 12.C 13.C

二、多选题(每小题 3 分,共 21 分)

1.BCD 2.ABCD 3.AC 4.CD 5.AB 6.BCD 7.ABD

三、判断题(每小题 2 分,共 22 分)

1.× 2.√ 3.√ 4.× 5.√ 6.√ 7.√ 8.√ 9.× 10.√ 11.√

四、填空题(每空 1 分,共 10 分)

1.50 Hz,220 V 2.标称阻值,允许误差,额定功率 3.0.7,0.3 4.大 5.同出 0,异出 1 6.逻辑门

五、综合应用题(共 41 分)

1.(1)用戴维宁定理计算电阻 R_3 中的电流。

①移开待求支路，求开路电压 U_{ab}，如图(a)所示。

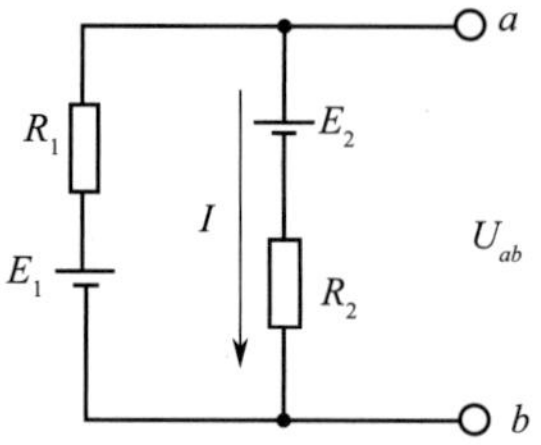

图(a)

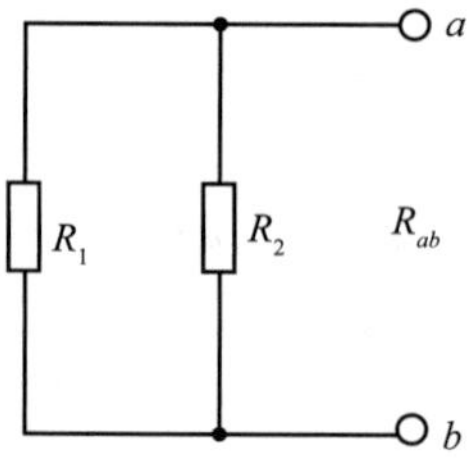

图(b)

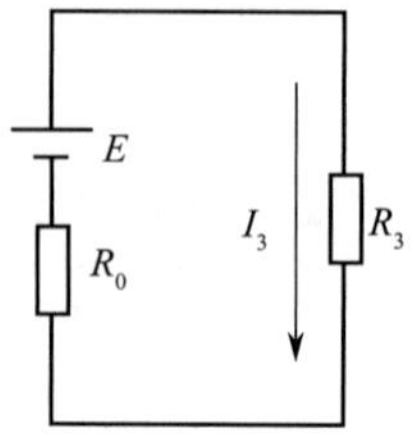

图(c)

$$I=\frac{E_2-E_1}{R_1+R_2}=\frac{36-28}{2+2}=2\ \text{A}$$

$$E=U_{ab}=E_2+IR_2=28+2\times 2=32\ \text{V}$$

②将含源二端网络内的电源置零，求等效电阻 R_0=R_{ab}，如图(b)所示。

$$R_0=R_{ab}=\frac{R_1\times R_2}{R_1+R_2}=\frac{2\times 2}{2+2}=1\ \Omega$$

③还原待求支路，求通过电阻 R_3 的电流 I_3，如图(c)所示。

$$I_3=\frac{E}{R_0+R_3}=\frac{32}{1+7}=4\ \text{A}$$

(2)依据题意可得，电阻 R_3 两端的电压 U_3=$I_3\times R_3$=4×7=28 V，所以测量 R_3 中电流和 R_3 两端电压的电路原理图如下：

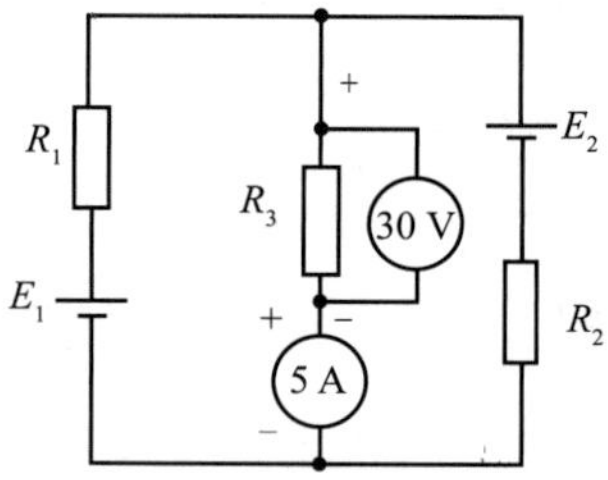

2.(1)发电机组的额定电流为

$$I_\text{e}=\frac{S}{U}=\frac{880\times 10^3}{220}=4\times 10^3\ \text{A}$$

当功率因数 $\cos\varphi$ =0.5 时，每个用电器的电流为

$$I=\frac{P}{\cos\varphi}=\frac{8.8\times 10^3}{220\times 0.5}=80\ \text{A}$$

所以，该发电机组能供给的用电器个数为

$$\frac{I_\text{e}}{I}=\frac{8\ 000}{80}=100个$$

(2)当 $\cos\varphi$ =0.8 时，每个用电器的电流为

$$I=\frac{P}{\cos\varphi}=\frac{8.8\times 10^3}{220\times 0.8}=50\ \text{A}$$

所以,该发电机能供给的用电器个数为

$$\frac{I_e}{I}=\frac{8\,000}{50}=160\text{个}$$

3.(1)连接图如下:

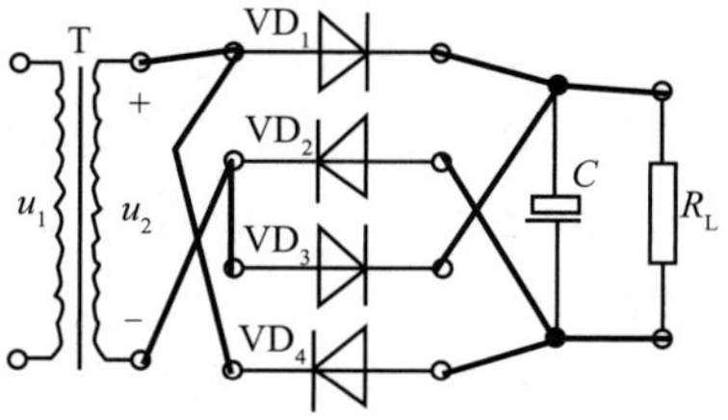

(2)该电路为桥式整流滤波电路,故输出电压为

$U_L \approx 1.2U_2 = 1.2 \times 10\ \text{V} = 12\ \text{V}$

流过负载的电流为

$I_L = U_L/R_L = 12\ \text{V}/1\ \text{k}\Omega = 12\ \text{mA}$

(3)当 $U_L=0$ V 时,有一只二极管短路被烧坏,电路无输出电压;当 $U_L=0.45U_2=4.5$ V 时,一只二极管开路,滤波电容开路,电路为半波整流电路;当 $U_L=0.9U_2=9$ V 时,滤波电容开路,电路为桥式整流电路;当 $U_L=U_2=10$ V 时,一只二极管开路,电路为半波整流滤波电路;当 $U_L=1.2U_2=12$ V 时,电路正常;当 $U_L=1.4U_2=14$ V 时,负载开路。

4. 最简与非逻辑表达式:

$$\begin{aligned}Y &= A\overline{B}+C+\overline{A}D\overline{C}+B\overline{C}D\\ &= A\overline{B}+C+D\overline{C}(\overline{A}+B)\\ &= A\overline{B}+C+D\overline{C}+\overline{A\overline{B}}\\ &= A\overline{B}+D\overline{C}+C\\ &= A\overline{B}+C+D\\ &= \overline{\overline{A\overline{B}+C+D}}\\ &= \overline{\overline{A\overline{B}}\cdot\overline{C}\cdot\overline{D}}\end{aligned}$$

逻辑电路图:

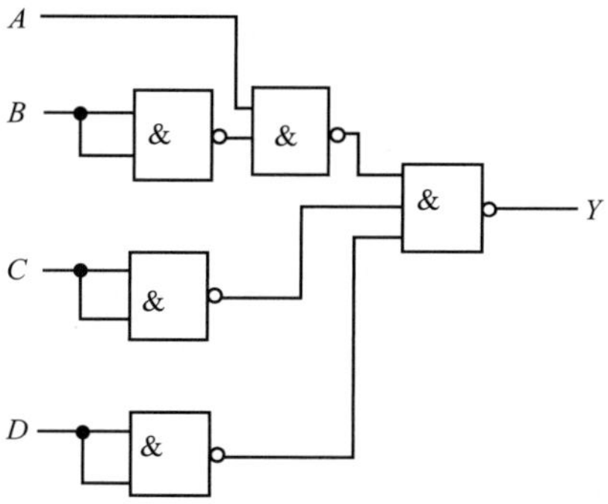

2020年甘肃省普通高等教育
对口招收中等职业学校学生招生考试(工业类)专业基础试卷

《电工电子技术与技能》部分答案与评分标准(120分)

一、单选题(每小题2分,共26分)

1.C 2.B 3.C 4.D 5.D 6.B 7.B 8.A 9.C 10.A 11.B 12.A 13.B

二、多选题(每小题3分,共21分)

1.AD 2.ABCD 3.AD 4.BCD 5.ABC 6.ACD 7.ABCD

三、判断题(每小题2分,共22分)

1.√ 2.× 3.× 4.× 5.√ 6.× 7.√ 8.√ 9.√ 10.√ 11.×

四、填空题(每空1分,共10分)

1.并联 2.线电压 3.-3 V 4.欧姆,R×1k 5.-5,1.5 6.计数器 7.111010 8.127

五、综合应用题(共41分)

1.错误点:(1)零线上安装了熔断器;(2)白炽灯 HL_1、HL_2 两端是线电压;(3)白炽灯 HL_3、HL_4 的开关接在零线上。

原因:(1)如果在保护零线上接开关或熔断器,在三相负荷严重不平衡的情况下,零线的电流会很大,保险丝会任意烧掉,造成无零线运行,从而导致负荷大的一相电压很低,而负荷小的一相电压过高(远远超过额定电压220 V),而导致这一相的用电器因为电压太高、电流太大而烧毁;(2)白炽灯的额定工作电压是220 V,此图加的是380 V,远远超出它的额定值,会烧毁白炽灯。

2.(1)线圈的感抗$|Z|$:

$$X_L = 2\pi fL = 2\times3.14\times50\times255\times10^{-3} \approx 80\ \Omega$$

(2)通过线圈电流的有效值:

$$I = \frac{U}{X_L} = \frac{220}{80}\text{A}=2.75\text{ A}$$

(3)若以电压作为参考正弦量,电流瞬时值的表达式:

$$i = 2.75\sqrt{2}\sin(314t-\frac{\pi}{2})\text{A或}3.89\sin(314t-\frac{\pi}{2})\text{A}$$

(4)电压和电流关系的矢量图:

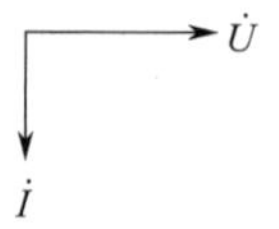

3.(1)二极管 VD_1、VD_2 的作用是给输出管的发射结提供所需的正向偏压,以克服交越失真。

(2)输出功率:

$$P_{\text{om}} = \frac{V_{\text{CC}}^2}{8R_{\text{L}}} = \frac{12\times12}{8\times2}\text{W}=9\text{ W}$$

(3)OTL 电路的缺点：输出采用大电容耦合，其频率响应较差，不利于电路的集成化。

4.(1)真值表如下：

输入			输出
A	B	C	Y
0	0	0	1
0	0	1	1
0	1	0	0
0	1	1	0
1	0	0	0
1	0	1	0
1	1	0	1
1	1	1	1

(2)报警输出 Y 的逻辑表达式：

$$Y=\overline{A}\overline{B}\overline{C}+\overline{A}\overline{B}C+AB\overline{C}+ABC$$
$$=\overline{A}\overline{B}(\overline{C}+C)+AB(\overline{C}+C)$$
$$=\overline{A}\overline{B}+AB$$
$$=\overline{\overline{\overline{A}\overline{B}+AB}}$$
$$=\overline{\overline{\overline{A}\overline{B}}\cdot\overline{AB}}$$

(3)逻辑电路图如下：

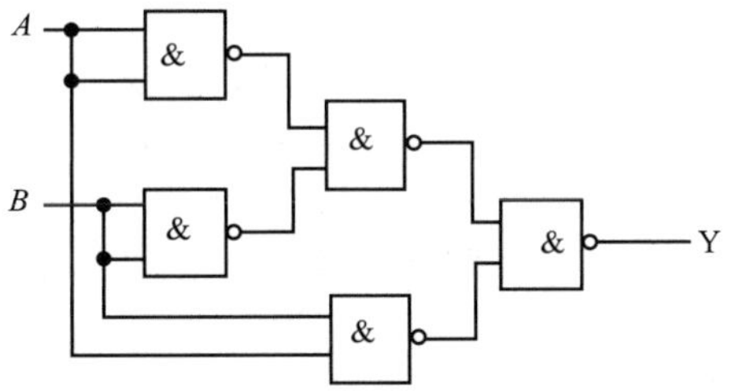

2021 年甘肃省普通高等教育
对口招收中等职业学校学生招生考试(工业类)专业基础试卷

《电工电子技术与技能》部分答案及评分标准(120 分)

一、单选题(每小题 2 分，共 26 分)

1.C　2.B　3.D　4.C　5.C　6.A　7.C　8.D　9.A　10.D　11.B　12.A　13.B

二、多选题(每小题 3 分，共 21 分)

1.ACD　2.ABD　3.ABC　4.BCD　5.BCD　6.ACD　7.ABC

三、判断题（每小题 2 分，共 22 分）

1. × 2. × 3. √ 4. √ 5. × 6. × 7. √ 8. × 9. × 10. √ 11. ×

四、填空题（每空 1 分，共 10 分）

1. 同步预置数，异步清零，计数 2. 脉冲宽度，脉冲周期 3. 180° 4. 10 A，1.1

5. 单稳态触发器，施密特触发器

五、综合应用题（共 41 分）

1.（1）直流通路如图（a）所示，交流通路如图（b）所示，各 2 分。

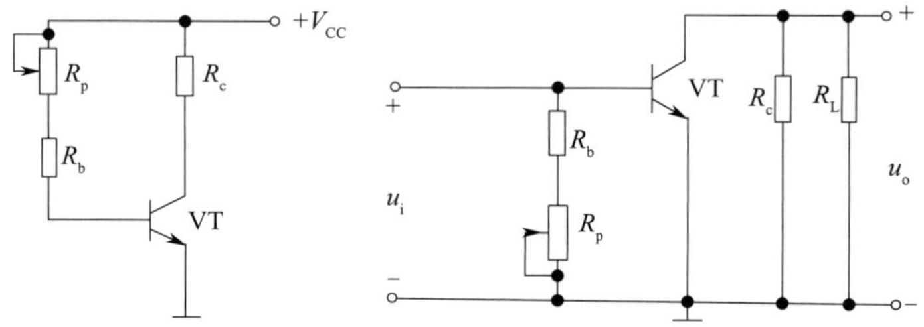

图（a） 图（b）

（2）静态工作点设置不合理，电路产生饱和失真（1 分）；将 R_p 由 b 向 a 调节，增大 R_p，使 I_{BQ} 减小，Q 点下移，可消除这种失真。（2 分）

（3）$I_{CQ}=\dfrac{V_{CC}-U_{CEQ}}{R_c}=\dfrac{12-4}{2\times10^3}=4\times10^{-3}\,\text{A}=4\text{ mA}$

$$I_{BQ}=\frac{I_{CQ}}{\beta}=\frac{4}{50}=0.08\text{ mA}=80\ \mu\text{A}$$

$$R_p+R_b=\frac{V_{CC}-U_{BEQ}}{I_{BQ}}$$

$$R_p=\frac{V_{CC}-U_{BEQ}}{I_{BQ}}-R_b=\frac{12-0.3}{8\times10^{-5}}-100\times10^3=46.25\text{ k}\Omega$$

R_p 的调定值为 46.25 kΩ。

2.（1）断开 R_3、R_4 及 R_5，分出有源二端网络如图（a）所示，E_1，E_2，R_1，R_2 串联，则

$$I_1=\frac{E_1-E_2}{R_1+R_2}=\frac{36-12}{6+6}=2\text{ A}$$

开路电压：

$$U_{ab}=E_2+I_1R_2=12+2\times6=24\text{ V}$$

或

$$U_{ab}=E_1-I_1R_1=36-2\times6=24\text{ V（2 分）}$$

（2）a、b 间的等效电源内阻如图（b）所示，则

$$R_{ab}=R_1\ /\!/\ R_2=\frac{6\times6}{6+6}=3\ \Omega\text{（2 分）}$$

（3）画出含源二端网络的等效电路图，并接上待求支路，如图（c）所示，则总电流：

$$I_{ab}=\frac{U_{ab}}{R}=\frac{U_{ab}}{R_{ab}+R_3+R_4//R_5}=\frac{24}{3+18+3}=1\text{ A}$$

R_5 上的电流：

$$I_5=\frac{I_{ab}}{2}=0.5\text{ A}$$

R_5 上的电压：

$U_5=I_5\times R_5=0.5\times 6=3$ V（4 分）

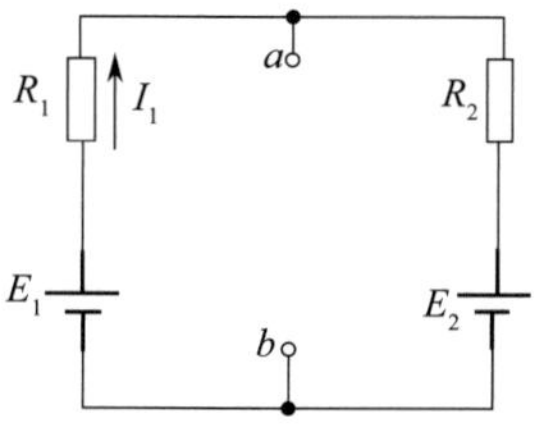

图（a）

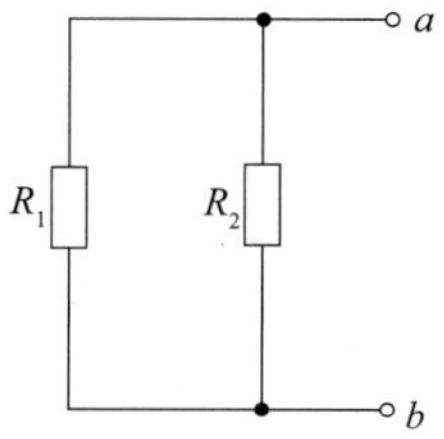

图（b）

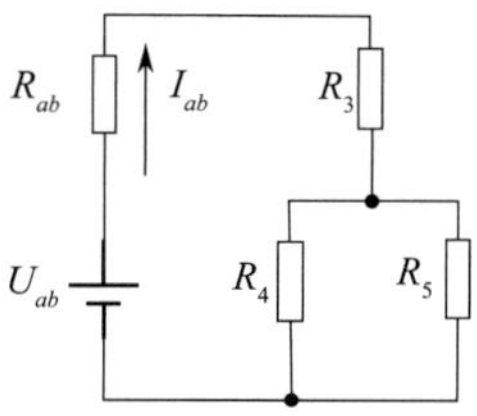

图（c）

3.（1）真值表如下（4 分）：

输入			输出
A	*B*	*C*	*Y*
0	0	0	0
0	0	1	0
0	1	0	0
0	1	1	1
1	0	0	1
1	0	1	1
1	1	0	1
1	1	1	1

（2）$Y=\overline{A}BC+A\overline{B}\overline{C}+AB\overline{C}+ABC$（2 分）

$=A+BC$（2 分）

（3）将 $Y=A+BC$ 转换为与非门的形式：

$$Y=A+BC=\overline{\overline{A+BC}}=\overline{\overline{A}\cdot\overline{BC}}$$

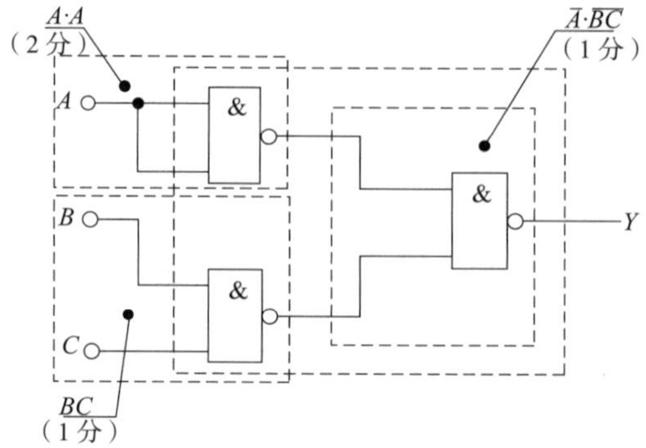

4.(1)由电源电压,得

$$u=10\sqrt{2}\sin(200t)\text{V}$$

角频率:

$$\omega=200\ \text{rad/s}$$

电压有效值:

$$U=10\ \text{V}$$

电容容抗:

$$X_C=\frac{1}{\omega C}=\frac{1}{200\times250\times10^{-6}}=20\ \Omega$$

电感感抗:

$$X_L=\omega L=200\times130\times10^{-3}\ \Omega=26\ \Omega$$

$$|Z|=\sqrt{R^2+(X_L-X_C)^2}=\sqrt{8^2+(26-20)^2}=10\ \Omega\text{(2分)}$$

电流:

$$I=\frac{U}{|Z|}=\frac{10}{10}=1\ \text{A(2分)}$$

(2)$\cos\varphi=\frac{R}{|Z|}=\frac{8}{10}=0.8$, $\sin\varphi=\frac{X}{|Z|}=\frac{26-20}{10}=0.6$

$P=UI\cos\varphi=10\times1\times0.8=8$ W(1分)

$Q=UI\sin\varphi=10\times1\times0.6=6$ var(1分)

$S=UI=10\times1=10$ V·A(1分)

功率因数:

$\cos\varphi=0.8$(1分)

(3)因为 $X_L>X_C$,所以电路呈电感性。(2分)

2022年甘肃省普通高等教育
对口招收中等职业学校学生招生考试(工业类)专业基础试卷

《电工电子技术与技能》部分答案(120分)

一、单选题(每小题2分,共20分)

1.B 2.C 3.C 4.B 5.A 6.D 7.A 8.A 9.B 10.D

二、多选题（每小题 3 分，共 21 分）

1.ABC 2.CD 3.CD 4.CD 5.AC 6.ABC 7.ABD

三、判断题（每小题 2 分，共 22 分）

1.× 2.√ 3.√ 4.× 5.√ 6.× 7.× 8.√ 9.× 10.√ 11.√

四、填空题（每空 1 分，共 16 分）

1.0 2.8.4 V 3.NPN，2，1，3 4. 翻转 5.10 V，2 Ω 6.$A+B$ 7.190.52 V 8.10101010，170 9. 提高功率因数 10.−90° 11.2 A

五、综合应用题（共 41 分）

1.（1）12；（2）9；（3）14；（4）10；（5）4.5。

2.（1）该电路的直流通路如右图所示；

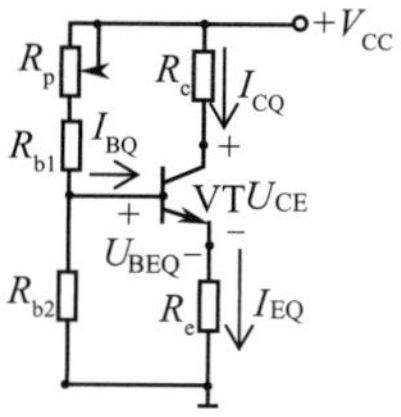

（2）截止失真；

（3）截止失真是由于 R_b（R_p）太大，使得基极电流太小，导致在输入信号 u_i 负半周的一段时间内，三极管进入截止区，要解决截止失真问题，应减小电位器 R_p；

（4）若该电路 C_e 虚焊，则输出电压 u_o 的幅值会减小。

3.（1）依据基尔霍夫定律列方程：

$$\begin{cases} I_1 + I_2 = 3 \\ -3I_1 + 4I_2 = 12 \end{cases}$$

解得

$$I_1 = 0,\ I_2 = 3\ \text{A}$$

（2）节点 B 的电位 V_B=12 V；

（3）电压源输出的功率为 0。

4.（1）电路的总阻抗：

$$|Z| = \sqrt{R^2 + X_L^2} = \sqrt{40^2 + 30^2} = 50\ \Omega$$

（2）电路的电流有效值：

$$I = \frac{U}{|Z|} = \frac{220}{50} = 4.4\ \text{A}$$

（3）电路的有功功率、无功功率及视在功率和功率因数：

$$P = UI\cos\varphi = 220 \times 4.4 \times 0.8 = 774.4\ \text{W}$$

$$Q = UI\sin\varphi = 220 \times 4.4 \times 0.6 = 580.8\ \text{var}$$

$$S = UI = 220 \times 4.4 = 968\ \text{V}\cdot\text{A}$$

$$\cos\varphi = \frac{R}{|Z|} = \frac{40}{50} = 0.8$$

参考文献

[1] 秦曾煌. 电工学[M]. 北京:高等教育出版社,2023.

[2] 陈雅萍. 电工技术基础与技能[M]. 北京:高等教育出版社,2023.

[3] 周绍敏. 电工技术基础与技能[M]. 北京:高等教育出版社,2019.

[4] 周绍敏. 电工技术基础与技能学习辅导与练习[M]. 北京:高等教育出版,2019.

[5] 张云官. 甘肃省中职生对口升学考试复习指导[M]. 兰州:甘肃少年儿童出版社,2015.

[6] 辛志伟,潘学颖. 甘肃省中等职业学校对口升学配套教材[M]. 成都:电子科技大学出版社,2022.